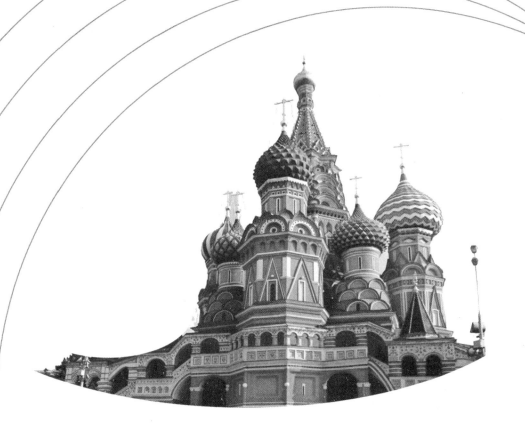

第77—86届
莫斯科
数学奥林匹克

苏 淳 编译

中国科学技术大学出版社

内容简介

本书包含了 2014—2023 年举办的第 77—86 届莫斯科数学奥林匹克的全部试题. 书中对每道试题都提供了详细解答, 并对部分试题进行了延伸性讨论. 针对难以理解的内容和较为陌生的数学概念, 均以编译者注的形式给出了注释. 为便于阅读, 书中还包含专题分类指南, 其中对有关数学知识和解题方法作了介绍.

本书可供对数学奥林匹克感兴趣的学生阅读, 也可供教师、数学小组的指导者、各种数学竞赛活动的组织者参考使用.

图书在版编目(CIP)数据

第 77—86 届莫斯科数学奥林匹克 / 苏淳编译. -- 合肥：中国科学技术大学出版社, 2025.3. -- ISBN 978-7-312-06178-3

Ⅰ. O1-44

中国国家版本馆 CIP 数据核字第 20253H1L59 号

第 77—86 届莫斯科数学奥林匹克

DI 77—86 JIE MOSIKE SHUXUE AOLINPIKE

出版	中国科学技术大学出版社
	安徽省合肥市金寨路 96 号,230026
	http://press.ustc.edu.cn
	http://zgkxjsdxcbs.tmall.com
印刷	合肥市宏基印刷有限公司
发行	中国科学技术大学出版社
开本	787 mm×1092 mm 1/16
印张	17
字数	380 千
版次	2025 年 3 月第 1 版
印次	2025 年 3 月第 1 次印刷
定价	63.00 元

前　言

自《第 51—76 届莫斯科数学奥林匹克》问世, 已过去十年时光了. 虽然这只是历史的一瞬, 但是在此期间却又积累了不少的竞赛试题.

在苏联和俄罗斯所开展的各项有代表性的数学竞赛活动中, 莫斯科数学奥林匹克具有难得的延续性. 由于苏联解体, 城市更名, 一些竞赛不得不重新命名并从头计算届数. 然而, 莫斯科数学奥林匹克却能够从 1935 年的第 1 届一直延续计数, 除了 1942—1944 年间由于第二次世界大战停办 3 年, 到 2023 年为止一共举办了 86 届. 我们曾经把 1987 年及以前的资料翻译出来, 并在 1990 年由科学出版社出版了中文版《第 1—50 届莫斯科数学奥林匹克》. 接着, 又把 1988—2013 年间的资料整理并翻译, 在 2015 年由中国科学技术大学出版社出版了中文版《第 51—76 届莫斯科数学奥林匹克》. 现在, 要奉献给读者的则是在 2014—2023 年间举办的第 77—86 届竞赛的全部试题和完整的解答.

俄罗斯数学奥林匹克的举办经历了若干个不同的阶段. 在最早的年代里, 由于莫斯科的首都地位, 莫斯科数学奥林匹克与列宁格勒数学奥林匹克并列为苏联的两大数学竞赛, 竞赛组委会由当时最著名的苏联数学家组成, 这些专家不仅参与命题, 还参与竞赛辅导, 竞赛一直保持着很高的学术水平. 1960 年, 莫斯科数学奥林匹克还一度成为全苏联数学竞赛的替代品, 被称为"第 0 届全苏联数学奥林匹克". 在接下来的年代里, 莫斯科数学奥林匹克兼具双重功能: 既是独立的数学竞赛, 又是全苏和全俄数学奥林匹克中的一轮比赛, 负责选拔参加全苏和全俄竞赛的莫斯科选手. 这一状况在第 72 届 (2009 年) 发生了变化, 根据俄罗斯教育与科学部的决定, 莫斯科竞赛不再作为全俄竞赛的一个阶段, 这无疑是莫斯科数学竞赛活动的一个重大转折点.

支撑这个竞赛的不仅是莫斯科数学会和莫斯科大学, 而且还有闻名遐迩的莫斯科数学不间断教育中心, 该中心不仅为中学生开设讲座, 拥有自己的书店和出版社, 而且是莫斯科数学界精英们的聚会场所. 每当闲暇时光, 尤其是周末, 莫斯科的数学爱好者们纷纷云集这里, 开设讨论班, 甚或毫无拘束地闲聊, 他们高谈阔论, 随心所欲地道古论今. 其中不乏争论和独到的见解, 一些极具创新性的想法便在这种争论中汩汩流出. 他们不拘小节, 不拘形式,就像一群数学"疯子". 只要看看他们写满墙壁的演算、随手绘制的图形, 就可知道他们对数学何等痴迷了. 正是这样一批一心热爱数学的人, 引导了这样一种丝毫不带功利色彩的竞赛活动, 才使得它办得越来越精彩, 越来越生动活泼.

感谢王卫华先生在资料搜集方面所提供的帮助.

苏 淳

2025 年 1 月

合肥科大花园东苑

符号说明

$\mathbf{N}_+$ —— 正整数集;

$\mathbf{Z}$ —— 整数集;

$\mathbf{Q}$ —— 有理数集;

$\mathbf{R}$ —— 实数集;

$a \in A$ —— 元素 a 属于集合 A;

$\varnothing$ —— 空集;

$B \subset A$ —— 集合 B 是集合 A 的子集;

$A \cup B$ —— 集合 A 与 B 的并集;

$A \cap B$ —— 集合 A 与 B 的交集;

$A \backslash B$ —— 集合 A 与 B 的差集 (由集合 A 中所有不属于集合 B 的元素构成的集合);

$f: A \to B$ —— 定义在集合 A 上的、其值属于集合 B 的函数 f;

$\overline{a_1 a_2 \cdots a_n}$ —— 10 进制 (或其他进制)n 位数, 它的各位数字依次为 $a_1, a_2, \cdots, a_n$;

$\sum_{i=1}^{n} x_i = \sum_{1 \leqslant i \leqslant n} x_i$ —— 数 $x_1, x_2, \cdots, x_n$ 的和;

$\prod_{i=1}^{n} x_i = \prod_{1 \leqslant i \leqslant n} x_i$ —— 数 $x_1, x_2, \cdots, x_n$ 的积;

$\max\{x_1, x_2, \cdots, x_n\} = \max\limits_{1 \leqslant i \leqslant n} x_i$ —— 实数 $x_1, x_2, \cdots, x_n$ 中的最大值;

$\min\{x_1, x_2, \cdots, x_n\} = \min\limits_{1 \leqslant i \leqslant n} x_i$ —— 实数 $x_1, x_2, \cdots, x_n$ 中的最小值;

$[x]$ —— 实数 x 的整数部分, 即不超过实数 x 的最大整数;

$\{x\}$ —— 实数 x 的小数部分 ($\{x\} = x - [x]$);

$b|a$ —— b 整除 a, 即 a 可被 b 整除;

$b \equiv a \pmod{n}$ —— 整数 a 与 b 对 n 同余 (整数 a 与 b 被 n 除的余数相同);

(a, b) —— 正整数 a 与 b 的最大公约数;

$[a, b]$ —— 正整数 a 与 b 的最小公倍数;

$\overparen{AC}(\overparen{ABC})$ —— 弧 AC(有点 B 在其上面的弧 AC);

$P(M)$ 或 P_M —— 多边形 M 的周长;

$S(M)$ 或 S_M —— 多边形 M 的面积;

$V(M)$ 或 V_M —— 多面体 M 的体积;

$\boldsymbol{u} = \overrightarrow{AB}$ —— 以 A 为起点、B 为终点的向量 $\boldsymbol{u}$;

$(\boldsymbol{u}, \boldsymbol{v}) = \boldsymbol{u} \cdot \boldsymbol{v}$ —— 向量 $\boldsymbol{u}$ 与 $\boldsymbol{v}$ 的内积;

$\angle(\boldsymbol{u}, \boldsymbol{v})$ —— 向量 $\boldsymbol{u}$ 与 $\boldsymbol{v}$ 的夹角;

$n!$ —— n 的阶乘,即前 n 个正整数的乘积, $n! = 1 \times 2 \times \cdots \times n$;

C_n^k —— 自 n 个不同元素中取出 k 个元素的组合数,即 n 元集合的不同的 k 元子集的个数, $C_n^k = \dfrac{n!}{(n-k)!k!}$ $(0 \leqslant k \leqslant n)$;

多米诺 —— 1×2 矩形;

角状形 —— 2×2 正方形去掉任意一个角上的方格后所得的图形:

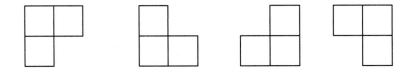

目 录

前言 ······ i

符号说明 ······ iii

试题部分

第 77 届（2014 年）······ 2

第 78 届（2015 年）······ 6

第 79 届（2016 年）······ 10

第 80 届（2017 年）······ 14

第 81 届（2018 年）······ 18

第 82 届（2019 年）······ 22

第 83 届（2020 年）······ 26

第 84 届（2021 年）······ 30

第 85 届（2022 年）······ 34

第 86 届（2023 年）······ 39

试题解答

第 77 届（2014 年）······ 44

第 78 届（2015 年）······ 61

第 79 届（2016 年）······ 79

第 80 届（2017 年） …………………………………………………………… 100

第 81 届（2018 年） …………………………………………………………… 118

第 82 届（2019 年） …………………………………………………………… 137

第 83 届（2020 年） …………………………………………………………… 158

第 84 届（2021 年） …………………………………………………………… 174

第 85 届（2022 年） …………………………………………………………… 193

第 86 届（2023 年） …………………………………………………………… 212

专题分类指南

一些通用方法 …………………………………………………………………… 235

按照学科分类 …………………………………………………………………… 239

参考文献 ………………………………………………………………………… 261

试题部分

莫斯科数学会举办的数学竞赛活动按年级进行. 其中, 针对八至十一年级举办的竞赛活动称为"莫斯科数学奥林匹克", 而针对六、七年级举办的竞赛活动则称为"莫斯科数学节". "莫斯科数学节"不与"莫斯科数学奥林匹克"同时进行, 活动形式也有所区别.

近年来, 八至十年级的竞赛都只进行一天, 每个年级都有六道题. 十一年级的竞赛则分两天进行, 第一天有六道题, 跟前三个年级同时举行; 第二天有五道题, 考试时间根据具体情况来决定.

第77届（2014年）

八　年　级

1. 维佳试图找出一个算式，它是由数 1、括号、加号和乘号构成的，使得：

① 算式的值等于 10；

② 如果将算式中的所有加号都换成乘号，而所有的乘号都换成加号，算式的值仍然是 10.

试给出这样的算式的一个例子.

2. 将一条折线称为蛇状折线，如果它的所有相邻节之间的夹角全都彼此相等，并且除头尾两节之外，其余各节的两个相邻节都分别位于该节的两个不同侧（即位于由经过该节的直线分成的两个不同的半平面中）. 蛇状折线的一个例子如图 1 所示.

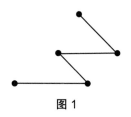

图 1

某甲说，可以在平面上标出 6 个点，并且有 6 种不同的方法将它们连成蛇状折线（折线共有 5 节，这些节以标出的点作为端点）. 试问：他的话能否当真？

3. 将正整数 1 至 2014 按某种方式分成 1007 对，将每一对中的两个数相加，再将所得的 1007 个和数相乘. 试问：所得的乘积能否是一个完全平方数？

4. 设四边形 $ABCD$ 为矩形，边 CD 的中点为 M. 经过点 C 作直线 BM 的垂线，经过点 M 作对角线 BD 的垂线. 证明：所作的两条垂线在直线 AD 上相交.

5. P 城原来没有观光设施. 为发展旅游业，该城决定建造若干座建筑，它们一共有 30 层. 视察员将会登上每一座建筑，数出矮于所登建筑的建筑数目，再将所得的数目相加，所得的和数越大的城市就越会得到强烈的推荐. 试问：为能得到可能的最好推荐，P 城应当建造多少座多高的建筑？

6. 将桌上 9 个苹果放成 10 行, 每行 3 个 (见图 2). 已知其中有 9 行苹果的重量相等, 但所有 10 行苹果的重量不相等. 今有一台电子秤, 每投入 1 元硬币, 可以称重任意一组苹果. 试问: 最少需要花费几元钱, 就可以弄清楚哪一行苹果的重量与众不同?

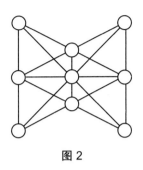

图 2

九 年 级

7. 整系数二次三项式的系数都是奇数. 证明: 它没有形如 $\frac{1}{n}$ 的根, 其中 n 为正整数.

8. 商店里 21 件白衬衫和 21 件紫罗兰色衬衫被挂成一排. 试找出这样的最小的整数 k, 使得不论开始时两种颜色的衬衫如何排列, 都可以从中取下两种颜色的衬衫各 k 件, 使得剩下的白衬衫相连排列, 剩下的紫罗兰色衬衫也相连排列.

9. 给定 n 根短棍, 其中任何 3 根都可形成钝角三角形. 试求 n 的最大可能值.

10. 正方形的桌上铺着一块正方形的桌布, 桌子的任何一个角都没有被盖住, 但是从桌子的每一条边上都垂下桌布的一个角 (三角形状). 现知某两个相邻边上所垂下的三角形彼此全等. 证明: 另外两条边上所垂下的三角形也彼此全等. (桌布上没有自相重叠的部分, 桌布的尺寸可能与方桌的尺寸不相同.)

11. 正整数 n 的所有质因数的乘积 (每个质因数只出现一次) 称为其根基, 记为 $\operatorname{rad}(n)$, 例如 $\operatorname{rad}(120) = 2 \times 3 \times 5 = 30$. 是否存在三个两两互质的正整数 a, b, c, 使得 $a + b = c$ 且 $c > 1000 \times \operatorname{rad}(abc)$?

12. 圆周上标出了 10 个点, 并且沿顺时针方向依次标为 $A_1, A_2, \cdots, A_{10}$. 现知这 10 个标出点两两互为对径点 (即两两关于圆心对称). 开始时, 每个标出点上都停着一只蚂蚱. 每一分钟都有一只蚂蚱沿着圆周越过自己的一个邻居落到它的另一侧, 并保持原来的距离不变. 在此过程中, 不能越过其他蚂蚱, 也不能落在已经停有蚂蚱的点上. 经过一段时间, 发现有 9 只蚂蚱分别停在标出点 $A_1, A_2, \cdots, A_9$ 上, 而剩下的一只蚂蚱停在 $\overparen{A_9 A_{10} A_1}$ 上. 试问: 能否断言, 它一定停在标出点 A_{10} 上?

十 年 级

13. 二次三项式 $f(x) = ax^2 + bx + c$ 在点 $\frac{1}{a}$ 和点 c 处的值不同号. 证明: 方程 $f(x) = 0$ 有两个不同号的实根.

14. 同第 8 题.

15. 在 $\triangle ABC$ 中, 边 AC 的中点为 M, 线段 CM 的中点为 P. 现知 $\triangle ABP$ 的外接圆与线段 BC 相交于内点 Q. 证明: $\angle ABM = \angle MQP$.

16. 给定若干个白点和若干个黑点. 将每个白点与每个黑点都用一条标有箭头的线段相连, 箭头指向黑点. 在每条线段上都写上一个正整数. 现知, 如果沿着任何一条由这些线段形成的闭折线行走一圈, 则所标箭头与行走方向一致的线段上所写的所有数的乘积都等于箭头与行走方向相反的线段上所写的所有数的乘积. 试问: 是否一定可以在每个给定点上都写上一个正整数, 使得每条线段上所写的数都等于它的两个端点上的数的乘积?

17. 给定一个三角形, 它的三个内角互不相等. 甲、乙二人按如下规则做游戏: 每一步, 甲在平面上标出一个点, 乙则按自己所好将其染为红色或蓝色. 如果出现某三个同色点形成一个与原三角形相似的三角形, 则甲取胜. 试问: 最少需要多少步, 甲就可以保证自己一定取胜 (不论原三角形为何形状, 只要它的三个内角互不相等)?

18. 多项式 $P(x)$ 具有如下性质: $P(0) = 1$, $P^2(x) = 1 + x + x^{100} \cdot Q(x)$, 其中 $Q(x)$ 是另一个多项式. 证明: 多项式 $[P(x) + 1]^{100}$ 中的项 x^{99} 的系数等于 0.

十 一 年 级

19. 同第 13 题.

20. 试求出所有这样的值 a, 对其存在实数 x, y, z, 使得 $\cos x, \cos y, \cos z$ 的值互不相等, 并按所示的顺序形成等差数列, 且 $\cos(x+a), \cos(y+a), \cos(z+a)$ 也按同样的顺序形成等差数列.

21. 平行四边形 $ABCD$ 的中心为 O, 在边 AD 和边 CD 上分别取点 P 和 Q, 使得 $\angle AOP = \angle COQ = \angle ABC$. 证明:

(1) $\angle ABP = \angle CBQ$;

(2) 直线 AQ 与 CP 相交于 $\triangle ABC$ 的外接圆上.

22. 某甲发现计算器上仅剩下 n 个没坏的数字键. 现知, 由 1 到 99 999 999 的每个正整数都或者可以用这些没坏的键按出来, 或者可以表示为两个可用这些键按出来的正整数的和. 试问: 当 n 最小为多少时, 可以出现这种现象?

23. 同第 18 题.

24. 在某王国里, 有些城市之间有铁路连接. 国王手中有完整的全国铁路起讫城市名单 (每个城市都有自己的名称, 每条铁路连接两个城市). 现知对于任意一对起讫城市, 王子都可以通过把所有的城市更名, 使得 (这一对城市中的) 终点城市的名称变为原来的起点城市的名称, 而让国王不会察觉. 试问: 对于任意一对城市, 王子是否都能通过将所有城市更名, 让这两个城市的名称互换, 使得国王仍然毫无察觉?

25. 是否存在这样的整系数二次三项式 $f(x) = ax^2 + bx + c$, 其中 a 不是 2014 的倍数, 而 $f(1), f(2), \cdots, f(2014)$ 被 2014 除的余数各不相同? 说明理由.

26. 试求出所有的这样的实数 a 和 b, 其中 $|a| + |b| \geqslant \dfrac{2}{\sqrt{3}}$, 使得对一切实数 x, 都有 $|a\sin x + b\sin 2x| \leqslant 1$.

27. 证明: 对任何正整数 n, 都能找到这样一个正整数, 在它的平方数的 10 进制表达式中, 以 n 个 1 开头, 而以 n 个 1 和 2 的某种形式的组合结尾.

28. 某大厨领导着 10 个厨师, 这些厨师中有些人是朋友. 在每个工作日, 大厨都指派一个或数个厨师值班. 每个值班的厨师都会从班上给自己的每个不在值班的朋友带一个包子. 每天下班时, 大厨都清点被带走的包子的数目. 试问: 大厨能否在 45 个工作日中弄清楚, 哪些厨师互为朋友, 哪些不是?

29. 凸多面体 $A_1B_1C_1A_2B_2C_2$ 共有八个面 $A_iB_jC_k$, 其中 i, j, k 分别可取 1 和 2. 一个以点 O 为球心的球与这 8 个面都相切. 证明: 点 O 以及线段 A_1A_2, B_1B_2, C_1C_2 的中点在同一个平面内.

第78届（2015年）

八 年 级

30. 某甲沿着环状道路以常速跑步. 在该环状道路上安装着两个摄像头. 在他起跑后的 2 分钟时间内离第一个摄像头较近, 然后的 3 分钟时间内他离第二个摄像头较近, 再然后又离第一个摄像头较近. 试问: 他跑一圈需要多少时间?

31. 点 E 在平行四边形 $ABCD$ 内部, 使得 $CD = CE$. 证明: 直线 DE 垂直于经过线段 AE 与线段 BC 中点的直线.

32. 某乙在观看显示屏上美元对卢布的汇率 (10 进制, 由 4 个数字组成, 中间用小数点点开) 后, 说: 这 4 个数字各不相同, 在一个月前也是这 4 个数字, 只不过排列顺序不同. 现知在这段时间内, 汇率上涨了 20%. 试举例说明汇率可能是多少.

33. 将一个正整数称为几乎平方数, 如果它是一个完全平方数, 或者是一个完全平方数与某个质数的乘积. 试问: 能否有 8 个相连的正整数都是几乎平方数?

34. 设 $\triangle ABC$ 为锐角三角形, 其中 $\angle A = 45°$, 而 AA_1, BB_1, CC_1 是其三边上的高. $\angle BAA_1$ 的平分线与直线 B_1A_1 相交于点 D, 而 $\angle CAA_1$ 的平分线与直线 C_1A_1 相交于点 E. 试求直线 BD 与直线 CE 的夹角.

35. 皇帝邀请了 2015 个术士一起过节, 其中有些术士很诚实, 有些术士则很狡猾. 诚实的术士总是说真话, 狡猾的术士则看场合说话. 术士之间相互知道谁诚实谁狡猾, 而皇帝则不知情.

皇帝 (按某种他所意愿的顺序) 向每个术士各提出一个问题, 术士对每个问题都只需回答 "是" 和 "不是". 当皇帝问过每个人以后, 他就把其中一个术士逐出门去, 并且他知道这个被驱逐的术士是诚实的人还是狡猾的人. 然后, 他再向每个剩下的术士各提一个问题, 再驱逐其中一个术士, 如此下去, 直到他决定放过其余的人为止 (他可以在问过任何一个问题之后终止).

证明: 皇帝可以驱逐所有狡猾的术士, 并且至多驱逐一个诚实的术士.

九 年 级

36. 是否存在这样的正整数 n, 使得 n, n^2, n^3 的首位数字彼此相同, 并且不是 1?

37. 沿着圆周按某种顺序摆放着正整数 1 到 1000, 使得其中每个数都是自己的两个邻数的和的约数. 现知正整数 k 的两侧邻数都是奇数, 试问: k 的奇偶性可能如何?

38. 厨师每天烘制一个尺寸为 3×3 的正方形蛋糕. 甲立即从上面为自己切下 4 块尺寸为 1×1 的部分, 它们的边都平行于蛋糕的边, 但未必沿着 3×3 方格网的网线. 此后, 乙从剩下的蛋糕上为自己切下一块尽可能大的正方形部分, 它的边也平行于蛋糕的边. 试问: 乙不依赖于甲的行为, 最大能为自己切下多大的部分?

39. 设 $\triangle ABC$ 为非等腰三角形, 它的外心和内心分别为点 O 和 I. 在 $\triangle ABC$ 内部有两个相等的圆, 一个圆与边 AB, BC 相切, 另一个圆与边 AC, BC 相切, 这两个圆还相切于点 K. 现知点 K 在直线 OI 上. 试求 $\angle BAC$.

40. 同第 35 题.

41. 是否存在这样两个整系数多项式, 它们每一个都有某项系数的绝对值大于 2015, 但是它们乘积的每一项系数的绝对值都不超过 1?

十 年 级

42. 设 a 为整数, 构造数列如下:
$$a_1 = a, \quad a_2 = 1 + a_1, \quad a_3 = 1 + a_1 a_2, \quad a_4 = 1 + a_1 a_2 a_3, \quad \cdots$$
(除 a_1 之外, 每一项都等于前面各项的乘积再加 1). 证明: 任何两个相邻项的差 $a_{n+1} - a_n$ 都是完全平方数.

43. $2n$ 支足球队参加训练赛 $(n > 1)$. 在每轮比赛中都将这些球队分为 n 对, 在每一对中进行一场比赛, 如此共进行 $2n - 1$ 轮比赛, 使得每支球队都恰好与其余每支球队都比赛一场. 每场比赛中, 赢者得 3 分, 败者得 0 分, 若为平局, 各得 0 分. 现知, 对于每支球队, 它所得的分数与它所参与的比赛场数的比值, 在最后一场比赛前后都不发生改变. 证明: 所有的球队的各场比赛都是平局.

44. 无限大方格纸中的方格像国际象棋盘那样交替地被染为黑色与白色. 设 X 是一个以网格的节点为顶点的面积为 S 的三角形. 证明: 存在与 X 相似的三角形, 它的顶点都是节点, 它的白色部分与黑色部分的面积相等, 且都等于 S.

45. 同第 35 题.

46. 在 $\triangle ABC$ 中, AH 与 CM 分别为相应边上的高与中线, 它们相交于点 P. 由顶点 B 作的高与由点 H 作的直线 CM 的垂线相交于点 Q. 证明: 直线 CQ 与 BP 相互垂直.

47. 同第 41 题.

十 一 年 级

48. 在数列 $\{a_n\}$ 中, 已知对 $1 \leqslant n \leqslant 5$, 有 $a_n = n^2$; 且对一切正整数 n, 都有 $a_{n+5} + a_{n+1} = a_{n+4} + a_n$. 试求 a_{2015}.

49. 去年米沙买了一部手机, 价格是 4 位整数卢布. 今年他顺路去商店看了这种手机的价格, 发现价格上涨了 20%, 仍然是那么几个数字, 不过排列顺序刚好与去年相反. 试问: 米沙买手机花了多少钱?

50. 在等腰 $\triangle ABC$ 的底边 AC 上取一点 X, 在其两腰上分别取点 P 和 Q, 使得 $XPBQ$ 为平行四边形. 证明: 点 X 关于直线 PQ 的对称点 Y 位于 $\triangle ABC$ 的外接圆上.

51. 单位正方形被分成了 n 个三角形. 证明: 其中有一个三角形可以盖住边长为 $\dfrac{1}{n}$ 的正方形.

52. 证明: 不能将整数 1 至 64 填入一个 8×8 的方格表 (每格一数), 使得任何形如图 3 的田字格都满足等式 $|ad - bc| = 1$.

图 3

53. 六面体的各个面都是四边形, 它的每个顶点处都汇聚着三条棱. 如果它的外接球和内切球都存在, 并且二球心重合, 试问: 它是否必为正方体?

54. 若干个不一定互不相等的正数的和不超过 100. 现将其中每个数都作如下的代换: 取该数的以 10 为底的对数, 将对数值四舍五入为整数, 再以该整数为指数做 10 的方幂数, 以该方幂数取代原来的数. 试问: 新得的这些数的和能否超过 300?

55. 考察如下的方程:

$$\sin\frac{\pi}{x} \cdot \sin\frac{2\pi}{x} \cdot \sin\frac{3\pi}{x} \cdot \cdots \cdot \sin\frac{2015\pi}{x} = 0.$$

试问: 最多可从其左端删去多少个形如 $\sin\frac{n\pi}{x}$ 的因子, 仍可使得方程的正整数根的数目不发生变化?

56. 王子伊万有两个容积都是 1 L 的容器, 其中一个容器中装满了普通的水, 另一个容器里则装着 a L 活水, $0 < a < 1$. 他可以从一个容器往另一个容器里倒任意体积的水, 只要不溢出即可. 他期望能通过有限次倾倒, 使得有一个容器中的活水所占比例刚好为 40%. 试问: 对怎样的 a, 王子伊万能够实现其目标? 假定任何时刻都可准确地测定各个容器中的水量.

57. 安丘林国的天气只有两种状态, 要不就是阳光明媚, 全天都有阳光, 要不就是阴雨晦晦, 终日雨声滴答, 分别称为晴天和雨天. 如果今日的状态与昨日不同, 安丘林人便说, 今天的天气变化了. 有一次, 安丘林学者断言, 每年的元旦总是晴天, 而元月份中接下来的每一天是否为晴天, 则取决于一年前的这一天天气是否变化了 (如果去年变化了, 那么今年这一天就是晴天). 今知, 2015 年安丘林国元月份的天气变化剧烈: 一两天晴天, 一两天雨天. 试问: 此后的哪一年元月份天气也像 2015 年这样?

58. 球状星球上分布着四大洲, 它们被海洋彼此隔开. 将海洋中的一个点称为特殊点, 如果对于它, 可以找到至少三个 (与其距离相等的) 最近的陆地上的点, 这些点分布在不同的洲里. 试问: 该星球上最多可有多少个特殊点?

第79届（2016年）

八 年 级

59. 能否将分数 $\frac{1}{10}$ 表示为10个正的真分数的乘积？在真分数 $\frac{p}{q}$ 中，p 与 q 都是正整数，且 $p < q$.

60. 围着圆桌坐着10个人，他们中有的是老实人，有的是骗子。老实人总是说真话，骗子总是说假话。他们中有两个人声明"我的两侧邻座都是骗子"，而其余8个人都说"我的两侧邻座都是老实人"。试问：这10个人中可能有多少个老实人？试给出所有可能的答案，并说明再无其他答案。

61. 在 $\triangle ABC$ 的中线 AM 上取一点 K，使得 $AK = BM$ 和 $\angle AMC = 60°$. 证明：$AC = BK$.

62. 试求这样的最小的正整数：它是99的倍数，在它的10进制表达式中只出现偶数数字。

63. 给定凸五边形 $ABCDE$，它的各边相等，且有 $\angle A = 120°$，$\angle C = 135°$. 现知 $\angle D = n°$，试求 n 的所有可能整数值。

64. 偶数颗核桃分为3堆。每一步可将核桃数目为偶数的任何一堆中的一半核桃放入任意另外一堆。证明：无论开始时核桃如何分为3堆，都可以通过这样的操作，使得某一堆中的核桃刚好是总数的一半。

九 年 级

65. 三个正数的和等于它们的乘积。证明：这三个正数中至少有两个大于1.

66. 在 $\triangle ABC$ 中，CM 为中线，在线段 MC 的延长线上取一点 K，使得 $AM = CK$. 今知 $\angle BMC = 60°$. 证明：$AC = BK$.

67. 有人在家里给了瓦夏一个方程 $x^2 + p_1 x + q_1 = 0$, 其中 p_1 与 q_1 都是整数. 他求出了方程的两个根 p_2 与 q_2, 并以此写了一个新的方程 $x^2 + p_2 x + q_2 = 0$. 他如此共做了 3 次. 他发现他一共解了 4 个二次方程, 每个方程都有两个不同的实根 (如果用两个根构造的两个可能的方程都有两个根, 那么他就选择其中一个, 而如果只有一个方程有两个根, 那么当然就是这一个了). 然而, 无论如何努力, 瓦夏都无法构造出第五个二次方程, 使它具有两个不同的实根, 纵然他竭尽全能亦无法奏效. 试问: 人们在家里给瓦夏的是怎样的一个方程?

68. 设锐角 $\triangle ABC$ 的外心是点 O, 与边 AC 垂直的直线分别与线段 BC 和直线 AB 相交于点 Q 和 P. 证明: 点 B, O 以及线段 AP 的中点和线段 CQ 的中点在同一个圆周上.

69. 是否存在这样的 10 进制 2016 位数, 通过排列它的各位数字, 可以得到 2016 个不同的 2016 位的完全平方数?

70. 某国共有 n 种不同的语言和 m 个居民, 每位居民都刚好懂得其中 3 种语言, 并且不同的人对应不同的 3 语组合. 今知, 如果一群人中任何二人都可直接对话, 那么这群人的数量不多于 k, 并且 $11n \leqslant k \leqslant m/2$. 证明: 该国至少可以找到 mn 对人, 其中每一对人都不能直接对话.

十 年 级

71. 同第 59 题.

72. 设四边形 $A_1 A_2 B_2 B_1$ 为凸四边形, 点 C 在其内部, 使得 $\triangle C A_1 A_2$ 与 $\triangle C B_1 B_2$ 都是正三角形. 设 C_1 与 C_2 分别是点 C 关于直线 $A_2 B_2$ 与 $A_1 B_1$ 的对称点. 证明: $\triangle A_1 B_1 C_1 \backsim \triangle A_2 B_2 C_2$.

73. 整系数四次方程 $x^4 + ax^3 + bx^2 + cx + d = 0$ 包括重根在内共有 4 个正根, 亦即它的所有正根的重数之和等于 4. 试求其系数 b 的最小可能值.

74. 无限大方格纸上的方格被国际象棋盘状交替地染为黑色与白色, 在每个白格中都写有一个非零整数. 此后, 我们对每一个黑格, 都计算它的两个水平邻格中的数的乘积与它的两个竖直邻格中的数的乘积的差. 这些差能否都等于 1?

75. 在棱长为 1 的正方体中放入 8 个互不相交的气球, 这些气球的直径可不相同. 试问: 这些气球的直径之和能否大于 4?

76. 在一次冰球单循环赛中共有 2016 个球队参赛, 每两个球队都比赛一场. 在正常时间内结束的每场比赛中, 胜方得 3 分, 败方得 0 分; 而若通过加时赛决出胜负, 则胜方得 2 分, 败方得 1 分, 在冰球比赛中没有平局. 比赛结束后, 人们把各个队所得总分都通告了奥斯塔普，而他根据这些成绩推断出，至少有 n 场比赛是通过加时赛决出胜负的. 试求 n 的最大可能值.

十 一 年 级

77. 一次国际象棋比赛共有 12 人参赛，每两人都比赛一场. 每场比赛中，胜者得 1 分，败者得 0 分，若为平局，双方各得半分. 瓦夏只输了一场比赛，却得了最后一名，他的分数比所有人都低；别佳则得了第一名，他的分数比所有人都高. 试问：瓦夏比别佳低多少分？

78. 是否存在这样的值 x，使得 $\arcsin^2 x + \arccos^2 x = 1$？

79. 设 $ABCD$ 为梯形，AD 与 BC 是底边. 在该梯形内部取点 M 与 N，使得 $AM = CN$，$BM = DN$. 今知四边形 $AMND$ 与 $BMNC$ 都内接于圆. 证明：直线 MN 与梯形的底边平行.

80. 在英语之角中会聚着它的 n 名成员，其中 $n \geqslant 3$. 根据传统，每名成员都选取一种他所喜欢的饮料，所取的量都刚好可在聚会过程中喝光. 根据规则，任何时刻任何 3 名成员都可坐在一张桌旁一起喝（自己所取的）饮料，喝掉的量随意，但必须 3 人一样多. 证明：为了使得每个成员都能在聚会过程中喝光自己所取的饮料，必须且只需任何一个成员所取饮料的量都不超过所有人所取量的 $\frac{1}{3}$.

81. 能否用 4 个平面将一个棱长为 1 的正方体分为若干个部分，使得每个部分中的任何两点之间的距离都：

(1) 小于 $\frac{4}{5}$；

(2) 小于 $\frac{4}{7}$？

82. 有 N 个土著从河的左岸借助一只独木舟渡到右岸，每次渡两个人，中间仅由一人撑回左岸. 开始时他们每个人都知道一条消息，各人知道的消息互不相同. 在岸上时他们互不交谈，但在独木舟上，每个人都会倾其所知，把自己到目前为止所知道的所有消息说出来. 试对每个正整数 k，找出最小的 N，使得最终每个土著除了自己一开始所知道的消息，还至少获知 k 条其他消息.

83. 试找出这样的最小的正整数，它的平方的 10 进制表达式以 2016 结尾.

84. 今有一架托盘天平，如果它的两个托盘中所放的东西的重量差不大于 1 g，它就处于平衡状态. 现有重量分别为 $\ln 3\,\mathrm{g}, \ln 4\,\mathrm{g}, \cdots, \ln 79\,\mathrm{g}$ 的砝码各一个. 试问：能否将这些砝码分别放入两个托盘，使得天平处于平衡状态？

85. 今有一个正 14 边形. 能否标出它的某 k 个顶点, 使得以这些标出点作为顶点的四边形, 只要有两边平行, 就一定是矩形, 如果:

(1) $k = 6$;

(2) $k \geqslant 7$?

86. 在某一段时间内, 一个男孩骑着自行车以 10 km/h 的常速朝一个方向沿着学校的正方形外围绕行了整数圈. 在这段时间内, 男孩的爸爸以 5 km/h 的常速沿着学校的正方形外围步行, 他可能变换行走方向. 爸爸能够看见他的儿子, 当且仅当他们位于矩形的同一条边上时. 试问: 在该段时间内, 爸爸看得见儿子的时间能否超过一半?

87. 设有实系数多项式

$$P(x) = x^n + a_{n-1}x^{n-1} + \cdots + a_1 x + a_0.$$

今知, 对于某个整数 $m \geqslant 2$, 多项式

$$\underbrace{P(P(\cdots P(x)\cdots))}_{m \text{次}}$$

具有实根, 并且都是正根. 试问: 多项式 $P(x)$ 自身是否具有实根, 并且都是正根?

第 80 届（2017 年）

八 年 级

88. 试将表达式 $AB^C = DE^F$ 中的各个字母换成不同的数字，使得该等式成立，要求 1 到 6 每个数字都刚好用一次.(这里，AB^C 表示二位数 $\overline{AB}$ 的 C 次方. 只需给出一种解法.)

89. 在平面上给定了 $\triangle ABC$ 和 10 条直线，其中任何两条都不平行. 现知每条直线都与 $\triangle ABC$ 的某两个顶点的距离相等. 证明：至少有 3 条直线相交于一点.

90. 圆周上写着 100 个实数. 在每两个数之间写上它们的乘积并擦去所有原来的数，发现正数的数目未变. 试问：开始时圆周上最少有多少个正数？

91. 凸六边形 $ABCDEF$ 的各边相等且有 $AD = BE = CF$. 证明：该六边形存在内切圆 (在它的内部存在一个与它的各边都相切的圆).

92. 教师按照百分制给出学生的得分，得分是 0 到 100 的整数. 但是，在学期中间也可以把总分由 100 分改为其他任何正整数，这时候就要把学生的得分按照比例折合成新的总分下的成绩. 成绩一定是不超过总分的整数，当按比例折合过来不是整数时，就以离其最近的整数作为折合后的成绩，此操作称为"靠整". 当分数部分恰好是 0.5 时，可以往上靠，也可以往下靠. 例如，原来百分制下的 37 分要折合为总分 40 分下的成绩，那么就先按比例折算为 $37 \times (40/100) = 14.8$，再靠整，变为 15.

学生别佳和瓦夏的得分分别是 a 与 b，它们都是大于 0 且小于 100 的整数.

证明：可以经过一系列折算，使得别佳的得分变为 b，而瓦夏的得分变为 a (每次折算，都是两个人按照相同的比例同时进行).

93. 蚂蚱可以沿着宽度为 1 的方格纸带跳动 (方格的尺寸为 1×1)，每一步可往左也可往右跳动 8, 9 或 10 格. (所谓跳动 k 格，是指跳动前所在的方格与跳动后所到达的方格间隔 $k - 1$ 个方格.) 正整数 n 称为"可遍历的"，如果蚂蚱从某个方格出发，到遍历长度为 n 的方格纸带中的每个方格刚好一次. 证明：存在着大于 50 的不可遍历的 n.

九 年 级

94. 试找出这样的最大的正整数: 它的 10 进制表达式中的各位数字互不相同, 如果删去它的首位数字, 则它缩小为原来的 $\frac{1}{5}$.

95. 国际象棋训练赛中, 每两个参加者都相遇一次. 在每一轮比赛中, 每个参加者都只参与一场比赛. 在至少一半的比赛中两个参加者都是老乡 (来自同一个城市). 证明: 在每一轮比赛中, 都至少有一场比赛的两个参加者是老乡.

96. 是否存在这样的方格多边形, 使得可以把它切成两个彼此全等的部分, 而切口形状如图 4 所示? 切口必须在多边形内部 (只允许切口的端点出现在多边形的边界上).

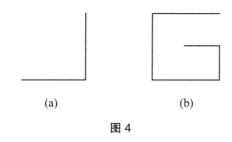

图 4

97. 试找出所有这样的正整数对 a 与 k, 它们使得对一切与 a 互质的正整数 n, 数 $a^{k^n+1} - 1$ 都可被 n 整除.

98. 别佳把 1000×1000 方格表中的每个方格都染为 10 种颜色中的一种颜色. 他还想出了一个由 10 个方格组成的图形 Φ, 使得无论以怎样的方式沿着方格线从方格表中剪下一个全等于 Φ 的图形, 在它里面的 10 个方格都有 10 种不同的颜色. 试问: Φ 是否一定是矩形?

99. 在 $\triangle ABC$ 中, $\angle A = 45°$. 作出它的一条中线 AM. 直线 b 与直线 AM 关于高 BB_1 对称, 直线 c 与直线 AM 关于高 CC_1 对称. 直线 b 与直线 c 相交于点 X. 证明: $AX = BC$.

十 年 级

100. 二次三项式 $x^2 + bx + c$ 有两个实根. 把它的三个系数都加 1(包括 x^2 项的系数 1). 试问: 该三项式的两个根是否也分别加 1?

101. 所有大于 1 的正整数都被染成了红色或蓝色, 使得任何两个蓝数 (包括二数相等的情形) 的和是蓝色, 任何两个红数 (包括二数相等的情形) 的乘积是红色. 现知在染色中两种颜色都被用到, 并且 1024 是蓝色的. 试问: 在这种染色方式下, 2017 是什么颜色的?

102. 设 △ABC 的外心是点 O. 而 △AOC 的外接圆分别与边 AB 和 BC 再次相交于点 E 和 F. 今知直线 EF 平分 △ABC 的面积. 试求 ∠B.

103. 瓦夏有一块凸多面体形状的石头 (只有外壳, 没有内里), 多面体的面只有三角形和六边形两种形状. 瓦夏说, 他能够把这块石头切开为两个部分后拼成一个正方体 (没有内里). 瓦夏的话能否当真?

104. 当 n 为哪些正整数时, 对一切正整数 $k \geqslant n$, 都存在 n 的某个倍数的各位数字和刚好是 k?

105. 芝加哥有 36 个犯罪团伙, 其中有些团伙互相敌对. 每个匪徒加入若干个团伙. 而任何两个匪徒所加入的团伙集合互不相同. 现知没有哪个匪徒同时加入两个相互敌对的团伙. 而且每个匪徒所加入的每个团伙都一定与他所不加入的某个团伙敌对. 试问: 芝加哥最多有多少个匪徒?

十 一 年 级

106. 试找出这样的可被 80 整除的最小正整数: 交换它的某两位数字所得的正整数仍可被 80 整除.

107. △ABC 的内切圆与边 AC 相切于点 S, 在内切圆上有一点 Q, 使得线段 AQ 和 QC 的中点也都在内切圆上. 证明: QS 是 ∠AQC 的平分线.

108. 设 x_0 是方程 $x^{2017} - x - 1 = 0$ 的正根, 而 y_0 是方程 $y^{4034} - y = 3x_0$ 的正根.
(1) 试比较 x_0 与 y_0 的大小.
(2) 试求 $|x_0 - y_0|$ 小数点后面的第 10 位数.

109. 三位自行车骑手沿着一条长为 300 米的圆形小路同向行驶. 三个人的速度不同, 但都以自己的速度匀速前进. 如果他们同时处在任何一段长度为 d 的区段中, 那么摄影师可以成功地把他们摄入同一张相片. 对于怎样的最小的 d, 摄影师或迟或早能够成功地拍摄相片?

110. 在单位正方体的表面上标注 8 个点, 使得它们是较小的正方体的 8 个顶点. 试求这种较小的正方体的棱长的所有可能值.

111. 同第 105 题.

112. 给定两个非常数数列 $\{a_n\}$ 与 $\{b_n\}$, 它们一个是等差数列, 另一个是等比数列. 今知 $a_1 = b_1$, $a_2 : b_2 = 2$ 和 $a_4 : b_4 = 8$. 试问: $a_3 : b_3$ 可能是多少?

113. 某人误认为对数的运算规则是: 二数和的对数是它们对数的乘积, 二数差的对数是它们对数的商. 试问: 是否存在这么两个数, 刚好能满足这两条规则?

114. 侦探沃尔夫侦查一桩案子, 共有 80 名涉案对象, 其中有一名罪犯, 还有一个见证人 (但不知道是谁). 侦探每天可以邀请 80 人中的若干个人前来谈话. 如果被邀的人中只有见证人而没有罪犯, 那么见证人就会说出谁是罪犯. 试问: 侦探能否在 12 天内完成侦查?

115. 在 $\triangle ABC$ 内取一点 D, 使得 $BD = CD$, $\angle BDC = 120°$. 在 $\triangle ABC$ 外取一点 E, 使得 $AE = CE, \angle AEC = 60°$. 而点 B 与点 E 分别落在直线 AC 的不同侧. 证明: $\angle AFD = 90°$, 其中 F 是线段 BE 的中点.

116. 在 2017×2017 的方格表的每个方格里都填着一个数字. 将每行数字自左至右视为一个正整数, 将每列数字自上至下也视为一个正整数. 今知在所得的 4034 个正整数中仅有一个数可被质数 p 整除, 其余的数都不可被 p 整除. 试求 p 的所有可能值.

第 81 届（2018 年）

八 年 级

117. 是否存在这样的 3 个互不相同的正整数 a, b, c，使得 $a+b+c$ 与 $a \cdot b \cdot c$ 都是完全平方数?

118. 将 39 个非零实数写成一行，其中每两个相邻数的和都是正数，而所有数的和却是负数.

试问：所有这些数的乘积是正数还是负数?(试给出所有不同的结果并证明再没有其他可能.)

119. 在平行四边形 $ABCD$ 内取一点 K. 而点 M 是边 BC 的中点，点 P 是线段 KM 的中点.

证明：如果 $\angle APB = \angle CPD = 90°$，则 $AK = DK$.

120. 安德烈每天喝缬草滴，当月已经有多少个晴天（包括当天），他就喝多少滴. 伊万则在每个多云天喝缬草滴，其滴数等于当天日期中的号数（例如今天是 4 月 3 号，多云，那么他就喝 3 滴），但晴天他不喝.

证明：如果 4 月份刚好有半个月多云、半个月晴天，那么安德烈与伊万所喝的缬草滴一样多.

121. 某个国家的加减运算用符号 "!" 和 "?" 表示，但是不知道究竟用哪种符号表示哪种运算. 每个运算在两个数之间进行，但是对于减法，不清楚究竟是用左边的数减去右边的数还是用右边的数减去左边的数. 例如，表达式 $a?b$ 可能是 $a-b$，$b-a$ 或 $a+b$. 人们不清楚这个国家如何书写数字，但是变量 a, b 以及括号的用法与通常的用法相同.

试说明，如何借助于它们以及符号 "!" 和 "?" 写出该国的含义为 $20a - 18b$ 的表达式.

122. 在凸六边形 $ABCDEF$ 的各边往外作等边三角形 $\triangle ABC_1, \triangle BCD_1, \triangle CDE_1, \triangle DEF_1, \triangle EFA_1, \triangle FAB_1$. 现知 $\triangle B_1 D_1 F_1$ 是等边三角形，证明：$\triangle A_1 C_1 E_1$ 也是等边三角形.

九 年 级

123. 将 81 个非零实数写成一行, 其中每两个相邻数的和都是正的, 而所有数的和是负的. 试问: 这 81 个实数的乘积是正数还是负数?

124. 给定 4 根短棍, 其中任何 3 根短棍都可以形成三角形. 并且所得的 4 个三角形的面积相等, 试问: 这 4 根短棍的长度是否一定相等?

125. 证明: 对于任何使得 $\frac{1}{a_1} + \frac{1}{a_2} + \cdots + \frac{1}{a_k} > 1$ 的正整数 $a_1, a_2, \cdots, a_k$, 方程

$$\left[\frac{n}{a_1}\right] + \left[\frac{n}{a_2}\right] + \cdots + \left[\frac{n}{a_k}\right] = n$$

都至多有 $a_1 a_2 \cdots a_k$ 个正整数解.

126. 设 $ABCD$ 是没有平行边的凸四边形. 在边 AD 上任取一点 P, 该点不同于点 A 和 D. 现知 $\triangle ABP$ 与 $\triangle CDP$ 的外接圆再次相交于点 Q. 证明: 直线 PQ 经过一个与 P 的选择无关的固定点.

127. 在圆周上放置 n 个 1 和 m 个 0. 称一种放法是好的, 如果交换一对相邻的 0 和 1 的位置, 所得到的放法经过旋转可与原来的放法相同. 试问: 对怎样的 n 与 m, 存在好的放法?

128. 2018 位学生参加数学竞赛, 其中有些人彼此认识. 称一些彼此认识的人形成 "小团体", 如果任何一个别的参赛者都不认识这些人中的任何一个人. 证明: 可以把这些参赛者安排到 90 个教室中, 使得任何一个教室里都不包含任何一个 "小团体" 的所有成员.

十 年 级

129. 是否存在这样的正整数, 在它的平方的 10 进制表达式中有相连的 4 个数字 "2018"?

130. 在边长为 2018 的方格表中, 有的方格被染为白色, 其余的方格都被染为黑色. 今知可从该方格表中剪出 10×10 的方格表, 其中每个方格都是白色的, 也可从中剪出 10×10 的方格表, 其中每个方格都是黑色的. 试问: 对怎样的最小的 d, 一定可以从该方格表中剪出 10×10 的方格表, 其中黑格与白格数目的差不超过 d?

131. 设 $\triangle ABC$ 的外心是 O, 而 AH 是它的一条高. 点 P 是由点 A 向直线 CO 所作垂线的垂足. 证明: 直线 HP 经过线段 AB 的中点.

132. 同第 127 题.

133. 卡尔松有一个三角形的蛋糕. 他沿着其中一个角的平分线将蛋糕切为两块, 吃掉其中一块, 再对另一块重复刚才的做法. 一旦卡尔松吃掉蛋糕的一大半, 他就将超过同龄男人的平均体重. 证明: 他或迟或早会变成这个样子.

134. 证明: 将 999×999 的方格表划分为一系列由 3 个方格构成的角状形的方法数目是 2^7 的倍数.

十 一 年 级

135. 二次三项式和它的导函数的图像把坐标平面分成 4 个部分. 试问: 该二次三项式有几个实根?

136. 今有一个三棱锥和一个四棱锥, 它们的各条棱长都是 1. 试说明, 如何将它们分割为若干部分, 并用这些部分拼成一个正方体 (既无重叠又无空隙, 所有的部分都得用上).

137. 是否存在这样的正整数 n, 以及这样的具有 n 个实根的 n 次多项式 $P(x)$, 对一切实数 x, 满足如下性质:
(1) $P(x)P(x+1) = P(x^2)$;
(2) $P(x)P(x+1) = P(x^2+1)$?

138. 能否将 11^{2018} 表示为两个完全立方数之和?

139. 在凸六边形 $ABCDEF$ 的各条边上分别朝外构造正三角形 $\triangle ABC_1$, $\triangle BCD_1$, $\triangle CDE_1$, $\triangle DEA_1$, $\triangle EFA_1$, $\triangle EAB_1$. 今知 $\triangle B_1D_1F_1$ 是正三角形. 证明: $\triangle A_1C_1E_1$ 也是正三角形.

140. 欧洲风格的城堡里一共有 2^n 个房间. 布设电路时出了问题, 各个房间里的开关控制的不是本房间里的电灯. 在打开开关时, 亮起的根本不是本房间里的电灯, 而是另外某个房间里的电灯. 为了弄清楚哪个开关控制哪个房间里的电灯, 主持人打算派一些人到一些房间里, 让他们同时打开所到房间里的开关, 并回来报告, 他们所到房间的电灯亮了没有.
(1) 经过 $2n$ 次这种尝试, 可以弄清楚所有开关与电灯之间的对应关系.
(2) 能否只经过 $2n-1$ 次这种尝试, 就弄清楚这种对应关系?

141. 解方程
$$x^3 + (\log_2 5 + \log_3 2 + \log_5 3)x = (\log_2 3 + \log_3 5 + \log_5 2)x^2 + 1.$$

142. 在 2018×2018 的方格表上无重叠地摆放一定数量的多米诺骨牌, 每块骨牌刚好盖住两个方格. 今知任何两块骨牌都没有共同的整条边, 亦即它们都没有形成 2×2 正方形和 4×1 矩形. 试问: 这些骨牌能否盖住整个方格表的面积的 99%?

143. 设 x 与 y 都是 5 位数, 在它们的 10 进制表达式中用到了 0 到 9 每个数字刚好一次. 如果

$$\tan x° - \tan y° = 1 + \tan x° \tan y°,$$

试求 x 的最大可能值, 其中 $x°$ 表示 x 度的角.

144. 设 $\triangle ABC$ 是锐角三角形, AA_1 与 CC_1 是它的两条高, 点 M 是它的重心. 已知 $\triangle A_1BC_1$ 的外接圆经过点 M. 试求 $\angle B$ 的所有可能值.

145. 热依亚连续为一个球形的鸡蛋作了 5 次染色, 它把鸡蛋放在一个玻璃杯里, 使得每次刚好能染到半个鸡蛋 (半个球). 结果是整个鸡蛋都被染上了颜色. 证明: 其中有一次染色是多余的, 亦即不要这一次染色, 仅凭其余 4 次染色, 就已经能把整个鸡蛋染遍了.

第 82 届（2019 年）

八 年 级

146. 某王国的小酒馆分属 3 家公司. 为了防止垄断, 国王颁布了如下法令: 如果某一天, 属于某一家公司的小酒馆超过总数的一半, 并且其酒馆数目可被 5 整除, 那么该公司就只能保留 $\frac{1}{5}$ 的酒馆, 关闭其余的. 试问: 是否有可能在 3 天之后, 每家公司的酒馆数目都减少了? (在此期间不能开设新的酒馆.)

147. 试求使得 $n^2 + 20n + 19$ 可被 2019 整除的最小的正整数 n.

148. 梯形 $ABCD$ 的两底是 AD 和 BC, 今知 $AB = BD$. 现记点 M 为腰 CD 的中点, 记点 O 为 AC 与 BM 的交点. 证明: $\triangle BOC$ 是等腰三角形.

149. 在直线上坐着 2019 只点状蚂蚱. 每一步, 有某一只蚂蚱越过某一只蚂蚱跳到另一侧, 且距离不变. 现知, 在只能往右跳动的情况下, 它们能实现有某两只蚂蚱的距离刚好是 1 mm. 证明: 如果规定只能往左跳, 它们也能实现这一点.

150. 在等腰三角形 ABC 内部标出了一点 K, 使得 $AB = BC = CK$ 和 $\angle KAC = 30°$. 试求 $\angle AKB$.

151. 设正整数 $n > 1$. 要求在 $n \times n$ 的方格表中填入 1 到 n^2 的所有正整数 (每格一数), 使得每两个相连的正整数都写在有公共边的方格里, 而每两个被 n 除的余数相同的正整数都既不同行也不同列. 试问: 对哪些 n 可以做得到?

九 年 级

152. 国王叫来两个智者, 并给他们下达任务: 他命第一个智者想好 7 个总和为 100 的互不相同的正整数并密告给国王, 而只把其中第四大的数告诉第二个智者. 此后第二个智者就必须猜出所有 7 个数. 两个智者之间没有合谋的可能性. 试问: 这两个智者有无可能保证完成任务?

153. 同第 147 题.

154. 在锐角三角形 ABC 中作高 AA' 和 BB'. 以点 O 表示 $\triangle ABC$ 的外心. 证明: 点 A' 到直线 BO 的距离与点 B' 到直线 AO 的距离相等.

155. 今有一个正 100 边形, 每一条以它的顶点作为端点的线段都染了颜色, 如果它的两个端点之间有偶数个顶点, 该线段就染为红色, 否则染为蓝色 (特别地, 正 100 边形的每一条边都是红色的). 在每一个顶点上都放上一个实数, 它们的平方和等于 1, 并在每一条线段上写上它的两个端点上的数的乘积. 再从所有红色线段上的数的和数中减去所有蓝色线段上的数的和数. 试问: 可以得到怎样的最大的差数?

156. $\angle ABC$ 的平分线与 $\triangle ABC$ 的外接圆 ω 相交于点 B 和 L, 点 M 是线段 AC 的中点. 在圆 ω 的 $\overset{\frown}{ABC}$ 上取一点 E, 使得 $EM // BL$. 今知直线 AB 和 BC 分别与直线 EL 相交于点 P 和 Q. 证明: $PE = EQ$.

157. 今有 100 堆石子, 每堆都有 400 粒石子. 每一次, 别佳都应挑选两堆并分别从它们中各扔掉一粒石子, 此时他可以得到一个分数, 分数值就是此时这两堆石子数目之差的绝对值. 当别佳扔完所有石子后, 他最多可能得到多少分?

十 年 级

158. 试举出一个这样的 10 进制九位数的例子: 如果删去它的 (从左数起的) 第 2 位数, 则所得的八位数可被 2 整除; 如果删去它的第 3 位数, 则所得的八位数可被 3 整除; 如此等等; 一直到如果删去它的第 9 位数, 则所得的八位数可被 9 整除.

159. 同第 154 题.

160. 同第 149 题.

161. 平面上的每个点都被染为 3 种颜色中的一种颜色. 试问: 是否一定可以找到一个面积为 1 的三角形, 它的三个顶点同色?

162. 今有一组 10 个不同的变量 $x_1, x_2, \cdots, x_{10}$, 对于其中任何 5 个变量, 都有唯一一张卡片上写着它们的乘积. 别佳和瓦夏做游戏, 两人轮流取走卡片, 每人每次取走一张, 别佳先开始. 等所有卡片都被取走后, 瓦夏给这些变量任意赋值, 完全随心所欲, 但必须满足条件 $0 \leqslant x_1 \leqslant x_2 \leqslant \cdots \leqslant x_{10}$. 试问: 瓦夏是否一定能够使得他的所有卡片上的乘积之和大于别佳的和?

163. 考察方格平面上的这样的起始于点 $(0,0)$ 的折线, 它的顶点都在坐标为整数的点上, 它的每一节都沿着方格线往上或往右. 每一条这样的折线都对应着一条"蠕虫", 即由所有与折线有公共点的方格组成的图形. 证明: 可以刚好有 $n > 2$ 种方法将蠕虫划分为一系列多米诺 (由两个方格构成的矩形) 的这一类蠕虫的数目与小于 n 且与 n 互质的正整数的数目相等.(由不同的方格组构成的蠕虫视为不同的蠕虫.)

十 一 年 级

164. 设 $f(x) = x^2 + 3x + 2$. 试计算
$$\left(1 - \frac{2}{f(1)}\right)\left(1 - \frac{2}{f(2)}\right)\left(1 - \frac{2}{f(3)}\right)\cdots\left(1 - \frac{2}{f(2019)}\right).$$

165. 在计算机的屏幕上显示着一个可被 7 整除的正整数, 光标位于它的某两个相邻的数字之间. 证明: 存在这样一个数字, 使得在光标所在的地方无论输入该数字多少次, 所得的正整数都能够被 7 整除.

♦ 例如, $259, 2569, 25669, \cdots$ 都能被 7 整除, 而且 $2359, 23359, 233359, \cdots$ 也都能被 7 整除.

166. 同第 154 题.

167. 证明: 对任何正整数 m 与 n, 不等式 $|\sqrt[n]{m} - \sqrt[m]{n}| > \frac{1}{mn}$ 都能成立.

168. 四面体在它的一个侧面所在的平面中的正交投影是面积为 1 的梯形. 试问: 该四面体能否在它的另一个侧面所在的平面中的正交投影是面积为 1 的正方形?

169. 同第 163 题.

170. 利用等式 $\lg 11 = 1.0413\cdots$, 试找出这样的最小的正整数 $n > 1$: 对于该数, 在 n 位数中没有一个等于 11 的某个正整数次幂的.

171. 是否存在由方程 $y = \frac{a}{x}$ 给出的双曲线, 使得在第一象限 ($x > 0, y > 0$) 中位于它的下方刚好有 82 个整数坐标的点?

172. 图 5 所示的多面体具有四个正五边形的面、四个三角形的面和两个正方形的面. 试问: 上面的正方形的边长是下面的正方形的边长的多少倍?

173. 证明: 对任何正整数 $n \geqslant 2$, 对于任何满足条件 $a_1 + a_2 + \cdots + a_n \neq 0$ 的实数 $a_1, a_2, \cdots, a_n$, 方程
$$a_1(x-a_2)(x-a_3)\cdots(x-a_n) + a_2(x-a_1)(x-a_3)\cdots(x-a_n) + \cdots$$
$$+ a_n(x-a_1)(x-a_2)\cdots(x-a_{n-1}) = 0$$
都至少有一个实根.

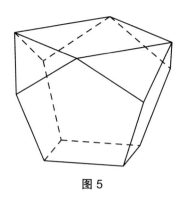

图 5

174. 黑板上写着若干个实数. 每一次操作擦去其中任意两个数 a 与 b, 并写出 $\dfrac{a+b}{4}$. 如果开始时黑板上写的是 2019 个 1, 那么经过 2018 次如此操作, 黑板上留下的一个数最小的可能值是多少?

第 83 届（2020 年）

八 年 级

175. 汤姆和盖克奉命为 2020 年莫斯科数学奥林匹克 (MMO) 书写大标语, 标语写在一块块宽度为 5 cm 的矩形板块上, 再横向拼接起来. 汤姆写 "MMO", 盖克写 "2020". 每个字母和每个数字的宽度都是 9 cm. 试问: 盖克能否让墨迹沾在比汤姆更少的板块上?

176. 在函数 $y = \dfrac{1}{x}$ 的图像上, 米沙依次标出了横坐标为 $1, 2, \cdots$ 的点, 并且一直标下去. 然后玛莎走过来, 涂黑所有这样的矩形: 它们都有一个顶点是所标出的点, 有一个顶点是坐标原点, 另外两个顶点则位于坐标轴上 (图 6 中展示了以标出点 P 作为顶点之一的这种矩形). 最后老师走过来, 要求学生们计算由所有仅被涂黑一次的点构成的图形的面积. 试问: 答案是多少?

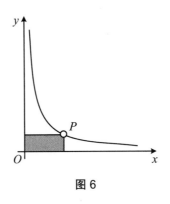

图 6

177. 给定正整数 n. 薇拉将它加 3, 再加 3, 直到得到一个可被 5 整除的数 (如果一开始的数就可被 5 整除, 则无须加 3), 她将所得的结果除以 5. 再对所得的商进行同样的操作, 并一直如此操作下去. 试问: 对怎样的 n 不能通过这样的操作得到 1?

178. 共有 20 支橄榄球队参加训练赛. 在每两支队都比赛了一场之后, 发现各支球队的得分各不相同; 而在每两支球队都比赛了两场之后, 各支球队的得分变得相同了. 每一场橄榄球比赛中, 赢者得 2 分, 败者不得分, 若为平局各得 1 分. 试问: 其间是否有两支球队在它们之间的两场比赛中各赢了一场?

179. 设 $ABCD$ 是梯形, AD 与 BC 是它的两底. 由点 A 所作的边 CD 的垂线经过对角线 BD 的中点, 由点 D 所作的边 AB 的垂线经过对角线 AC 的中点. 证明: $ABCD$ 是等腰梯形.

180. 珀丽娜有一副由 36 张卡片组成的牌 (4 种花色各有 9 张). 她根据自己所好从中挑出一半牌给瓦西里, 另一半留给自己. 接下来, 两人按照自己的选择依次把牌放在桌子上, 每人每次放一张, 正面朝上, 珀丽娜先开始. 如果瓦西里能够接着放出一张花色相同或者点数相同的牌, 那么瓦西里就得到 1 分. 试问: 瓦西里最多能够保证自己得到多少分?

九 年 级

181. 是否存在这样的可被 2020 整除的正整数, 在它的表达式中数字 $0,1,2,\cdots,9$ 出现同样多的次数?

182. 今有 6 根长度各不相同的短棍, 可以用它们拼成两个三角形 (每个三角形各用 3 根). 试问: 是否一定可以用这 6 根短棍拼成一个三角形, 使得它的三条边分别含有 1 根、2 根和 3 根短棍?

183. 三位勇士奋战蛇妖. 勇士甲每一次进攻, 可以砍下蛇妖的一半的头还多一个; 勇士乙每一次进攻, 可以砍下蛇妖的三分之一的头还多两个; 勇士丙每一次进攻, 可以砍下蛇妖的四分之一的头还多三个. 三勇士按照他们认为必要的顺序相继进攻. 只要有某一个勇士不能砍下蛇妖的整数个头, 蛇妖就会吃掉所有三位勇士. 试问: 三位勇士能否砍掉长有 20^{20} 个头的蛇妖的所有的头?

184. 设 $\triangle ABC$ 是锐角三角形, $AB<BC$, 而 BH 是高. 点 P 与点 H 关于连接线段 AC 与 BC 中点的直线对称. 证明: 直线 BP 经过 $\triangle ABC$ 的外心.

185. 伊万生日那天来了 $3n$ 个客人. 伊万有 $3n$ 个上底面分别写着字母 A,B,C 的圆柱体, 每种字母的圆柱各有 n 个. 伊万希望组织一场舞会: 分给每个客人各一个圆柱体, 并把客人分成若干 (一个或多个) 个圈, 使得各个圈的长度都是 3 的倍数, 并且各个圈从上方看, 都可以按顺时针方向读成 $ABCABC\cdots ABC$. 证明: 伊万恰有 $(3n)!$ 种不同的方法组织这种舞会. (字母相同的圆柱体是无区别的; 所有的客人各不相同.)

186. 格列勃想出两个正整数 N 与 a, 并把它们依次写在黑板上, 其中 $a<N$. 然后他开始进行如下运算: 将 N 对最后写在黑板上的数做带余除法, 并把所得的余数写在黑板上. 一旦黑板上出现了 0, 格列勃就停止操作. 试问: 开始时, 格列勃能否选出这样的 N 与 a, 使得黑板上所写出的所有数的和大于 $100N$?

十 年 级

187. 试举出这样的二次三项式 $P(x)$ 的例子,使得对任何 x,都有如下等式成立:
$$P(x) + P(x+1) + \cdots + P(x+10) = x^2.$$

188. 电影节的观众中男女各半. 所有观众喜欢同样多部影片. 每一部影片都有 8 位观众喜欢. 证明不少于 $\frac{3}{7}$ 的影片拥有如下性质: 在喜欢该影片的观众中至少有两位男性.

189. 是否存在这样的圆内接 19 边形,它并非各边长度相等,它的各个内角的度数都是整数?

190. 设 $\triangle ABC$ 的外心是点 O,边 BC 的中垂线与边 AB 和边 AC 分别相交于点 X 和 Y. 直线 AO 与直线 BC 相交于点 D,边 BC 的中点是点 M. 而 $\triangle ADM$ 的外接圆与 $\triangle ABC$ 的外接圆还相交于不同于 A 的另一点 E. 证明: 直线 OE 与 $\triangle AXY$ 的外接圆相切.

191. 黑板上写着 1000 个相连的整数. 每一步都将黑板上的数任意配对,并将每一对数都换成它们的和与差 (不一定用大的数减小的数,所有的替换同时进行). 证明: 黑板上不再会出现 1000 个相连的整数.

192. 对于哪些正整数 k,可以在白色方格平面上涂黑若干个方格 (多于 0 个),使得在任何方格垂直线、任何方格水平线和任何方格对角线上都恰有 k 个黑格,或者没有任何黑格?

十 一 年 级

193. 试给出一个可被 2020 整除的正整数的例子,在它的表达式中数字 $0, 1, 2, \cdots, 9$ 出现同样多的次数.

194. 是否存在这样的定义在整个实轴上的非周期函数 f,使得对任何实数 x,都满足关系式 $f(x+1) = f(x+1)f(x) + 1$?

195. 同第 184 题.

196. 从 8×8 的国际象棋盘上剪掉了 10 个方格,其中既有白格又有黑格. 试问: 最多可以确保从剩下的部分中剪下多少个多米诺 (1×2 矩形)?

197. 是否存在这样的四面体,在用两个不同的平面去截它时,可从截面中得到 100×100 和 1×1 的正方形?

198. 黑板上写着 $2n$ 个相连的整数. 每一步都将黑板上的数任意配对, 并将每一对数都换成它们的和与差 (不一定用大的数减小的数, 所有的替换同时进行). 证明: 黑板上不再会出现 $2n$ 个相连的整数.

199. 男孩想乘公交车, 可又不想静静待在车站上等. 他乘儿童玩具车由一个公交站驶向另一个公交站, 他的速度是公交车的 $\frac{1}{3}$. 当他从后视镜里看见公交车到来时, 他与公交车的距离是 $2\,\mathrm{km}$. 此时他有两种选择, 一种是立即回头迎着公交车驶去, 到后一个公交站去乘车; 还有一种是继续前行, 到下一个公交站去乘车. 当公交站之间的距离最大是多少时, 男孩可以保证自己不会错过公交车?

200. 解方程
$$\tan \pi x = [\lg \pi^x] - [\lg[\pi^x]],$$
其中, $[a]$ 表示不超过实数 a 的最大整数.

201. 旋转圆桌上放着 8 个白色的和 7 个黑色的茶杯, 在圆桌周围坐着 15 个小矮人. 他们头上各戴着一顶帽子, 其中有 8 顶白色的和 7 顶黑色的. 每个小矮人各拿一个与自己帽子同色的茶杯放在自己面前. 此后圆桌随机地转动. 在桌子旋转之后, 最多可以保证有多少个茶杯的颜色与帽子相同 (小矮人自己选择坐法, 但不知道桌子如何旋转)?

202. 在 $\triangle ABC$ 的边 AC 上取一点 D, 使得 $\angle BDC = \angle ABC$. 试问: $\triangle ABC$ 的外心与 $\triangle ABD$ 的外心之间的距离最小可能是多少, 如果 $BC = 1$?

203. 一只蚂蚱沿着数轴跳动. 在数轴上标出了点 $-a$ 与 b, 其中 a 与 b 都是正数, 并且它们的比值是无理数. 如果蚂蚱处在离 $-a$ 更近的点上, 那么他就往右跳动距离 a. 如果它处于区间 $[-a, b]$ 的中点或者离 b 更近, 那么它就往左跳动距离 b. 证明: 不论蚂蚱的起始位置如何, 它都会在某一时刻处在与点 0 的距离小于 10^{-6} 的位置上.

第 84 届（2021 年）

八 年 级

204. 缪男爵认为，对于任何 (10 进制) 二位数，都可在其右端添加两个数字，得到完全平方数 (例如，可在 10 的右端添加 24，得到 $1024 = 32^2$).

试问：男爵的看法是否正确？

205. 米嘉在生日那天买了一个直径为 36 cm 的圆形蛋糕和 13 支小蜡烛. 他不喜欢在蛋糕上把小蜡烛放得太拥挤，而希望它们彼此间的距离都不小于 10 cm.

试问：能否如他所希望的那样在蛋糕上放下所有蜡烛？

206. 房间里有一些孩子和一堆共 2021 块糖果. 孩子们依次走到糖果堆旁，把堆中的糖果数目除以房间里现有的人数 (包括自己)，取走得到的商数块糖果并离开房间. 如果所得的商数 a 不是整数，则男孩取的都是 $\lceil a \rceil$ (不小于 a 的最小整数) 块，而女孩取的都是 $\lfloor a \rfloor$ (不大于 a 的最大整数) 块.

证明：当所有男孩全都离开房间时，他们所取走的糖果总数与孩子们取糖果的先后顺序无关.

207. 在正五边形 $ABCDE$ 中，边 CD 的中点是 F. 线段 AF 的中垂线与线段 CE 相交于点 H. 证明：直线 AH 垂直于直线 CE.

208. 在 4×4 的方格表的每一个方格里都放有一枚金币. 收藏者记得，在某两个相邻 (有公共边的) 方格里所放的金币各重 9 g，其余的 14 枚金币各重 10 g. 现有一台可显示重量的电子秤.

试问：最少需要称量多少次，就一定能找出那两枚较轻的金币？

209. 某国有 32 个城市，每两个城市之间都有一条单向行车的道路连接. 该国的交通部长是一个伪君子，他要使得人们一旦离开任何一个城市，就再也回不到这个城市. 为此，他从 2021 年 6 月 1 日开始，每天改变一条道路的行车方向.

证明：他可在 2022 年到来前 (在 214 天中) 达到自己的邪恶目的.

九 年 级

210. 已知 a 与 b 为正数, 有 $a-b=\dfrac{a}{b}$. 试问: $a+b$ 与 ab 谁较大?

211. 8×8 的方格表中的每个方格都被染为两种颜色之一. 证明: 可从该方格表中找到两个没有公共方格的 2×2 的正方形, 它们的染色情况完全相同 (旋转后相同的不算相同).

212. 如图 7 所示, 在 4×5 的方格表的 30 个节点上各有一个灯泡. 开始时它们都未亮. 每一步允许任作一条不接触灯泡 (将灯泡视为点) 的直线, 该直线的一侧的灯泡全都未亮, 并点亮该侧的所有灯泡. 每一步至少要求点亮一个灯泡. 能否刚好用四步点亮所有灯泡?

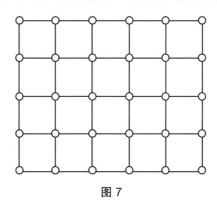

图 7

213. 在 $\triangle ABC$ 中, 点 M 是边 BC 的中点. 圆 ω 经过顶点 A 与边 BC 相切于点 M, 且与边 AB 相交于点 D, 与边 AC 相交于点 E. 点 X 与 Y 分别是线段 BE 和 CD 的中点. 证明: $\triangle MXY$ 的外接圆与圆 ω 相切.

214. $100n$ 个三明治放成一行, 每个三明治都夹着香肠和奶酪. 大肚汉费多尔叔叔和小猫马特罗做游戏. 费多尔在每一次行动中吃掉一个放在边缘上的三明治, 小猫则在每一次行动中叼出一个三明治里所夹着的香肠 (也可能啥都不做). 费多尔每轮到一回就连续行动 100 次, 而小猫每一回只行动一次. 费多尔先轮第一回, 小猫接着轮, 然后又是费多尔, 如此下去, 直到费多尔吃光所有的三明治. 如果费多尔所吃的最后一个三明治是夹有香肠的, 就算他赢了. 试问: 是否对任何正整数 n, 费多尔都可不依赖小猫的行动而取胜?

215. 设 p 与 q 是互质的正整数. 一只青蛙在数轴上来回跳动, 它从 0 开始, 每一步或者往右跳动距离 p, 或者往左跳动距离 q. 今知它有一次跳回到 0. 证明: 对任何正整数 $d<p+q$, 都可以找到青蛙到过的两个点, 它们间的距离刚好是 d.

十 年 级

216. 黑板上写着一个正整数. 如果擦去它的最后一位数字, 则所得的非零数是 20 的倍数; 而如果擦去它的第一位数字, 则得到的数是 21 的倍数. 今知它的第二位数字非零, 试问: 这个数最小可能是多少?

217. 给定一个等腰梯形, 它的两腰的长度之和刚好等于大底. 证明: 它的两条对角线所夹成的锐角不大于 60°.

218. 今有一条一端无限的方格纸带, 纸带上的方格自左至右用正整数依次编号. 还有一个口袋里面装有 10 粒石子. 开始时, 纸带上的方格里没有石子. 可以按照如下规则行事:

① 从口袋里取出石子放在 1 号方格里或者反之;

② 如果 i 号方格里放有石子, 则可从口袋里取出石子放到 $i+1$ 号方格, 或者反之.

试问: 能否按此规则行事, 以至于把石子放进第 1000 号方格?

219. 在四边形 $ABCD$ 内部取一点 P. 直线 BC 与直线 AD 相交于点 X. 今知直线 XP 是 $\angle APD$ 与 $\angle BPC$ 的外角平分线. 设 PY 与 PZ 分别是 $\triangle APB$ 与 $\triangle DPC$ 中的内角平分线. 证明: X, Y, Z 三点共线.

220. 同第 215 题.

221. 大于或等于实数 x 的最小整数称为它的上整部. 证明: 存在这样的实数 a, 对于任何正整数 n, 数 a^n 的上整部到最近的完全平方数的距离都刚好等于 2.

十 一 年 级

222. 同第 216 题.

223. 是否存在定义在区间 $[-1, 1]$ 上的函数 f, 使得对任何实数 x, 都有

$$2f(\cos x) = f(\sin x) + \sin x?$$

224. 同第 213 题.

225. 某国有 100 个城市, 连接它们的道路网是这样的: 从任一城市到任何其他城市都只有一种没有逆转的走法. 在道路网上, 并非所有交叉点和十字路口都是城市, 但任何死胡同的终端都是城市. 航海家能够度量任何两个城市之间的道路长度. 试问: 能否通过 100 次这样的度量, 确定出整个道路网的长度?

226. 以某个立方体的棱的中点为顶点的凸多面体称为立八面体. 用平面去截立八面体可以得到正多边形. 试问: 这种正多边形最多可以有多少条边?

227. 同第 221 题.

228. 多项式 $P(x) = x^3 + ax^2 + bx + c$ 有 3 个不同的实根, 其中最大的一个根等于其余两个根的和. 证明: $c > ab$.

229. 设 $\triangle ABC$ 是锐角三角形, O 是其外心. B_1 是 B 关于边 AC 的对称点. 直线 AO 与直线 B_1C 相交于点 K. 证明: 射线 KA 是 $\angle BKB_1$ 的平分线.

230. 试找出这样的最小的正整数 $n > 9$: 它不是 7 的倍数, 但若把它的任何一位数字换为 7, 所得到的数都可被 7 整除.

231. 是否存在这样的凸四边形, 它的四条边的长度和两条对角线的长度按某种顺序形成等比数列?

232. 实验室的架子上放着 120 个外观相同的试管, 其中 118 个试管中放的是中性液体, 一个试管里放着有毒液体, 还有一个试管里放着解毒液体. 工作人员不小心将试管弄混淆了. 现在需要找出那个放着有毒液体的试管和那个放着解毒液体的试管. 他们打算接受外面机构的测试服务. 可以把任意多个试管里的液体混合打包送去检测, 每个试管只需取出一滴液体. 对于每个包, 检测机构检测一次, 如果包里只混有有毒液体, 而没有解毒液体, 则检测结果为 $+1$; 如果只有解毒液体, 而无有毒液体, 则检测结果为 -1; 其余情况下的检测结果都是 0. 能否只用打 19 个包, 就一定可以根据检测结果, 找出那个放有毒液的试管和那个放有解毒液体的试管?

第 85 届（2022 年）

八 年 级

233. 小不点不知道天下有乘法运算，更不知道方幂数．但是他熟练地掌握了加法、减法、除法和求平方根的运算，也会使用括号．在做练习时，他用 20, 2, 2 三个数成功地构造出如下表达式：
$$\sqrt{(2+20) \div 2}.$$
试问：他能否用 20, 2, 2 这三个数成功地构造出一个表达式，使得其值大于 30？

234. 试求具有如下性质的最大正整数 n：对于任何小于 n 的奇质数 p，差数 $n-p$ 仍然是质数．

235. 如图 8 所示，在正八边形的一条边上向形外作一个正方形．在正八边形中作两条对角线相交于点 B．试求 $\angle ABC$．

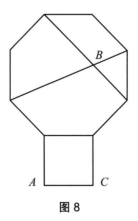

图 8

236. 市场入口处有一架天平，但没有砝码．每位顾客每天可以使用天平两次．顾客亚历山大有 3 枚外观相同但重量分别为 9 g, 10 g, 11 g 的硬币．

"很遗憾，我无法仅通过两次称量弄清楚各枚硬币的重量．"

"就是啊！"他的一位邻居鲍里斯搭腔道，"我的情况跟你一样，也有 3 枚外观相同但重量分别为 9 g, 10 g, 11 g 的硬币．"

证明: 如果他们联合起来, 则可以利用他们共有的 4 次称量, 确定出所有 6 枚硬币各自的重量.

237. 试问: 是否一定能从任何凸四边形上割出三个与原来相似但比原来小一半的图形?

238. 棋子车在 $n \times n$ 的方格纸上走遍所有方格各一次, 它每次仅走一格 (从所在方格走到依边相邻的方格). 如果把方格按照棋子车到达的先后顺序编号为 1 至 n^2. 以 M 记依边相邻方格的号码差的最大值. 试求 M 的最小可能值.

九 年 级

239. 写出正整数 $n, 2n, 3n, \cdots, 9n$ 的左边第一个数字 (首位数). 试问: 是否有这样的正整数 n, 使得在所写出的 9 个数字中只有 4 个不同的?

240. 矩形 $ABCD$ 和矩形 $DEFG$ 中的公共顶点 D 在直线 BF 上, 而 B, C, E, F 四点共圆 (参阅图 9). 证明: $\angle ACE = \angle CEG$.

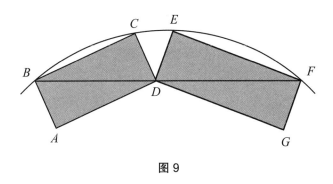

图 9

241. 萨沙收集硬币和贴纸, 硬币数目比贴纸少, 但至少有 1 枚. 萨沙选择了一个正数 $t > 1$(不一定是整数). 如果他把硬币数目增加到原来的 t 倍, 那么他的收藏品就一共达到 100 件, 而若他把贴纸的数目增加到原来的 t 倍, 那么他的收藏品就一共达到 101 件. 试问: 萨沙原来有多少张贴纸? 试给出所有可能的答案, 并证明再无其他答案.

242. 100×100 的方格纸上的某些方格被染成了黑色. 在每个有黑色方格的行与列中, 黑格的数目都是奇数. 在每个有黑色方格的行中都将一枚红色跳棋子放到按顺序居中的黑格里 (例如, 某一行中一共有 3 个黑格, 那么就把红色跳棋子放到第二个黑格里), 在每个有黑色方格的列中都将一枚蓝色跳棋子放到按顺序居中的黑格里. 现知所有的红色跳棋子都分布在不同的列中, 而所有的蓝色跳棋子都分布在不同的行中. 证明: 存在一个方格, 其中既放有红色跳棋子又放有蓝色跳棋子.

243. 如图 10 所示, 相交的两个三角形的公共部分是一个凸六边形, 还割出来 6 个小三角形. 这 6 个小三角形的内切圆半径相等. 证明: 原来的两个三角形的内切圆半径也相等.

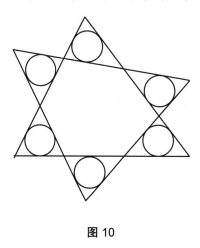

图 10

244. 给定一个凸多边形 M 和一个质数 p. 现知, 存在 p 种不同的方法把 M 分成一些边长为 1 的等边三角形和一些边长为 1 的正方形. 证明: 多边形 M 有一条边的长度是 $p-1$.

十 年 级

245. 同第 234 题.

246. 点 M 与点 N 是 $\triangle ABC$ 的边 AB 和边 AC 的中点. 与 $\triangle ABC$ 的外接圆相切于点 A 的切线 ℓ 交直线 BC 于点 K. 证明: $\triangle MKN$ 的外接圆与直线 ℓ 相切.

247. 对于通常方格纸上的任意 5 个节点 (方格线的交点), 都一定能从中找出两个节点, 它们连线的中点也是节点. 现在考察由正六边形形成的网格 (见图 11). 试问: 最少需要多少个节点 (网线交点), 才能保证一定会有两个节点的连线中点也是节点?

248. 给定一个首项系数为 1 的整系数 2022 次多项式. 试问: 它在区间 $(0,1)$ 内最多可能有多少个根?

249. 同第 243 题.

250. 安德烈在黑板上写出了由 1011 个 0 和 1011 个 1 形成的长度为 2022 的所有不同序列. 称两个这样的序列是相配的, 如果它们刚好在 4 个位置上重合. 证明: 安德烈可以把所有这些序列分为 20 组, 使得同一组内的任何两个序列都不是相配的.

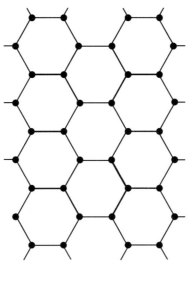

图 11

十 一 年 级

251. 同第 241 题.

252. 在笛卡儿坐标系 (x 轴与 y 轴的长度单位相同) 上画出了函数 $y = 3^x$ 的图像. 然后擦去整个 y 轴, 并且擦去 x 轴上的所有分点, 仅留下函数图像和没有刻度与原点的 x 轴. 试问: 如何借助圆规和直尺恢复 y 轴?

253. 在锐角三角形 ABC 中作出角平分线 AL. 在线段 LA 的延长线上取一点 K, 使得 $AK = AL$. $\triangle BLK$ 的外接圆和 $\triangle CLK$ 的外接圆分别与线段 AC 和 AB 相交于点 P 和 Q. 证明: $PQ // BC$.

254. 星际飞船在半空间中位于与分界面的距离是 a 的位置. 船员知道这一点, 但未告知飞船, 为了到达分界面应当朝哪个方向飞行. 飞船在空间中可以沿着任何轨道飞行, 度量所飞过的路程的长度, 并且有传感器可发出到达分界面的信号. 试问: 飞船能否一定在飞行长度不多于 $14a$ 的路程之后到达分界面?

255. 同第 248 题.

256. 苏丹召集了 300 位宫廷圣人, 建议他们做如下试验. 圣人预先都知道一共有 25 种不同颜色的帽子, 每位圣人都戴着这些帽子中的一顶. 苏丹告知, 大家所戴的各种颜色的帽子数目各不相同. 每位圣人都可以看见其他圣人头上的帽子, 却看不见自己头上的帽子. 然后所有圣人需同时说出自己所认为的自己头上帽子的颜色. 试问: 圣人们能否事先商量出一个行动策略, 以保证他们中至少有 150 个人说对自己头上帽子的颜色?

257. 设非负数 a,b,c 满足条件 $a+b+c=2\sqrt{abc}$. 证明: $bc \geqslant b+c$.

258. 16 支球队参加了排球冠军赛, 比赛实行单循环制 (每两支球队都比赛一场, 并且排球赛没有平局). 今知有某两支球队所赢的场数相同. 证明: 从中可以找出甲、乙、丙 3 支球队, 刚好是甲队赢了乙队, 乙队赢了丙队, 而丙队赢了甲队.

259. 凸 12 边形的所有内角彼此相等. 今知它有 10 条边的长度为 1, 还有一条边的长度是 2. 试问: 该凸 12 边形的面积是多少?

260. 在等腰梯形中引出一条对角线, 把它分为两个三角形. 沿着每个三角形的周界都爬行着一只甲虫. 它们以相同的速度匀速爬行. 它们都不改变在各自周界上的爬行方向, 但是在对角线上的爬行方向刚好相反. 证明: 不论它们的初始位置如何, 它们都一定会相遇.

261. 丹娘在黑板上依次写出形如 n^7-1 的数, 其中 $n=2,3,\cdots$. 她发现对 $n=8$, 所写的数可被 337 整除. 试问: 她对怎样的最小的 $n>1$, 所写的数可被 2022 整除?

第 86 届（2023 年）

八 年 级

262. 给定 3 个非 0 实数. 别佳和瓦夏以这些数为系数构造二次方程, 每一次都按新的顺序把 3 个数放在不同的位置上. 如果方程至少有一个实根, 则别佳得一颗五角星; 如果没有根, 则瓦夏得一颗五角星. 前三颗五角星都被别佳得去, 接着两颗五角星被瓦夏得到. 能否确定最后一颗五角星被谁得到?

263. 桌子上放着一行 23 个盒子, 其中一个盒子里放有奖品. 每一个盒子上都放有一张纸条, 上面写着 "此处无奖品" 或 "奖品在邻盒里". 今知恰有一张纸条所写的话符合实际. 试问: 放在中间位置的纸盒上的纸条上写着什么?

264. 证明: 如果直角三角形中有一个角为 $30°$, 那么其中有一个角的平分线的长度是另一个角的平分线的两倍.

265. 一个正整数称为 "好的", 如果在它的 10 进制表达式中仅出现数字 0 和 1. 试问: 如果两个好的正整数的乘积是好的, 那么乘积的各位数字之和是否一定等于两个因数的数字和的乘积?

266. 在等边三角形 ABC 的各边上分别向外作 $\triangle AB'C$, $\triangle CA'B$, $\triangle BC'A$, 得到六边形 $AB'CA'BC'$, 如图 12 所示. 今知 $\angle A'BC'$, $\angle C'AB'$, $\angle B'CA'$ 都大于 $120°$, 而在边长方面, 则有 $AB' = AC'$, $BC' = BA'$, $CA' = CB'$. 证明: 可以用线段 AB', BC', CA' 构造三角形.

267. 在 8×8 的方格表的每个方格里都安插一个观察者. 每个观察者都可以观察 (沿着方格线的) 四个方向之一, 并可观察处于他的视线上的所有其他观察者. 试问: 对于怎样的最大的 k, 可以这样来安排观察者的视角, 使得每个观察者都至少被 k 个其他观察者观察?

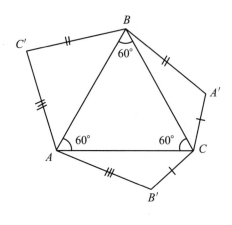

图 12

九 年 级

268. 萨沙把数字 1,2,3,4,5 按任一顺序写成一行,并在它们之间添加加 (+)、减 (−)、乘 (×) 等运算符号和括号,并观察所得到的表达式的运算结果. 例如, 他可以通过表达式 $(4-3) \times (2+5) + 1$ 得到 8. 试问: 他能否得到结果 123?

269. 给定由字母 A 和 B 形成的两个序列,每个序列中都刚好有 100 个字母. 每次操作允许在序列的任何位置 (包括开头和末尾) 添加一个或若干个相同的字母, 或者擦去一个或若干个相同的字母. 证明: 由第一个序列出发,可以经过不多于 100 次操作,得到第二个序列.

270. $\triangle ABC$ 的周长是 1. 圆 ω 与边 BC 相切,且与边 AB 的延长线相切于点 P, 与边 AC 的延长线相切于点 Q. 经过边 AB 和边 AC 中点的直线与 $\triangle APQ$ 的外接圆相交于点 X 和 Y. 试求线段 XY 的长度.

271. 给定整数 $n > 1$. 称一个简分数 (不一定是既约分数) 是 "好的", 如果它的分子与分母的和等于 n. 证明: 任何分母小于 n 的正的简分数都可以通过若干个 (不一定互不相同的) 好的分数相加或相减来得到, 当且仅当 n 是质数.

所谓简分数, 就是整数与正整数之比.

272. 正 100 边形被分成若干个平行四边形和两个三角形. 证明: 这两个三角形全等.

273. 称三个实数为三联体, 如果其中一数是其余二数的算术平均数. 给定一个由正整数构成的无穷数列 $\{a_n\}$. 今知 $a_0 = 0, a_1 = 1$, 而对于 $n > 1$, 数 a_n 是使得 $a_1, a_2, \cdots, a_n$ 不含有三联体的大于 a_{n-1} 的最小正整数. 证明: $a_{2023} \leqslant 100\,000$.

十 年 级

274. 设 a, b, c, d 为整数, 满足等式
$$a + b + c + d = ab + bc + cd + da + 1.$$
证明: 其中有两个数的绝对值仅相差 1.

275. 两个队各 20 人参加莫斯科 – 佩图什基接力赛. 各队按照自己的打算将全程分成 20 段 (不一定等长), 每个队员跑一段 (每人都以常速跑动, 但各人的速度不一定相同). 两个队的跑第一棒的队员同时开跑, 电视转播即刻开始. 试问: 全程中最多可能发生多少次超越? 段的分界处的超越不计在内.

276. $\triangle ABC$ 的周长是 1. 圆 ω 与边 BC 相切, 且与边 AB 的延长线相切于点 P, 与边 AC 的延长线相切于点 Q. 经过边 AB 和边 AC 中点的直线与 $\triangle APQ$ 的外接圆相交于点 X 和 Y. 试求线段 XY 的长度.

277. 巨型计算机屏幕上写着一个数 $11\cdots1$(900 个 1). 每秒钟计算机按如下规则改变屏幕上的数: 当该数形如 $\overline{AB}$, 其中 B 由最后两位数字构成, 那么就变化为 $2 \times A + 8 \times B$ (如果 B 以 0 开头, 那么就忽略掉 0). 例如, 305 变化为 $2 \times 3 + 8 \times 5 = 46$. 如果屏幕上的数小于 100, 那么过程就停止. 试问: 该过程是否会停止?

278. 平面上 ω_1 与 ω_2 二圆外切. 在圆 ω_1 中选取直径 AB, 在圆 ω_2 中选取直径 CD, 使得 $ABCD$ 是一个圆外切凸四边形, 观察 A, B, C, D 的一切可能的位置, 并以 I 记四边形 $ABCD$ 的内切圆的圆心. 试求点 I 的几何位置.

279. 岛屿上生活着 5 种颜色的变色龙. 当一只变色龙咬伤另一只变色龙时, 被咬伤的变色龙的颜色会按照某种规则变化, 并且所变成的颜色仅与咬的和被咬的变色龙的颜色有关. 现知 2023 只红色变色龙可以达成一个顺序, 按照该顺序咬下来, 它们全都变为蓝色. 试问: 对怎样的最小的 k, k 只红色变色龙可以达成顺序, 使得它们全都变为蓝色?

例如, 颜色变化规则可以这样: 如果红色变色龙咬了绿色变色龙, 那么被咬的变为蓝色; 而如果绿色变色龙咬了红色变色龙, 那么红色变色龙依然为红色, 亦称为 "变为红色"; 如果红色变色龙咬了红色变色龙, 那么被咬的变为黄色; 如此等等. (具体的变色规则可以是另外样的.)

十 一 年 级

280. 在函数 $y = \cos x$ 与 $y = a\tan x$ 图像的任一相交处分别作它们的切线. 证明: 对任何 $a \neq 0$, 这两条切线都相互垂直.

281. 设平行四边形 $ABCD$ 不是矩形. 在其内部取一点 P, 使得 $\triangle PAB$ 与 $\triangle PCD$ 的外接圆的公共弦垂直于 AD. 证明: 这两个外接圆的半径相等.

282. 给定次数 $n > 5$ 的整系数多项式 $P(x)$, 今知它有 n 个不同的整根. 证明: 多项式 $P(x) + 3$ 有 n 个不同的实根.

283. 多于 4 个运动员参加网球训练 (没有平局). 每个训练日每个网球手刚好参加一场训练. 在训练结束时每个网球手都刚好与每个别的网球手对阵过一场. 称一个网球手是"顽强的", 如果他至少赢过一场, 并且在他首次胜利之后他就再也没有输过. 其余网球手称为"非顽强的". 是否有多于一半的训练日都有某场比赛对阵的双方都是非顽强的网球手?

284. 某四面体的所有高的中点都在其内切球上. 试问: 该四面体是否一定是正四面体?

285. 称三个实数为三联体, 如果其中一数是其余二数的算术平均数. 给定一个由正整数构成的无穷数列 $\{a_n\}$. 今知 $a_1 = a_2 = 1$, 而对于 $n > 2$, 数 a_n 是使得 $a_1, a_2, \cdots, a_n$ 不含有三联体的最小正整数. 证明: 对任何 n, 都有 $a_n \leqslant \dfrac{n^2 + 7}{8}$.

286. 给定严格上升的函数 $f: N_0 \to N_0$ (其中 N_0 是非负整数集合), 对任何 $m, n \in N_0$, 满足关系式 $f(n + f(m)) = f(n) + m + 1$. 试求 $f(2023)$ 的一切可能值.

287. 最少需要有多少个不同的整数, 才有可能从它们中既可选出长度为 5 的等差数列, 又可选出长度为 5 的等比数列?

288. 在 $\triangle ABC$ 中, 高 BE 与高 CF 相交于点 H, 而点 M 是边 BC 的中点, 点 X 则是 $\triangle BMF$ 与 $\triangle CME$ 的内切圆的内公切线的交点. 证明: X, M, H 三点共线.

289. 今有一架绝对精确的双盘天平和50个砝码, 这些砝码的重量分别为 $\arctan 1, \arctan \dfrac{1}{2}, \arctan \dfrac{1}{3}, \cdots, \arctan \dfrac{1}{50}$. 证明: 可以从中选出 10 个砝码, 每端放 5 个, 使得天平平衡.

290. 以 B, P, T 分别表示凸多面体的顶点数目、棱数和具有公共顶点的三角形面的最大数目. 证明: $B\sqrt{P+T} \geqslant 2P$.

例如, 在四面体中, $B = 4, P = 6, T = 3$, 满足等式; 而对于三棱柱 ($B = 6, P = 9, T = 1$) 和立方体 ($B = 8, P = 12, T = 0$) 则满足严格不等式.

试题解答

这里汇集了第 77—86 届莫斯科数学奥林匹克所有试题的解答,这些解答都是根据竞赛组委会提供的解答编译出来的. 各题解答的详略不一.

有的题目的解答只是一个例子或是一两句话; 有的题目会讲述这些例子是如何构造出来的; 有的题目则只作简要说明, 每逢此时, 还是应当停下脚步, 想一想例子的构造灵感来自何方.

不少题目给出了多种不同的解答, 最多的一题竟有七种不同的解法, 分两次给出 (例如, 第 270 题与第 276 题的题目相同, 而在第 270 题的解答中为九年级学生提供了四种解答, 在为十年级学生而写的第 276 题的解答中又提供了三种解法). 应当说, 不同的解法有不同的精彩, 它们或许出自不同的思考角度, 或许来自不同的知识所长, 有的解答显得简捷漂亮, 有的解答则可能引发进一步的思考.

还有一些题目的解答可谓长篇大论, 它们不仅是在解答试题本身, 而且是借此解答向读者介绍某些新的知识, 或是介绍某些当今正在探讨中的数学问题, 相应的题目则是这些问题的初步却生动的体现. 每当此时, 读者千万不要放过学习的机会. 多停一停, 多想一想, 说不定会让你看见一片新的天地, 生出进一步探索的欲望.

这些年, 莫斯科数学奥林匹克的试题出得越来越精彩, 越来越具有欣赏价值. 这些题目不是用来 "刷" 的, 刷题者绝对感受不到它们的魅力和精彩. 这些题目是要用心来解的; 在学习别人的解答时, 是要认真读和思的. 真正读进去的时候, 你就会从中读出快乐和体会来.

第77届（2014年）

八 年 级

1. 例如，如下的算式即可满足要求：

$$1\underbrace{+\cdots+1+}_{9\text{个加号}}1\underbrace{\times 1\times\cdots\times}_{9\text{个乘号}}1.$$

♦ 可以以任意的方式在 19 个 1 之间放置 9 个加号和 9 个乘号，所以有多种不同的解答.

2. 答案 可以.

例如，正六边形就可以满足要求. 每一条蛇状折线由正六边形的一组对边和三条对角线组成. 各条蛇状折线可以通过正六边形的旋转和对称相互得到.

可以在方格纸上画出这些蛇状折线（见图 13）.

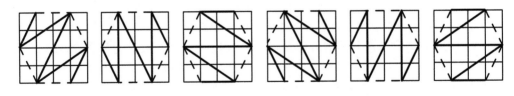

图 13

3. 答案 可以.

将正整数 7 至 2014 两两配对：最小的与最大的为一对，第二小的与第二大的为一对，如此等等. 于是每一对数的和都是 2021，共有偶数对. 再将 1 至 6 配为 (3,6), (2,4), (1,5), 那么就有 $(3+6)\times(2+4)\times(1+5) = 3^2 \times 6^2$.

4. 方法 1 将由点 M 所作直线 BD 的垂线上下延长，设延长线与边 AD 的交点为 E，与直线 BC 的交点为 F（见图 14）. 我们欲证明 $CE \perp BM$.

连接点 D 和点 F，得到 $\triangle BDF$，它的高 DC 与 FE 相交于点 M，这就意味着 BM 也是它的高，亦即 $BM \perp DF$. 注意到 $\text{Rt}\triangle EMD$ 与 $\text{Rt}\triangle FMC$ 中有一条直角边（因为 M 是

线段 CD 的中点) 和一个锐角 (对顶角) 对应相等, 故知 $\triangle EMD \cong \triangle FMC$. 从而线段 CF 与 DE 平行且相等, $CFDE$ 是平行四边形, $DF // CE$. 因为 $BM \perp DF$, 所以 $BM \perp CE$.

方法 2 记 $BC = a$ 和 $CM = MD = b$. 设由点 C 所作 BM 的垂线与 AD 相交于点 E_1 (见图 15). 由于 $\angle E_1 CD$ 与 $\angle MBC$ 的两边对应垂直, 可知它们相等, 因而它们的正切值相等, 亦即

$$\frac{E_1 D}{2b} = \frac{b}{a} \quad \Rightarrow \quad E_1 D = \frac{2b^2}{a}.$$

类似地, 设由点 M 所作 BD 的垂线与 AD 相交于点 E_2. 于是亦有 $\angle E_2 MD = \angle DBC$ 和 $\frac{E_2 D}{b} = \frac{2b}{a}$, 因而也有 $E_2 D = \frac{2b^2}{a}$. 这就表明 $E_1 D = E_2 D$ 和 $E_1 = E_2$.

所得的两个比例式亦表明 $\triangle E_1 CD \sim \triangle MBC$ 和 $\triangle E_2 MD \sim \triangle DBC$.

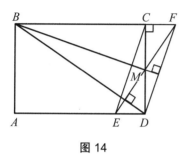

图 14

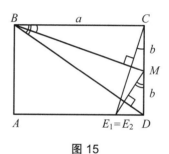

图 15

5. 答案 应当建造 16 座一层的和 7 座两层的建筑, 或者建造 14 座一层的和 8 座两层的建筑.

首先证明不应建造高于两层的建筑.

事实上, 如果有某座建筑的层数 $h > 2$, 那么我们砍去它的最高层, 另建一座一层的建筑, 视察员所得的和数有什么变化呢 (见图 16)? 显然, 此时从被砍掉一层的建筑上不再看那些高度为 $h - 1$ 的建筑. 但因为 $h > 2$, 所以从所有这些建筑 (包括被砍掉一层的建筑) 看的时候都把新建的建筑计算在内, 因而和数增大.

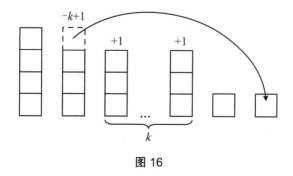

图 16

下面只需考虑仅建造一层和两层建筑的情形. 假设建造 x 座一层建筑和 y 座两层建筑, 则由题意知 $x + 2y = 30$, 而视察员所得的和数为 xy (因为从每座两层建筑顶上看, 都把

x 座一层建筑计算在内). 易见

$$xy = (30 - 2y)y = 2y(15 - y) = 2\left[7.5^2 - (y - 7.5)^2\right].$$

对于整数 y, 该式在 $y = 7$ 和 $y = 8$ 时取得最大值 112.

6. 答案 可以不花钱.

我们来看如何可以不花钱.

如图 17 所示, 如果我们把三条粗线上的苹果重量分别记为 l_1, l_2, l_3, 而把三条竖直线上的苹果重量分别记为 v_1, v_2, v_3, 那么必有 $l_1 + l_2 + l_3 = v_1 + v_2 + v_3$, 因为左右两端都是所有 9 个苹果的重量之和. 因为其中至少有 5 条线上的苹果重量等于同一个值 t, 所以该等式两端的 6 个数都等于 t(事实上, 它等于 $3t - 2t = t$).

如果把三条粗线换为它们的关于中间竖线对称的三条线, 那么同理, 可知道这三条线上的苹果重量也都等于 t. 这样一来, 我们就找到了 9 条线, 它们上的苹果重量都等于同一个值 t. 这也就意味着剩下来的那条线, 即水平线上的苹果重量与众不同.

♦ 所说的一种情形是: 任取三个使得 $2b \neq a + c$ 的正数 a, b, c, 如图 18 所示配置苹果的重量即可.

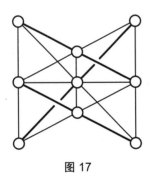 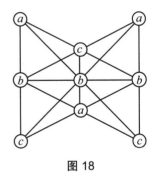

图 17 图 18

九 年 级

7. 设二次三项式 $ax^2 + bx + c$ 具有形如 $\dfrac{1}{n}$ 的根, 其中 a, b, c 都是奇数, 而 n 为正整数. 把 $x = \dfrac{1}{n}$ 代入其中, 并乘 n^2, 得到 $a + bn + cn^2 = 0$. 如果 n 为偶数, 那么该等式左端的三项中只有一项为奇数, 故左端的值不可能为 0, 此为矛盾. 如果 n 为奇数, 那么该等式左端的三项都是奇数, 故左端的值亦不可能为 0, 仍为矛盾. 这就表明, $\dfrac{1}{n}$ 不可能是此类二次三项式的根.

♦ 可以类似地证得更一般的结论: 奇数系数的二次三项式不可能具有有理根.

8. 答案 最小的整数 $k = 10$.

首先证明 $k = 10$ 能够满足要求.

方法 1 我们从头开始逐件数出两种不同颜色的件数 (分别计数), 直到数到某一种颜色的衬衫出现 11 件为止. 不失一般性, 可设我们已经数到第 11 件紫罗兰色衬衫. 这时, 就把已经数到过的白色衬衫全都取下 (它们的件数不超过 10), 并把所有还没数到的紫罗兰色衬衫也都取下 (它们刚好有 10 件). 必要时再多取下几件白色衬衫. 此时, 所有留下的 11 件紫罗兰色衬衫相连 (因为我们取下了所有悬挂在它们之间的白色衬衫), 留下的 11 件白色衬衫也相连悬挂.

方法 2 如果我们站在第 21 件和第 22 件衬衫之间, 那么我们左右两侧都分别有 21 件衬衫. 先看左边, 不妨设其中的白色衬衫较少. 于是左边的白色衬衫不多于 10 件, 右边的紫罗兰色衬衫不多于 10 件 (易知这两者的数目应当相等). 我们取下左边的所有白色衬衫和右边的所有紫罗兰色衬衫, 此时左边所挂的都是紫罗兰色衬衫, 右边都是白色衬衫. 如果我们取下的每种颜色的衬衫数目 $n < 10$, 那么就将每种颜色的衬衫再取下 $10 - n$ 件, 此时仍然满足题中条件.

再证: 存在某种悬挂顺序, 使得取下的每种颜色的衬衫不能少于 10 件.

方法 1 如果最左边接连挂着 11 件白色衬衫, 最右边接连挂着 10 件白色衬衫, 而中间则接连挂着 21 件紫罗兰色衬衫. 此时, 如果每种颜色的衬衫各取下 $k < 10$ 件, 那么两端剩下的都是白色衬衫, 从而不能满足要求.

方法 2 事实上, 如果左边的 21 件衬衫中有 10 件白色的和 11 件紫罗兰色的, 而右边有 10 件紫罗兰色的和 11 件白色的, 那么若每种颜色的衬衫各取下 $k < 10$ 件, 则左右两端都至少剩有 1 件白色的和 1 件紫罗兰色的衬衫, 从而至少有一种颜色的衬衫不能全部相连悬挂.

9. 答案 n 的最大可能值是 4.

长度分别为 $a, b, c (a \leqslant b \leqslant c)$ 的三根短棍可以形成三角形的充要条件是 $a + b > c$. 而由余弦定理可知, 该三角形为钝角三角形, 当且仅当 $a^2 + b^2 < c^2$. 假设 n 根短棍的长度依次为 $a_1 \leqslant a_2 \leqslant \cdots \leqslant a_n$. 如果 $n \geqslant 5$, 那么就有

$$a_5^2 > a_4^2 + a_3^2 \geqslant 2a_3^2 > 2a_2^2 + 2a_1^2.$$

另一方面, 因为长度为 a_1, a_2, a_5 的三根短棍也能形成三角形, 所以 $a_5 < a_1 + a_2$. 将该式两端同时平方, 得到 $a_5^2 < a_1^2 + a_2^2 + 2a_1 a_2$. 从上面的不等式中减去这个不等式, 得出 $a_1^2 + a_2^2 < 2a_1 a_2$, 此为不可能.

可以举出满足条件的 $n = 4$ 的例子. 事实上, 可取 $a_1 = a_2 = 1$; 取 a_3, 使之略大于 $\sqrt{2}$; 取 a_4, 使之略大于 $\sqrt{1 + a_3^2}$. 例如: $a_1 = a_2 = 1, a_3 = 1.5, a_4 = 1.9$.

10. 方法 1 将正方形桌布记为 $ABCD$, 垂下来的三角形相应地记为 $\triangle_A, \triangle_B, \triangle_C, \triangle_D$. 应当指出, 这些三角形彼此相似 (根据角的相等关系). 将由顶点 A 所作的 $\triangle_A$ 的高记作 h_A. 类似地, 定义 h_B, h_C, h_D.

假设我们已知 $\triangle_A \cong \triangle_B$(图 19 中的两个带阴影的三角形). 经过顶点 A 作直线 l_A 使之与 h_A 垂直. 类似地作出直线 l_B, l_C, l_D. 记 $P = l_A \cap l_B$, $Q = l_B \cap l_C$, $R = l_C \cap l_D$, $S = l_D \cap l_A$. 显然, $PQRS$ 是矩形, 它的边分别经过点 A, B, C, D. 我们指出, $PQRS$ 是正方形, 此因 $\triangle ABP, \triangle BQC, \triangle CRD$ 和 $\triangle DSA$ 彼此全等 (易见它们彼此相似, 又因为它们的斜边彼此相等, 所以它们彼此全等). 将正方形 $PQRS$ 的边长记作 m, 则有 $m = PQ = PS$. 如果再将方桌的边长记作 n, 则有 $m = h_A + n + h_C = h_B + n + h_D$. 由 $\triangle_A \cong \triangle_B$ 可知 $h_A = h_B$, 故又知 $h_C = h_D$. 由于 $\triangle_C \sim \triangle_D$, 而它们对应边上的高又相等, 所以 $\triangle_C \cong \triangle_D$.

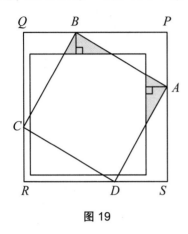

图 19

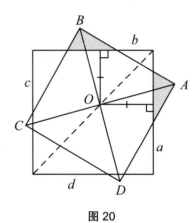

图 20

方法 2 利用上一解法中的符号 $A, \triangle_A$ 等. 将正方形桌布的中心记作 O. 将方桌的含有 $\triangle_A$ 的斜边的边记作 a. 类似地, 定义 b, c, d (参阅图 20).

将正方形桌布绕自己的中心旋转 $90°$, 则桌布正方形变为自己, 而顶点 A 变为 B, 顶点 C 变为 D. 在此旋转之下, 桌布的边变为自己的边, 则 $\triangle_A$ 的斜边变为 $\triangle_B$ 的斜边 (因为对应边的长度相等). 这也就意味着, 直线 a 变为直线 b.

这表明, 点 O 到直线 a 与到直线 b 的距离相等, 则点 O 在方桌的对角线上. 由此可知, 点 O 到另外两条直线 c 和 d 的距离也彼此相等. 因此, 直线 c 在所说的旋转之下变为直线 d. 这样一来, 包含着 $\triangle_C$ 斜边的直线变为包含着 $\triangle_D$ 斜边的直线. 由此即可推知 $\triangle_C \cong \triangle_D$.

11. 答案 存在.

我们来寻找形如 $a = 10^n - 1, b = 1, c = 10^n$ 的例子.

首先证明, 对任何正整数 k, 都存在正整数 n, 使得 $10^n - 1$ 是 3^{k+1} 的倍数. 用归纳法. 当 $k = 1$ 时, $10^1 - 1$ 是 3^2 的倍数, 即 $n = 1$. 假设 $10^n - 1$ 是 3^{k+1} 的倍数, 那么 $10^{3n} - 1 = (10^n - 1)(10^{2n} + 10^n + 1)$ 就是 3^{k+2} 的倍数, 因为 $10^{2n} + 10^n + 1$ 是 3 的倍数.

现在取 k, 使得 $3^k > 10000$, 而正整数 n 使得 $10^n - 1$ 是 3^{k+1} 的倍数, 那么就有

$$\operatorname{rad}(abc) = \operatorname{rad}((10^n - 1) \times 10^n) = 10 \operatorname{rad}(10^n - 1)$$

$$= 3 \times 10 \operatorname{rad}\left(\frac{10^n - 1}{3^{k+1}}\right) < 10 \times \frac{10^n - 1}{3^k} < \frac{10^{n+1}}{10000} = \frac{c}{1000}.$$

♦ 可在证明中运用欧拉定理: 因为 $\varphi(3^{k+1}) = 2 \times 3^k$, 所以 $10^{2 \times 3^k} - 1$ 是 3^{k+1} 的倍数.

♦ 著名的 ABC 猜想 (20 世纪 80 年代由 Эстерле 与 Masser 相互独立地提出) 断言: 对于任何 $\varepsilon > 0$, 都存在这样的常数 k, 使得任何满足关系式 $A + B = C$ 的两两互质的正整数 A, B, C 都满足不等式
$$C < k \cdot \mathrm{rad}\,(ABC)^{1+\varepsilon}.$$

由这个猜想的正确性, 可以推出数论中的一系列著名论断. 例如, 只要 ABC 猜想成立, 就不难看出, 当 $n > 2$ 时, 费马方程 $x^n + y^n = z^n$ 只有有限个解.

我们的这道试题所说的就是: 不能将 ABC 猜想中的 $1 + \varepsilon$ 换成 1.

对于 ABC 猜想及其推论的更多介绍可见 Д.О. Орлов 在本届奥林匹克竞赛闭幕式上的讲座 [11] 和 К. Конрад 在《现代数学》夏季学校的讲座 [12] 的录像.

12. 答案 能够.

10 只蚂蚱将圆周分为 10 段弧, 将这 10 段弧相间地染为黑色与白色 (见图 21). 由题中条件易知, 黑色弧段的长度之和与白色弧段的长度之和相等, 这是因为黑色弧段关于圆心的对称弧段是白色的, 而白色弧段关于圆心的对称弧段是黑色的. 每次跳动都意味着有一段弧关于它的一个端点作对称变换 (在图 22 中, $\overset{\frown}{BC}$ 就关于点 C 作了对称变换). 这表明, 其中有一种颜色的弧段的长度都没变 (例如图 22 中的黑色弧段), 只是它们在圆周上的分布情况改变了, 所以这种颜色弧段的长度之和不变. 从而另一种颜色的弧段的长度之和亦不变. 这样一来, 每次跳动之后, 圆周上每间隔一段的 5 段弧的长度之和都保持不变, 始终等于圆周长度的一半.

图 21

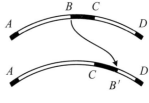

图 22

我们来观察最后时刻 10 只蚂蚱的分布情况. 假设第 10 只蚂蚱位于点 X 上, 那么 $\overset{\frown}{A_1 A_2} + \overset{\frown}{A_3 A_4} + \overset{\frown}{A_5 A_6} + \overset{\frown}{A_7 A_8} + \overset{\frown}{A_9 X}$ 等于半个圆周的长度. 另外, $\overset{\frown}{A_1 A_2} + \overset{\frown}{A_3 A_4} + \overset{\frown}{A_5 A_6} + \overset{\frown}{A_7 A_8} + \overset{\frown}{A_9 A_{10}}$ 也等于半个圆周的长度, 因为它是开始时某一种颜色的弧长之和. 故知 $\overset{\frown}{A_9 X} = \overset{\frown}{A_9 A_{10}}$. 又因为点 X 和点 A_{10} 都在 $\overset{\frown}{A_9 A_{10} A_1}$ 上, 所以 $X = A_{10}$.

十 年 级

13. 由题意知 $f(c)$ 与 $f\left(\dfrac{1}{a}\right)$ 相互异号, 这表明方程 $f(x) = 0$ 至少有一个实根. 另外, 有

$$0 > f(c)f\left(\dfrac{1}{a}\right) = (ac^2 + bc + c)\left(\dfrac{1}{a} + \dfrac{b}{a} + c\right) = \dfrac{c}{a}(ac + b + 1)^2,$$

这表明 $\dfrac{c}{a} < 0$. 而由韦达定理知, $\dfrac{c}{a}$ 等于方程 $ax^2 + bx + c = 0$ 的两根之积, 所以该方程有两个实根, 且相互异号.

14. 同第 8 题.

15. 方法 1 过点 M 作 PQ 的平行直线, 与边 BC 相交于点 D(参阅图 23). 于是线段 PQ 是 $\triangle MDC$ 的中位线, 将线段 DC 分为等长的两段. 从而线段 MQ 是 $\triangle ADC$ 的中位线, 故有 $MQ//AD$. 这表明 $\angle ADM = \angle MQP$(同位角相等).

又因为 $\angle BAM = 180° - \angle BQP = 180° - \angle BDM$, 所以四边形 $ABDM$ 内接于圆, 则 $\angle ABM = \angle ADM$. 因此 $\angle ABM = \angle MQP$.

方法 2 由于四边形 $ABQP$ 内接于圆, 因此 $\angle MAB = \angle PQC$(参阅图 24). 而由圆的割线定理知

$$CQ \cdot CB = CP \cdot CA = 4CP^2 = (2CP)^2 = CM^2.$$

由此可知, CM 是 $\triangle BMQ$ 外接圆的切线. 从而由弦切角与同弧所对圆周角的相等关系, 知 $\angle BQM = \angle BMA$.

因此, $\angle ABM = 180° - \angle BAM - \angle BMA = 180° - \angle MQB - \angle PQC = \angle MQP$, 此即为所证.

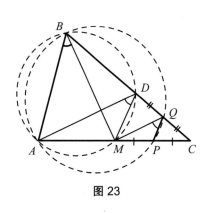

图 23

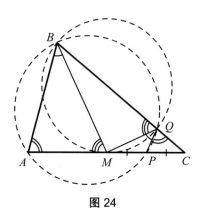

图 24

16. 答案 是的, 一定可以.

方法 1 我们对所有线段上的数的乘积进行归纳.

如果该乘积等于 1, 那么每条线段上的数都是 1, 从而只要每个点上的数都是 1 即可.

下面来看该乘积等于 $n > 1$ 的情形. 假设对所有较小的乘积值, 结论都已经成立. 任取 n 的一个质因数 p. 显然, p 可以整除写在标着由某个点 A 指向某个点 B 的箭头的线段上的数.

我们来证明: 或者每一条标有由点 A 指出的箭头的线段上写的数都能被 p 整除; 或者每一条标有指向点 B 的箭头的线段上写的数都能被 p 整除. 假设不是如此, 那么就存在某个点 C, 在有向线段 $\overrightarrow{AC}$ 上所写的数不是 p 的倍数; 同时又存在某个点 D, 在有向线段 $\overrightarrow{DB}$ 上所写的数不是 p 的倍数. 我们沿着路 $A \to B \to D \to C \to A$ 行走一圈. 根据题中条件, 写在有向线段 $\overrightarrow{AB}$ 和 $\overrightarrow{DC}$ 上的数的乘积等于写在有向线段 $\overrightarrow{DB}$ 和 $\overrightarrow{AC}$ 上的数的乘积. 但是, 前一个乘积是 p 的倍数, 而后一个乘积却不是 p 的倍数, 此为矛盾, 所以我们的断言获证.

假设每一条标有由点 A 指出的箭头的线段上写的数都能被 p 整除. 我们来把它们都除以 p. 这时, 所有的数仍能满足题中条件. 事实上, 在每一条 k 次经过点 A 的闭路上, 写在标有与行走方向一致的箭头的线段上的数的乘积与写在标有与行走方向相反的箭头的线段上的数的乘积都减小了 p^k. 这样一来, 所有线段上的数的乘积减小了, 因而可以运用归纳假设, 在每个点上写一个数, 使得现在的条件成立. 此后, 再将点 A 上的数乘 p, 即可使得它们满足原来的条件.

每一条标有指向点 B 的箭头的线段上写的数都能被 p 整除的情形与此类似.

方法 2 我们先来在各个点上放置有理数, 使之满足题中要求. 任取其中一个点 O, 在上面放置 1. 对于其他任意一个点 X, 我们按照如下规则行事: 由点 O 沿着任意一条路走到点 X, 并在点 X 上放置这样的一个数, 它等于所走过的各条所标箭头与前进方向同向的线段上的数的乘积除以所标箭头与前进方向反向的线段上的数的乘积所得的商数. 由题中条件可知, 在点 X 上所放置的数与路径的选择无关 (请自行验证). 当我们在每一个顶点上都如此放好一个数后, 再把各个白色点上的数都换为原来的倒数, 各条线段上的数就刚好都是它的两个端点上的数的乘积了.

将所有白色点编号, 也将所有黑色点编号. 假定在第 i 号白点上放着既约分数 $\frac{a_i}{b_i}$, 在第 j 号黑点上放着既约分数 $\frac{c_j}{d_j}$. 因为对于每一对 i 和 j, 乘积 $\frac{a_i \cdot c_j}{b_i \cdot d_j}$ 都是整数, 所以对于每一对 i 和 j, 都有 $b_i | c_j$ 和 $d_j | a_i$. 记 B 为所有 b_i 的最小公倍数, D 为所有 d_j 的最小公倍数, 那么 B 可整除每一个 c_j, D 可整除每一个 a_i. 现在在第 i 号白点上放置整数 $\frac{B \cdot a_i}{b_i \cdot D}$, 在第 j 号黑点上放置整数 $\frac{D \cdot c_j}{d_j \cdot B}$. 容易证明, 这样的放数办法满足题中要求.

17. 答案 最少需要 5 步.

将三个顶点同色的三角形称为同色三角形.

显然 4 步不够. 因为乙可将前两个点染为第一种颜色, 后两个点染为第二种颜色, 那么就没有三个同色点, 当然也就没有同色三角形.

往证 5 步之内甲就可保证自己取胜. 甲应当按如下办法行事: 前 3 步他应当标出三个点 A, B, C, 使得它们所形成的 $\triangle ABC$ 与原三角形相似. 如果乙将这三个点染为同一颜色, 那么甲已经取胜. 不然, 乙就会将其中某两个点染为一种颜色, 剩下的一个点染为另一种颜色. 不失一般性, 可认为点 A 与点 B 同为红色, 点 C 为蓝色. 此时直线 AB 将平面分为两个半平面, 记点 C 所在的半平面为 M. 在接下来的两步中, 甲应当在半平面 M 中取点 P 和 Q, 使得 $\triangle ABC \backsim \triangle PAB \backsim \triangle QBA$ (见图 25). 如果乙将点 P 和点 Q 之一染为红色, 那么所寻求的同色三角形即已存在, 甲取胜. 否则, 乙将点 P 和点 Q 都染为蓝色. 我们要来证明: $\triangle CQP \backsim \triangle CBA$.

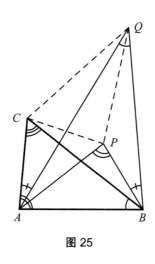

图 25

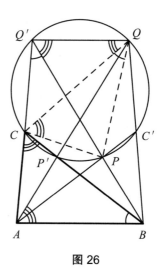

图 26

方法 1 先证 $\triangle CAQ \backsim \triangle PBQ$. 事实上, 由作法可知

$$\angle CAQ = \angle CAB - \angle QAB = \angle CAB - \angle ACB$$
$$= \angle QBA - \angle PBA = \angle PBQ,$$

以及

$$\frac{AC}{AQ} = \frac{AC}{AB} \cdot \frac{AB}{AQ} = \frac{AC}{AB} \cdot \frac{AC}{CB} = \frac{BA}{BQ} \cdot \frac{BP}{BA} = \frac{BP}{BQ}.$$

故 $\triangle CAQ \backsim \triangle PBQ$ 且相似比为 $\frac{QB}{QA} = \frac{BA}{BC}$.

这意味着

$$\angle CQP = \angle CQA + \angle AQP = CQA + \angle AQB - \angle PQB$$
$$= \angle AQB = \angle CBA$$

和 $\frac{QP}{QC} = \frac{BA}{BC}$, 由此即知 $\triangle CQP \backsim \triangle CBA$, 这就是所要证明的.

方法 2 如图 26 所示, 分别作点 P, Q, C 关于线段 AB 中垂线 ℓ 的对称点 P', Q', C'. 往证 P, Q, C, P', Q', C' 六点共圆. 由角之间的相等关系容易推知: A, C, Q' 三点共线, A, P', Q 三点共线, A, P, C' 三点共线, A, Q', C 三点共线, B, P, Q' 三点共线, B, C', Q 三

点共线. 我们有 $\angle ACB = \angle QAB = \angle AQQ'$, 由此可知四边形 $CQ'QP'$ 内接于圆. 线段 QQ' 的中垂线与线段 AB 的中垂线 ℓ 重合, 且经过四边形 $CQ'QP'$ 的外接圆圆心, 这就意味着该外接圆关于 ℓ 对称. 因此, 点 C' 和 P 也在该圆上.

最后, 只需指出, 因为 P, Q, C, P', Q', C' 六点共圆, 所以有 $\angle ACB = \angle Q'BA = \angle BQ'Q = \angle PCQ$ 和 $\angle CBA = \angle BQ'A = \angle CQP$. 故 $\triangle ABC \backsim \triangle PQC$.

♦ 若原三角形为等腰三角形, 则 5 步亦够; 而若为等边三角形, 则需要 6 步.

18. 因为 $P(0) = 1$, 所以 $P(x) - 1 = x \cdot S(x)$, 其中 $S(x)$ 是另一个多项式. 从而

$$T(x) = [P(x)+1]^{100} + [P(x)-1]^{100} = [P(x)+1]^{100} + x^{100} \cdot S^{100}(x)$$

中的项 x^{99} 的系数与 $[P(x)+1]^{100}$ 中的项 x^{99} 的系数相同.

利用二项式定理, 可知

$$\begin{aligned}
T(x) &= [P(x)+1]^{100} + [P(x)-1]^{100} \\
&= \sum_{k=0}^{100} C_{100}^k P^{100-k}(x) + \sum_{k=0}^{100} (-1)^k C_{100}^k P^{100-k}(x) \\
&= 2\sum_{k=0}^{50} C_{100}^{2k} P^{100-2k}(x) = 2\sum_{k=0}^{50} C_{100}^{2k} P^{2k}(x) \\
&= 2\sum_{k=0}^{50} C_{100}^{2k} \left[1 + x + x^{100} \cdot Q(x)\right]^k.
\end{aligned}$$

上面最后一个式子中求和的每一项都是一个多项式, 它们中的项 x^{99} 的系数都等于 0, 所以 $T(x)$ 中的项 x^{99} 的系数等于 0, 因而多项式 $[P(x)+1]^{100}$ 中的项 x^{99} 的系数等于 0.

十 一 年 级

19. 同第 13 题.

20. 答案 $a = k\pi$, 其中 $k \in \mathbf{Z}$.

$\cos(x+a), \cos(y+a), \cos(z+a)$ 成等差数列, 当且仅当

$$2\cos(y+a) = \cos(x+a) + \cos(z+a),$$

即

$$2\cos y \cos a - 2\sin y \sin a = \cos x \cos a - \sin x \sin a + \cos z \cos a - \sin z \sin a,$$

即

$$(2\cos y - \cos x - \cos z)\cos a = (2\sin y - \sin x - \sin z)\sin a.$$

根据题意，$\cos x, \cos y, \cos z$ 成等差数列，所以 $2\cos y = \cos x + \cos z$，即上式左端为 0，从而右端亦为 0. 于是，或者 $\sin a = 0$，$a = k\pi$，其中 $k \in \mathbb{Z}$；或者 $2\sin y = \sin x + \sin z$，亦即 $\sin x, \sin y, \sin z$ 成等差数列. 然而在后一种情况下，坐标为 $(\cos y, \sin y)$ 的点是坐标为 $(\cos x, \sin x)$ 的点与坐标为 $(\cos z, \sin z)$ 的点的连线的中点，这意味着这三个点共线. 但是，这三个点都在单位圆 $\{(u,v)|u^2+v^2=1\}$ 上，它们不可能共线. 以上两件事实相互矛盾，所以后一种情况不可能发生. 对于 $a = k\pi, k \in \mathbb{Z}$，存在恰当的例子，例如 $x = 0, y = \dfrac{\pi}{2}, z = \pi$.

21. (1) 由平行四边形的性质知 $\angle CDA = \angle ABC$. 于是 $\angle CDA + \angle POC = \angle AOP + \angle POC = 180°$. 故知 P, O, C, D 四点共圆 (见图 27). 同理可证，Q, O, A, D 四点共圆. 由割线定理知 $CQ \cdot CD = CO \cdot CA = AO \cdot AC = AP \cdot AD$. 由此可得 $AP : CQ = CD : AD = BA : BC$. 又因 $\angle BAP = \angle BCQ$，故知 $\triangle BAP \sim \triangle BCQ$. 于是 $\angle ABP = \angle CBQ$.

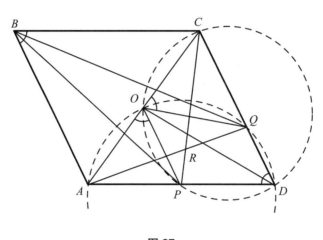

图 27

(2) 因为同弧所对圆周角相等，所以 $\angle OAQ = \angle ODQ$，$\angle OCP = \angle ODP$. 以 R 记直线 AQ 与 CP 的交点，则有 $\angle ABC + \angle ARC = \angle ADC + \angle ARC = \angle ODP + \angle ODQ + \angle ARC = 180°$，所以 A, B, C, R 四点共圆.

22. 答案 n 最小为 5.

如果仅剩下数字键 0,1,3,4,5，那么从 0 到 9 都可以表示为用这些键按出来的两个非负整数的和. 假定我们希望按出的 1 到 99 999 999 之间的某个数由数字 $a_1, a_2, \cdots, a_8$ 构成 (其中有些数字，包括开头的一些数字可能为 0). 将它们中的每一个数字都表示为两个可用剩下的键按出来的非负整数的和，即 $a_1 = b_1 + c_1, a_2 = b_2 + c_2, \cdots, a_8 = b_8 + c_8$. 于是，由数字 $b_1, b_2, \cdots, b_8$ 构成和由数字 $c_1, c_2, \cdots, c_8$ 构成的两个数的和就是我们所希望的，而这两个数都是可以用剩下的键按出来的.

假设通过某一组 (至多包含 4 个) 剩余键就可以实现我们的愿望. 记 a 为 0 到 9 中的

某个数字. 设有某个 1 到 99 999 999 之间的数, 它以数字 a 结尾, 且在其 10 进制表达式中的所有数字都不能用剩余的键直接按出. 由于该正整数可以表示为两个这样的正整数的和, 它们的 10 进制表达式中的每个数字都能用剩余的键按出. 这就意味着, 对于 0 到 9 中的每个数字 a, 都有两个剩余键上的数字 (可以相同), 它们的和以 a 结尾. 另外, 不难看出, 由任何 4 个数字的和的个位数产生的数字中, 都至多包括 4 个奇数. 因此, 在奇数数字 1,3,5,7,9 中, 必有某个数字不可能出现在这些数字的和的个位上. 由此导出矛盾.

23. 同第 18 题.

24. 答案 不一定都能行得通.

假设该王国的城市和铁路分布情况如图 28 所示, 那么题中条件被满足. 事实上, 该图形可以视为一个多面体的俯视图, 这个多面体就是用平面截去一个棱长相等的四面体的四个顶点所得到的. 在这里, 对于任意一对起讫城市, 都可以通过多面体的运动来达到这样的目的: 原来对应着终点城市的顶点变为对应着起点城市的顶点, 而且多面体的所有顶点都变换了位置. 这种运动所对应的城市更名不会被国王察觉, 因为任何两个以新名称命名的城市有铁路相连, 当且仅当原来以这两个名称命名的城市之间有铁路相连.

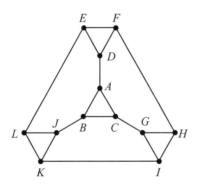

图 28

观察这样的城市更名行动, 其中城市 B 和 D 的名称互换. 我们来证明: 国王一定会发现这种更名行动. 事实上, 在这个行动中, 如果城市 A 被更名, 由于它是唯一的既与 B 又与 D 有铁路相连的城市, 必然会被国王发现. 而如果城市 A 未被更名, 那么新的被称为 C 的城市就不能既与城市 A 又与新的城市 B 有铁路相连, 此因该城市原来称为 D, 在铁路分布图中不存在既与城市 A 又与城市 D 有铁路相连的城市, 从而亦可被国王察觉.

25. 答案 存在, 例如 $a = 1007$.

令 $f(x) = 1007x^2 + 1008x$, 则有

$$f(x) = 1007x(x+1) + x.$$

由于对任何整数 x, 乘积 $x(x+1)$ 都是偶数, 因此 $1007x(x+1)$ 是 2014 的倍数, 所以 $f(x)$

被 2014 除的余数与 x 被 2014 除的余数相同. 这就说明 $f(1), f(2), \cdots, f(2014)$ 被 2014 除的余数各不相同.

26. 答案 $a = \pm \dfrac{4}{3\sqrt{3}}$, $b = \pm \dfrac{2}{3\sqrt{3}}$.

如果 a 与 b 同号, 则 $|a| + |b| = |a + b|$. 令 $x = \dfrac{\pi}{3}$, 则有

$$2x = \dfrac{2\pi}{3}, \qquad \sin x = \sin 2x = \dfrac{\sqrt{3}}{2}$$

和

$$1 \geqslant |a \sin x + b \sin 2x| = \dfrac{\sqrt{3}}{2}|a + b| = \dfrac{\sqrt{3}}{2}(|a| + |b|) \geqslant 1,$$

故知 $|a| + |b| = \dfrac{2}{\sqrt{3}}$. 而在 $x = \dfrac{\pi}{3}$ 时, 函数 $f(x) = a \sin x + b \sin 2x$ 或者取得最大值 1, 或者取得最小值 -1. 这意味着 $x = \dfrac{\pi}{3}$ 是函数 $f(x)$ 的极值点, 故有 $f'\left(\dfrac{\pi}{3}\right) = 0$, 从而

$$f'\left(\dfrac{\pi}{3}\right) = a \cos \dfrac{\pi}{3} + 2b \cos \dfrac{2\pi}{3} = \dfrac{a - 2b}{2} = 0,$$

得 $a = 2b$. 结合等式 $|a| + |b| = \dfrac{2}{\sqrt{3}}$, 得到如下两组可能值:

$$a = \dfrac{4}{3\sqrt{3}}, \quad b = \dfrac{2}{3\sqrt{3}} \quad \text{和} \quad a = -\dfrac{4}{3\sqrt{3}}, \quad b = -\dfrac{2}{3\sqrt{3}}.$$

如果 a 与 b 异号, 则 $|a| + |b| = |a - b|$. 令 $x = \dfrac{2\pi}{3}$, 则有

$$2x = \dfrac{4\pi}{3}, \qquad \sin x = -\sin 2x = \dfrac{\sqrt{3}}{2}$$

和

$$1 \geqslant |a \sin x + b \sin 2x| = \dfrac{\sqrt{3}}{2}|a - b| = \dfrac{\sqrt{3}}{2}(|a| + |b|) \geqslant 1,$$

故知 $|a| + |b| = \dfrac{2}{\sqrt{3}}$. 而在 $x = \dfrac{2\pi}{3}$ 时, 函数 $f(x) = a \sin x + b \sin 2x$ 或者取得最大值 1, 或者取得最小值 -1. 这意味着 $x = \dfrac{2\pi}{3}$ 是函数 $f(x)$ 的极值点, 故有 $f'\left(\dfrac{2\pi}{3}\right) = 0$, 从而

$$f'\left(\dfrac{2\pi}{3}\right) = a \cos \dfrac{2\pi}{3} + 2b \cos \dfrac{4\pi}{3} = \dfrac{-a - 2b}{2} = 0,$$

得 $a = -2b$. 结合等式 $|a| + |b| = \dfrac{2}{\sqrt{3}}$, 得到如下两组可能值:

$$a = \dfrac{4}{3\sqrt{3}}, \quad b = -\dfrac{2}{3\sqrt{3}} \quad \text{和} \quad a = -\dfrac{4}{3\sqrt{3}}, \quad b = \dfrac{2}{3\sqrt{3}}.$$

我们来验证所得的 4 组解 $a = \pm \dfrac{4}{3\sqrt{3}}$, $b = \pm \dfrac{2}{3\sqrt{3}}$ 都能满足条件. 事实上, 我们有 $|a| + |b| = \dfrac{2}{\sqrt{3}}$. 函数 $f(x)$ 在 $f'(x) = 0$ 的点上达到最大值或最小值. 我们来求出这样的点 x. 对所说的 a 和 b, 我们有

$$f'(x) = a \cos x + 2b \cos 2x = a(\cos x \pm \cos 2x),$$

其中, 当 a 与 b 同号时, 取正号; 当它们异号时, 取负号. 因而, 在 $f(x)$ 的所有极值点处都有 $|\cos x| = |\cos 2x|$. 这就意味着, 在这些点处也有 $|\sin x| = |\sin 2x|$, 亦即

$$|\sin x| = 2|\sin x||\cos x|.$$

所以, 或者 $\sin x = 0$, 或者 $|\cos x| = \frac{1}{2}$. 在前一种情况下, 有 $f(x) = 0$; 在后一种情况下, 有 $|\sin x| = \frac{\sqrt{3}}{2}$, $|\sin 2x| = \frac{\sqrt{3}}{2}$ 和

$$|f(x)| \leqslant \frac{\sqrt{3}}{2}|a| + \frac{\sqrt{3}}{2}|b| = \frac{\sqrt{3}}{2}(|a|+|b|) = \frac{\sqrt{3}}{2} \times \frac{2}{\sqrt{3}} = 1.$$

因此, 在所有的极值点处, 都有 $|f(x)| \leqslant 1$. 故在所有实数 x 处, 都有 $|f(x)| \leqslant 1$.

27. 先用归纳法证明: 对任何正整数 n, 都能找到一个正整数 m_n, 在它的 10 进制表达式中, 以 1 结尾, 而在 m_n^2 的 10 进制表达式中, 以 n 个 1 和 2 的某种形式的组合结尾.

当 $n=1$ 时, 取 $m_1 = 1$ 即可. 假设当 $n=k$ 时, 存在满足要求的正整数 m_k. 我们来考察形如 $p_a = m_k + a \times 10^k$ 的数, 其中 $a = 0, 1, 2, \cdots, 9$. 它们中的每一个都以 1 结尾, 并且

$$p_a^2 = \left(m_k + a \times 10^k\right)^2 = m_k^2 + 2am_k \times 10^k + a^2 \times 10^{2k}.$$

我们来观察该式右端每一个加数的 10 进制表达式中的末 $k+1$ 位数字. 根据归纳假设, m_k^2 的末尾是 k 个 1 和 2 的某种形式的组合, 将它的倒数第 $k+1$ 位数字记为 b. 在 $2am_k \times 10^k$ 的末尾是连续的 k 个 0, 在它们的前面是 $2a$ 的末位数 (因为根据归纳假设, m_k 的末位数是 1). 在 $a^2 \times 10^{2k}$ 的末尾是连续的 $2k$ 个 0. 因此, p_a^2 的 10 进制表达式中的倒数第 $k+1$ 位数字与 $b + 2a$ 的末位数相同. 如果 b 为奇数, 则对某个 a, 和数 $b+2a$ 以 1 结尾; 而如果 b 为偶数, 则对某个 a, 和数 $b+2a$ 以 2 结尾. 因此, 可将 p_a 之一取为 m_{k+1}.

下面再证明: 对任何正整数 n, 都能找到这样一个正整数 p_n, 在它的平方数的 10 进制表达式中, 以 n 个 1 开头. 令 $c_n = \underbrace{11 \cdots 1}_{n \text{ 个 } 1} \times 10^{4n}$, $d_n = c_n + 10^{4n}$, 则有

$$\sqrt{d_n} - \sqrt{c_n} = \frac{d_n - c_n}{\sqrt{d_n} + \sqrt{c_n}} = \frac{10^{4n}}{\sqrt{d_n} + \sqrt{c_n}} > \frac{10^{4n}}{2 \times 10^{3n}} > 1.$$

因此, 可以找到一个不小于 $\sqrt{c_n}$ 而小于 $\sqrt{d_n}$ 的正整数 p_n, 在它的平方数的 10 进制表达式中, 以 n 个 1 开头.

现在来看正整数 $p_n \times 10^k + m_n$, 其中 k 大于 $2p_n m_n$ 和 m_n^2 的 10 进制表达式的位数. 那么

$$(p_n \times 10^k + m_n)^2 = p_n^2 \times 10^{2k} + 2p_n m_n \times 10^k + m_n^2$$

的 10 进制表达式中的前 n 位数重合于 p_n^2 的前 n 位数, 而其末尾 n 位数则重合于 m_n^2 的 10 进制表达式中的末尾 n 位数. 所以, $p_n \times 10^k + m_n$ 可以满足题中要求.

28. 答案 大厨可以在 45 个工作日中弄清楚, 哪些厨师互为朋友, 哪些不是朋友.

假设在前 9 天, 大厨每天都指派一个厨师值班, 这 9 天值班的厨师各不相同; 在接下来的日子里, 大厨每天都指派两个厨师值班, 他们都是从前 9 个厨师中选出的, 每天指派不同的厨师对, 如此共延续 $C_9^2 = 36$ 天. 前后一共刚好有 $9 + 36 = 45$ 天.

下面一一介绍, 大厨如何判定哪些厨师是朋友, 哪些不是.

如果甲、乙二人都在前 9 人之列, 那么只要关注如下三天被带走的包子的数目: 甲一人值班; 乙一人值班; 甲、乙一同值班. 如果甲和乙不是朋友, 那么在他们一同值班的那天被带走的包子数目与他们单独值班时的数目之和相同.

下面判定那个未参与值班的甲与某个乙是否为朋友. 由于乙在前 9 人之列, 先按照上面的做法可以知道乙在前 9 人中的朋友数目 a, 再看乙单独值班的那天被带走的包子数目 b, 如果 $b = a$, 则甲、乙二人不是朋友; 否则他们就是朋友.

29. 以 A, B, C 分别记线段 A_1A_2, B_1B_2, C_1C_2 的中点. 为证题中结论, 只需证明向量 $\overrightarrow{OA}, \overrightarrow{OB}, \overrightarrow{OC}$ 线性相关.

将球与多面体 $A_1B_1C_1A_2B_2C_2$ 的八个面的切点记为 $P_1, P_2, \cdots, P_8$, 将这八个面的面积相应地记为 $S_1, S_2, \cdots, S_8$. 将球的半径记为 R. 先来证明两个辅助命题.

命题 1: 我们有

$$S_1 \cdot \overrightarrow{OP_1} + S_2 \cdot \overrightarrow{OP_2} + \cdots + S_8 \cdot \overrightarrow{OP_8} = \mathbf{0}. \qquad ①$$

命题 1 之证: 对于任一单位向量 $\boldsymbol{u}$, 我们都有

$$S_q \cdot \overrightarrow{OP_q} \cdot \boldsymbol{u} = RS_q \cos \alpha_q, \quad q = 1, 2, \cdots, 8,$$

其中 α_q 是向量 $\overrightarrow{OP_q}$ 与 $\boldsymbol{u}$ 之间的夹角. 如果以 π 表示与向量 $\boldsymbol{u}$ 垂直的某个平面, 则 $S_q \cos \alpha_q$ 的绝对值就是多面体 $A_1B_1C_1A_2B_2C_2$ 的第 q 个面在平面 π 上的正交投影的面积, 当向量 $\boldsymbol{u}$ 与 $\overrightarrow{OP_q}$ 夹成钝角时, 其值为负, 当向量 $\boldsymbol{u}$ 与 $\overrightarrow{OP_q}$ 夹成锐角时, 其值为正. 因此, 向量

$$\boldsymbol{w} = S_1 \cdot \overrightarrow{OP_1} + S_2 \cdot \overrightarrow{OP_2} + \cdots + S_8 \cdot \overrightarrow{OP_8}$$

与 $\boldsymbol{u}$ 的内积就等于 RS, 其中 S 是多面体 $A_1B_1C_1A_2B_2C_2$ 的各个面在平面 π 上的正交投影的面积的代数和, 当向量 $\boldsymbol{u}$ 与 $\overrightarrow{OP_q}$ 夹成钝角时, 其值前面取负号, 当向量 $\boldsymbol{u}$ 与 $\overrightarrow{OP_q}$ 夹成锐角时, 其值前面取正号.

以向量 $\boldsymbol{u}$ 的方向作为 "上方". 多面体 $A_1B_1C_1A_2B_2C_2$ 在平面 π 上的正交投影中的每个点都被它的外表面的投影覆盖两次, 一次是上方的面, 另一次是下方的面. 因此, 它既等于所有朝上的面的投影的面积之和, 也等于所有朝下的面的投影的面积之和. 而 S 恰好是这两个和数的差, 所以它等于 0.

因为向量 $\boldsymbol{w}$ 与任一单位向量 $\boldsymbol{u}$ 的内积都等于 0, 所以 $\boldsymbol{w}$ 是一个零向量. 命题 1 证毕.

命题 2: 对于 $q = 1, 2, \cdots, 8$, 我们都有
$$S_{q,1} \cdot \overrightarrow{OP_q} = S_{q,1} \cdot \overrightarrow{OA_i} + S_{q,2} \cdot \overrightarrow{OB_j} + S_{q,3} \cdot \overrightarrow{OC_k},$$
其中 P_q 是球与侧面 $A_iB_jC_k$ 的切点, $S_{q,1}, S_{q,2}, S_{q,3}$ 分别是 $\triangle P_qB_jC_k, \triangle A_iP_qC_k, \triangle A_iB_jP_q$ 的面积.

命题 2 之证: 我们有
$$\begin{aligned} S_{q,1} \cdot \overrightarrow{OP_q} &= S_{q,1} \cdot \overrightarrow{OP_q} + S_{q,2} \cdot \overrightarrow{OP_q} + S_{q,3} \cdot \overrightarrow{OP_q} \\ &= (S_{q,1} \cdot \overrightarrow{OA_i} + S_{q,2} \cdot \overrightarrow{OB_j} + S_{q,3} \cdot \overrightarrow{OC_k}) \\ &\quad + (S_{q,1} \cdot \overrightarrow{A_iP_q} + S_{q,2} \cdot \overrightarrow{B_jP_q} + S_{q,3} \cdot \overrightarrow{C_kP_q}). \end{aligned}$$

记
$$\boldsymbol{t} = S_{q,1} \cdot \overrightarrow{A_iP_q} + S_{q,2} \cdot \overrightarrow{B_jP_q} + S_{q,3} \cdot \overrightarrow{C_kP_q},$$
我们来证明 $\boldsymbol{t} = \boldsymbol{0}$.

任取一条与 $\overrightarrow{A_iP_q}$ 垂直的直线 ℓ, 考察向量 $\boldsymbol{t}$ 在直线 ℓ 上的投影. 显然, 向量 $S_{q,1} \cdot \overrightarrow{A_iP_q}$ 在直线 ℓ 上的投影为零向量. 如图 29 所示, 向量 $S_{q,2} \cdot \overrightarrow{B_jP_q}$ 在直线 ℓ 上的投影为 $S_{q,2} \cdot \overrightarrow{B_jL}$; 向量 $S_{q,3} \cdot \overrightarrow{C_kP_q}$ 在直线 ℓ 上的投影为 $S_{q,3} \cdot \overrightarrow{C_kK}$. 面积 $S_{q,2}$ 与 $S_{q,3}$ 的比值等于两个同底的三角形的高的比值, 该比值为 $C_kK : B_jL$, 所以 $S_{q,2} \cdot B_jL = S_{q,3} \cdot C_kK$. 这表明, 向量 $S_{q,2} \cdot \overrightarrow{B_jL}$ 与 $S_{q,3} \cdot \overrightarrow{C_kK}$ 的方向相反. 故知向量 $\boldsymbol{t}$ 平行于直线 A_iP_q. 同理可证, 向量 $\boldsymbol{t}$ 平行于直线 B_jP_q 和直线 c_kP_q. 从而 $\boldsymbol{t} = \boldsymbol{0}$. 命题 2 证毕.

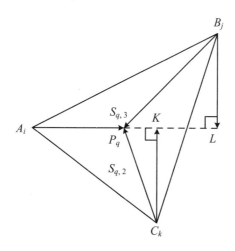

图 29

由命题 1, 我们有 ① 式, 由命题 2 知, 可将该式中的每一项都换为 $S_{q,1} \cdot \overrightarrow{OA_i} + S_{q,2} \cdot \overrightarrow{OB_j} + S_{q,3} \cdot \overrightarrow{OC_k}$ 的形式. 经过合并同类项, 得到
$$\boldsymbol{w} = k_1\overrightarrow{OA_1} + k_2\overrightarrow{OA_2} + l_1\overrightarrow{OB_1} + l_2\overrightarrow{OB_2} + m_1\overrightarrow{OC_1} + m_2\overrightarrow{OC_2} = \boldsymbol{0},$$

其中, k_1 是位于有一个顶点为 A_1 的侧面中的所有三角形 $P_qB_jC_k$ 的面积之和, 其他各个系数与此类似. 我们指出 $k_1 = k_2$, 这是因为任何两个具有公共边 B_jC_k 的形如 $P_qB_jC_k$ 的三角形关于以 B_jC_k 为棱的二面角的平分面对称. 同理亦有 $l_1 = l_2$ 和 $m_1 = m_2$. 因此得知

$$\begin{aligned}\boldsymbol{w} &= k_1(\overrightarrow{OA_1} + \overrightarrow{OA_2}) + l_1(\overrightarrow{OB_1} + \overrightarrow{OB_2}) + m_1(\overrightarrow{OC_1} + m_2\overrightarrow{OC_2}) \\ &= 2k_1\overrightarrow{OA} + 2l_1\overrightarrow{OB} + 2m_1\overrightarrow{OC} = \boldsymbol{0}.\end{aligned}$$

因为 k_1, l_1, m_1 都是正数, 所以该式表明向量 $\overrightarrow{OA}, \overrightarrow{OB}, \overrightarrow{OC}$ 线性相关, 从而它们都在同一个平面中, 亦即 O, A, B, C 四点共面.

第 78 届（2015 年）

八 年 级

30. 答案 6 分钟.

如图 30 所示，点 A 和点 B 分别为两个摄像头，点 C 与点 D 分别为连接点 A 和点 B 的两段弧的中点（CD 是直径）. 于是，整个圆周被分成两半. 在 $\overset{\frown}{CAD}$ 上甲离摄像头 A 较近，而在 $\overset{\frown}{CBD}$ 上（图中用粗黑线表示）他离摄像头 B 较近. 根据题意，他有 3 分钟时间离摄像头 B 较近. 这就是说，他跑过 $\overset{\frown}{CBD}$ 用了 3 分钟时间. 所以，他跑过整个圆周共用了 6 分钟时间.

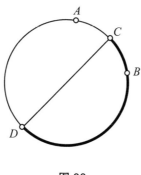

图 30

31. 在 $\triangle AED$ 中作中位线 FH，则有 $FH \overset{\parallel}{=} \frac{1}{2} AD$（见图 31）. 设 G 为边 BC 的中点，则 $GC = \frac{1}{2} BC = \frac{1}{2} AD$，故知四边形 $FGCH$ 为平行四边形（$GC \overset{\parallel}{=} FH$），从而 $CH // FG$. 因此，只需证明 $\angle CHD = 90°$.

我们知道，CH 是 $\triangle CED$ 的边 ED 上的中线，而由题中条件 $CD = CE$ 知 $\triangle CED$ 是等腰三角形，ED 是其底边，既然如此，CH 也是边 ED 上的高，所以 $\angle CHD = 90°$.

32. 答案 这是可能的. 例如，一个月前 1 美元兑换 49.50 卢布，而现在 1 美元兑换 59.40 卢布.

设一个月前的汇率是 A，它由 4 个数字组成，前两个数字与后两个数字之间以小数点隔开，而 B 是现在的汇率，由相同的四个数字组成，不过顺序不同. 由题意可知 $B = 1.2A$，

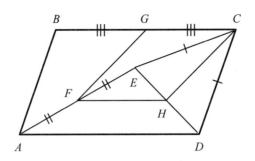

图 31

亦即 $5B = 6A$. 若将 A 和 B 视为四位数, 则表明 B 的各位数字之和是 3 的倍数, 于是 A 可被 3 整除, 从而 B 可被 9 整除, 于是 B 的各位数字之和是 9 的倍数, 于是 A 可被 9 整除, 从而 B 可被 54 整除 (因为 $5B = 6A$), 因此又知 A 可被 45 整除. 于是数对 (A, B) 应当具有形式 $(45k, 54k)$, 其中 k 可视为某个正整数. 当 $k = 100$ 或 $k = 10$ 时, 得到 $(4500, 5400)$ 与 $(450, 540)$, 它们的和为 $(4950, 5940)$, 它们满足题中要求, 且各位数字各不相同. 可以检验 (尽管并不要求检验), 这个解是唯一的, 当然允许调换顺序, 例如 $(0495, 0594)$, 但再无别的形式的解. 应当指出, 我们所给出的汇率就是 2014 年 11 月末和 12 月末的真实汇率.

33. 答案 不可能.

方法 1 假设存在这样的相连的 8 个正整数.

因为在任何 8 个相连的正整数中, 都有两个数, 它们被 8 除的余数分别为 2 和 6. 它们都可被 2 整除, 但都不可被 4 整除, 所以它们分别具有 $2m_1^2$ 和 $2m_2^2$ 的形式. 但因为 $2m_2^2 - 2m_1^2 = 4$, 所以 $m_2^2 - m_1^2 = 2$. 这是不可能的. 由此得出矛盾.

方法 2 在任何 8 个相连的正整数中, 都有一个数, 它被 8 除的余数为 6. 我们来证明它不可能是几乎平方数. 事实上, 如果 $n = 8k + 6$ 是几乎平方数, 那么因为 n 可被 2 整除, 但不可被 4 整除, 所以它必具 $2m^2$ 的形式. 这是因为根据几乎平方数的定义, 在 n 的质因数分解式中, 至多只有一个质数的指数为奇数. 但若 $8k + 6 = 2m^2$, 则有 $m^2 = 4k + 3$, 而这是不可能的, 因为任何平方数被 4 除的余数都不可能为 3. 事实上, 偶数的平方被 4 除的余数是 0, 奇数的平方被 4 除的余数是 1, 从而得出矛盾. 这就表明, 不可能有 8 个相连的正整数都是几乎平方数.

♦ 存在相连的 5 个正整数都是几乎平方数, 例如 $(1, 2, 3, 4, 5)$. 在前一百万个正整数中, 这样的相连的 5 个正整数都是几乎平方数的数组共有 4 组: $(1, 2, 3, 4, 5)$, $(16, 17, 18, 19, 20)$, $(97, 98, 99, 100, 101)$, $(241, 242, 243, 244, 245)$.

本题供题人不清楚是否存在 6 个或 7 个相连的正整数都是几乎平方数.

像解法 1 那样, 通过对被 36 除的余数的讨论, 可以知道, 几乎平方数被 36 除的余数不可能为 6, 10, 15, 21, 22, 24, 30, 33, 34. 这样一来, 如果有 7 个相连的正整数都是几乎平方数, 那么它们被 36 除的余数就只能为 $-1, 0, 1, \cdots, 5$. 它们中的余 2 和余 3 的两个数就只

能具有形式 $2x^2$ 和 $3y^2$. 这样一来, 7 个相连的几乎平方数给出了方程 $3y^2 - 2x^2 = 1$ 的一组解, 该方程可化为佩尔方程. 并且 $2x^2$ 与 $3y^2$ 都不可被 5 整除. 事实上, 如果它们中的一者可被 5 整除, 那么另一者便具有形式 $5k \pm 1$, 而对于 $2x^2$ 与 $3y^2$ 形式的数来说, 这是不可能的. 因此, 这两个相邻的数被 5 除的余数都不是 0, 它们是两个相连的非零数. 但是, 平方数被 5 除的余数不可能为 2 和 3, 只可能为 1 或 4. 这样一来, $2x^2$ 与 $3y^2$ 被 5 除的余数只能为 2 和 3, 并且相连, 所以它们确切地就是模 5 为 2 和 3. 由此可知, 我们所找到的相连的 7 个正整数中, 那个可被 36 整除的数同时也能被 5 整除. 于是那个被 36 除余 5 的数也可被 5 整除. 在这两个可被 5 整除的数中, 有一个是不能被 25 整除的, 从而必具 $5z^2$ 的形式. 如此一来, 7 个相连的几乎平方数的存在性问题化归佩尔方程组

$$\begin{cases} 3y^2 - 2x^2 = 1 \\ 5z^2 - 2x^2 = 3 \end{cases} \quad \text{或} \quad \begin{cases} 3y^2 - 2x^2 = 1 \\ 5z^2 - 2x^2 = -2 \end{cases}.$$

其中前一个方程组有解 $(1,1,1)$ 或 $(11,9,7)$. 由它们出发, 得到两组相连的 5 个几乎平方数 $(1,2,3,4,5)$ 和 $(241,242,243,244,245)$. 但未能达到 7 个.

34. 答案 $67.5°$.

方法 1 注意到, A_1A 是 $\angle B_1A_1C_1$ 的平分线 (三角形的高是垂足三角形的角平分线, 参阅图 32). 下面证明 $\angle B_1A_1C_1 = 90°$. 事实上, $\angle B_1A_1C = \angle A$(此因 $\triangle B_1A_1C \backsim \triangle ABC$), 同理可知 $\angle C_1A_1B = \angle A$. 这样一来, 便知 $\angle B_1A_1C_1 = 90°$, 因而表明 $\angle AA_1C_1 = \angle AA_1B_1 = 45°$.

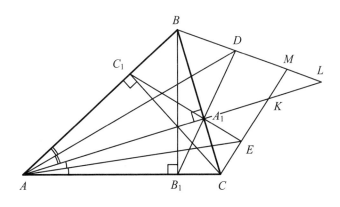

图 32

设直线 AA_1 与直线 CE 和直线 BD 的交点分别为 K 和 L, 则由上所证可知 $\angle KA_1E = \angle EA_1C = \angle BA_1D = \angle DA_1L = 45°$(作为 $\angle AA_1C_1 = \angle AA_1B_1$ 的对顶角). 因此, A_1E 与 A_1D 分别为 $\angle KA_1C$ 和 $\angle BA_1L$ 的平分线. 如此一来, 点 D 与直线 AA_1 和直线 A_1B 的距离相等, 而点 E 与直线 A_1C 和直线 AA_1 的距离相等. 但由题中条件知, 点 D 在 $\angle BAA_1$ 的平分线上, 所以它到直线 AA_1 和直线 AB 的距离相等. 这就意味着, 点 D 是 $\triangle BAA_1$

的旁切圆的圆心. 因此, BD 是 $\angle ABC$ 的外角平分线. 同理可证, 点 E 是 $\triangle CAA_1$ 的旁切圆的圆心, 而 CE 是 $\angle ACB$ 的外角平分线.

设点 M 是直线 CE 与直线 BD 的交点. 根据三角形的内角和定理, 可知

$$\angle BMC = 180° - \frac{180° - \angle C}{2} - \frac{180° - \angle B}{2} = \frac{\angle B + \angle C}{2} = \frac{135°}{2} = 67.5°.$$

方法 2 记 $\angle BAA_1 = 2\beta$, $\angle CAA_1 = 2\gamma$, 则 $2\beta + 2\gamma = 45°$, 即 $\beta + \gamma = 22.5°$.

因为 $\angle AA_1B = \angle AB_1B = 90°$, 所以点 A_1 和 B_1 都在以线段 AB 为直径的圆周上, 从而 $\angle AA_1B_1 = \angle ABB_1 = 45°$.

对 $\triangle ADA_1$ 运用外角定理, 知 $\angle B_1DA = 45° - \beta = 2(\beta + \gamma) - \beta = 2\gamma + \beta = \angle B_1AD$. 所以 $B_1A = B_1D$. 而显然有 $B_1A = B_1B$, 所以 $B_1B = B_1D$.

由 $\triangle AA_1B_1$, 利用圆周角, 可得 $\angle DB_1B = 180° - 2\gamma - 45° - 90° = 45° - 2\gamma = 2\beta$. 因为 $\triangle BB_1D$ 是等腰三角形, 所以

$$\angle BDB_1 = \frac{180° - 2\beta}{2} = 90° - \beta.$$

再用圆周角, 又得

$$\angle A_1BB_1 = 90° - 2\beta - 45° = 45° - 2\beta = 2\gamma,$$

则 $\angle A_1BD = 90° - \beta - 2\gamma$.

同理可得 $\angle A_1CE = 90° - \beta - 2\gamma$. 于是所求之角等于

$$180° - \angle A_1BD - \angle A_1CE = 3(\beta + \gamma) = 3 \times 22.5° = 67.5°.$$

35. 假设让所有术士坐成一行. 首先皇帝从第二个术士开始询问所有其余术士:"第一个术士是否诚实?" 只要有一个术士回答 "是"(亦即第一个术士是诚实的人), 皇帝就把第一个回答 "是" 的术士逐出门去. 存在两种不同的可能情况:

① 被逐出门的术士是狡猾的. 这时, 狡猾的术士减少了一个, 而诚实的术士都没有被逐出门. 于是问题转化为人数较少的情形. 而在仅有两个术士的情况下, 皇帝显然可以把所有狡猾的术士都驱逐出去.

② 被逐出门的术士是诚实的. 此时该术士关于第一个术士的回答是真实的, 即第一个术士是诚实的. 于是皇帝问第一个术士:"你的邻座 (指第二个术士) 是否诚实?" 再问第二个术士:"你的邻座 (指第三个术士) 是否诚实?" 并如此一直问下去. 这时第一个被他的邻座回答 "不是" 的术士一定是狡猾的, 于是皇帝把他逐出门. 然后再继续刚才的过程.

如果大家对第一个问题都回答 "不是", 那么皇帝就把第一个术士逐出门. 此时也存在两种不同的可能情况. 如果被逐出门去的术士是狡猾的, 则问题亦归结为人数较少的情形. 如果被逐出门去的术士是诚实的, 则其余的术士都是狡猾的.

九 年 级

36. 答案 存在这样的正整数 n, 例如 $n = 99$, 不难算出: $99^2 = 9801$, $99^3 = 970299$.

37. 答案 k 为偶数.

首先指出, 不可能相连放置两个偶数. 若不然, 则接下来一个数也应是偶数, 如此等等, 整个圆周上的数就应当都是偶数. 但事实上, 其中只有一半是偶数. 从而偶数与奇数交替放置, 故知 k 为偶数.

题目的条件意味着存在满足要求的排列, 所以题中未要求给出具体的例子. 事实上, 这样的例子很容易列举, 例如只需让正整数 1 到 1000 依次排列在圆周上即可.

38. 答案 乙最大能为自己切下尺寸为 $\frac{1}{3} \times \frac{1}{3}$ 的部分.

甲为自己切下 4 块尺寸为 1×1 的部分, 如图 33 所示, 则乙不可能得到边长大于 $\frac{1}{3}$ 的正方形部分. 下面只需说明, 乙在任何情况下都可得到尺寸为 $\frac{1}{3} \times \frac{1}{3}$ 的部分.

方法 1 将蛋糕划分为 81 块尺寸为 $\frac{1}{3} \times \frac{1}{3}$ 的正方形, 甲每切下一块 1×1 的部分, 至多破坏其中的 16 个小正方形, 所以至少会有 $81 - 4 \times 16 = 17$ 个小正方形保持完整, 乙当然可以切下其中之一.

方法 2 在图 34 中标出了 5 个尺寸为 $\frac{1}{3} \times \frac{1}{3}$ 的正方形, 甲每切下一块 1×1 的部分, 至多破坏其中的一个小正方形, 所以其中必有一个小正方形保持完整, 乙切下它即可.

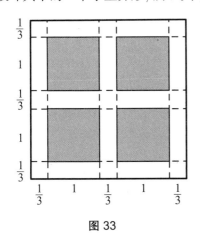

图 33

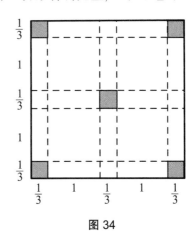

图 34

39. 答案 $90°$.

将题目中所说的两个圆的圆心分别记作 I_B 和 I_C (参阅图 35). 我们注意到 $I_B I_C // BC$, 此因 I_B 和 I_C 到直线 BC 的距离相等, 故 $\angle II_B I_C = \angle IBC$, $\angle II_C I_B = \angle ICB$, 以及 $\triangle I_B I I_C \sim \triangle BIC$. 如果将中线 IK 延长, 使之与 BC 相交于点 M, 则由相似性知 IM 是 $\triangle BIC$ 的中线. 而由题意知, 该中线在直线 OI 上, 亦即点 M, O, I 在同一条直线上. 这意味着, 或者直线 OM 是线段 BC 的中垂线, 或者点 M 与点 O 重合.

在第一种情况下, 内心 I 位于边 BC 的中垂线上, 由此推知 $\angle IBC = \angle ICB$, 因而 $\angle B = \angle C$, 从而 $\triangle ABC$ 为等腰三角形, 与题意相矛盾.

在第二种情况下, 边 BC 的中点 M 是 $\triangle ABC$ 的外心, 从而 $\angle A$ 为直角.

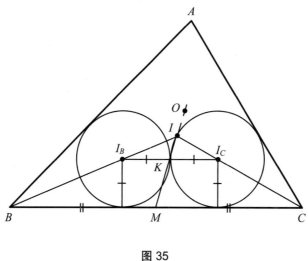

图 35

40. 同第 35 题.

41. 答案 存在.

方法 1 我们来观察多项式

$$P(x) = (1-x) \cdot (1-x^2) \cdot (1-x^4) \cdot \cdots \cdot (1-x^{2^{2016}}). \qquad ①$$

在将它去括号展开之后, 共得 2^{2017} 个形如 $\pm x^n$ 的项, 其中没有同类项. 事实上, 如果

$$\pm x^n = (-1)^m \cdot x^{2^{k_1}} \cdot x^{2^{k_2}} \cdot \cdots \cdot x^{2^{k_m}},$$

其中 $k_1, k_2, \cdots, k_m$ 是互不相同的非负整数, 则 $n = 2^{k_1} + 2^{k_2} + \cdots + 2^{k_m}$, 而这样的数组 $\{k_i\}$ 对于给定的 n 是唯一的, 因为这就是 n 的 2 进制表示. 故知, 对任何 $n < 2^{2017}$, 方幂数 x^n 在去括号后都仅出现一次, 系数为 $+1$ 或 -1.

将 ① 式右端的每个因式都提取出因式 $1-x$, 得到 $P(x) = Q(x) \cdot R(x)$, 其中

$$Q(x) = (1-x)^{2017},$$
$$R(x) = (1+x) \cdot (1+x+x^2+x^3) \cdot \cdots \cdot (1+x+\cdots+x^{2^{2016}-1}).$$

容易看出, $Q(x)$ 展开式中 x 的系数为 -2017, 而 $R(x)$ 展开式中 x 的系数为 2016. 所以这样的 $Q(x)$ 与 $R(x)$ 满足题中要求.

方法 2 假设我们找到多项式 $P_1(x) = Q_1(x) \cdot R_1(x)$, 其中 P_1 没有绝对值大于 1 的系数, Q_1 却有绝对值大于 2015 的系数. 假设 P_1 的次数低于 n, 那么 $Q(x) = Q_1(x^n) \cdot R_1(x)$

和 $R(x) = Q_1(x) \cdot R_1(x^n)$ 即可满足要求. 事实上, 它们的乘积就是 $P(x) = P_1(x^n) \cdot P_1(x)$, 它的每个系数都是 P_1 的某两项系数的乘积, 所以绝对值都不超过 1. 另一方面, Q 的每个系数都是多项式 $Q_1 R_1$ 的某两项系数的乘积, 其中必有一项系数的绝对值大于 2015. 多项式 R 的情况类似.

下面就来寻找 Q_1 与 R_1. 令
$$T_s(x) = \frac{x^s - 1}{x - 1} = 1 + x + \cdots + x^{s-1}.$$

如果 m 与 n 是两个互质的正整数, 那么 $T_m(x)$ 与 $T_n(x)$ 就是两个互质的多项式. 关于这一点, 容易从下述事实推出: $(x^m - 1, x^n - 1) = (x^{(m,n)} - 1)$. 由于 $x^m - 1$ 与 $x^n - 1$ 都可整除 $x^{mn} - 1$, 故 $T_m(x)$ 与 $T_n(x)$ 都可整除 $x^{mn} - 1$, 假若 m 与 n 是两个互质的正整数, 那么 $T_m(x) \cdot T_n(x)$ 可整除 $x^{mn} - 1$. 进而, 乘积 $T_m(x) \cdot T_n(x)$ 的项 $x^{\min(m,n)-1}$ 的系数是 $\min(m,n)$. 因此, 只要 $m, n > 2015$, 且 $(m, n) = 1$, 多项式 $Q_1(x) = T_m(x) \cdot T_n(x)$ 与 $R_1(x) = \dfrac{x^{mn} - 1}{Q_1(x)}$ 即为满足要求的多项式.

十 年 级

42. 我们有
$$a_{n+1} - a_n = 1 + a_1 a_2 \cdots a_n - a_n.$$
对其进行变形, 得

$$\begin{aligned} a_{n+1} - a_n &= 1 - a_n + (a_1 a_2 \cdots a_{n-1}) a_n \\ &= 1 - a_n + (a_n - 1) a_n = 1 - 2a_n + a_n^2 = (1 - a_n)^2. \end{aligned}$$

43. 考察任一球队, 假设它共得 x 分, 而最后一场得了 a 分, 根据题意, 我们有
$$\frac{x-a}{2n-2} = \frac{x}{2n-1},$$
解得 $x = a(2n-1)$.

因而, 如果某个球队在最后一场踢败 ($a = 0$), 那么它所得总分 $x = 0$, 亦即它在每场比赛中都踢败了; 如果它在最后一场踢赢 ($a = 3$), 那么它所得总分 $x = 3(2n-1)$, 亦即它在每场比赛中都踢赢了; 如果它在最后一场踢平 ($a = 1$), 那么它所得总分 $x = 2n - 1$, 亦即它在每场比赛中都踢平了.

显然, 至多有一支球队每场都踢赢, 也至多有一支球队每场都踢败. 这就表明, 在最后一轮比赛中至多有一场比赛未踢平. 于是, 只能有两种结局: 或者所有的 $2n$ 支球队所得总分都是 $2n - 1$(若最后一轮比赛中全都踢平), 或者有一支球队踢赢了其余所有球队, 有一支

球队败给了其余所有球队，剩下的 $2n-2$ 支球队各得 $2n-1$ 分 (若最后一轮比赛中有一场未踢平).

我们来看，一支球队如何可在 $2n-1$ 场比赛中共得 $2n-1$ 分. 假设它赢了 w 场比赛，输了 l 场比赛，平了 t 场比赛，则有 $w+l+t=2n-1$ 和 $3w+t=2n-1$. 二式相减，得 $l=2w$. 这说明，如果一支球队共得 $2n-1$ 分，那么它所败的场数是它所赢的场数的 2 倍 (或者 $w=l=0$).

假设不是"所有的球队的各场比赛都是平局"，我们来证明，所有球队所输的球队的数目之和大于所赢的球队数目之和. 由于这两个数目本来是应当相等的，故可由此得出矛盾.

假定所得总分为 $2n-1$ 分的各支球队分别踢赢了 $w_1, w_2, \cdots$ 支球队，其中诸 w_i 不全为 0. 根据上面所证，它们分别败给了 $2w_1, 2w_2, \cdots$ 支球队. 如果所有的球队各得 $2n-1$ 分，那么它们所败给的球队数目之和等于 $2(w_1+w_2+\cdots+w_{2n})$，而它们所踢赢的球队数目之和等于 $w_1+w_2+\cdots+w_{2n}$. 在只有 $2n-2$ 支球队各得 $2n-1$ 分的情况下，这两个和数分别为 $2(w_1+w_2+\cdots+w_{2n-2})+2n-1$ 和 $w_1+w_2+\cdots+w_{2n-2}+2n-1$. 在两种场合下，所有球队所输的球队的数目之和都严格大于所赢的球队数目之和，这就是所要证明的.

44. 首先证明，存在这样的三角形. 任取一个节点 O 作为坐标原点，以经过点 O 的两条方格线作为坐标轴，以方格边长作为长度单位. 作以点 O 为中心的位似系数为 $\sqrt{2}$ 的 $45°$ 旋转位似变换 F. 易知，有 $F:(x,y)\mapsto(x-y,x+y)$，故而节点的像点仍然是节点. 并且任何一个图形的像的面积是原来的 2 倍. 故知原来三角形在变换 F 之下的像满足要求.

我们指出，单位正方形，不论其颜色如何，在变换 F 之下的像中都是黑白面积各占一半，亦即对于单位正方形，题中结论成立. 由此即知，对于任何顶点在节点上且边平行于坐标轴的矩形来说，题中结论都成立. 我们指出，任何以节点为端点的线段在变换 F 之下的像的两个端点的坐标的差为偶数，因此其中点也是节点. 这就表明，矩形在变换 F 之下的像的对称中心也是节点. 而在关于任何节点的中心对称之下，黑色方格变为黑色方格，白色方格变为白色方格. 因此，任何以节点为顶点且直角边平行于坐标轴的直角三角形在变换 F 之下的像中，黑色部分与白色部分的面积相等. 而任何三角形可通过将矩形切去若干个直角三角形得到.

45. 同第 35 题.

46. 经过点 P 作直线 PA' 和 PB'，其中点 A' 和 B' 分别在 BC 和 AC 上，而直线 PA' 和 PB' 分别平行于 AC 和 BC(见图 36). 显然有 $\angle CAH=90°-\angle ACH=\angle QBC$.

设直线 HQ 与 AC 相交于点 R. 将 HQ 与 CM 的交点记作 D，将 BQ 与 AC 的交点记作 E. $\triangle RDC$ 与 $\triangle QER$ 都是直角三角形，所以 $\angle ACP=90°-\angle DRC=\angle HQB$. 故知 $\triangle APC\sim\triangle BHQ$.

设 $\triangle ABC$ 的垂心是 O. 于是由 $\angle OHB=90°=\angle APB'$，$\angle PAB'=\angle OBH$，知 $\triangle BHO\sim\triangle APB'$. 因此，$\dfrac{BO}{OQ}=\dfrac{AB'}{B'C}$. 进而，我们指出 $B'PA'C$ 是平行四边形，所以线段

$A'B'$ 的中点在 PC 上. 但是, PC 在 $\triangle ABC$ 的中线上, 这意味着线段 $B'A'$ 平行于 AB, 因此 $\dfrac{BA'}{A'C} = \dfrac{AB'}{B'C}$. 于是, $\dfrac{BO}{OQ} = \dfrac{AB'}{B'C} = \dfrac{BA'}{A'C}$, 由泰勒斯定理, 知 $A'O /\!/ QC$. 我们来看 $\triangle OBA'$. 由于 $A'P /\!/ AC$, 故 $A'P \perp BQ$. 由于 $OH \perp BA'$, 而 $A'P \perp BO$, 故知 P 是 $\triangle OBA'$ 的垂心, 因而 $BP \perp A'O$. 又因为 $A'O /\!/ QC$, 所以 $BP \perp QC$, 这就是所要证明的.

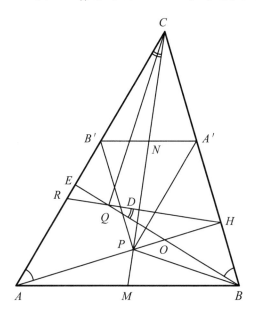

图 36

47. 同第 41 题.

十 一 年 级

48. 答案 $a_{2015} = 17$.

注意到, 对一切正整数 n, 都有
$$a_{n+4} + a_n = a_{n+3} + a_{n-1} = \cdots = a_5 + a_1 = 25 + 1 = 26.$$
所以 $a_n = 26 - a_{n+4} = 26 - (26 - a_{n+8}) = a_{n+8}$, 故知数列 $\{a_n\}$ 以 8 为周期. 因为 2015 被 8 除的余数是 7, 所以 $a_{2015} = a_7 = 26 - a_3 = 26 - 9 = 17$.

49. 答案 米沙买手机花了 4545 卢布或 4995 卢布.

设米沙买手机花了 $\overline{abcd}$ 卢布, 其中 a, b, c, d 为数字, 且 $a \neq 0, d \neq 0$. 由题意知 $1.2\overline{abcd} = \overline{dcba}$, 亦即 $6\overline{abcd} = 5\overline{dcba}$. 该式右端是 5 的倍数, 所以 $d = 5$. 因而
$$6(1000a + 100b + 10c + 5) = 5(5000 + 100c + 10b + a),$$
$$6(200a + 20b + 2c + 1) = 5000 + 100c + 10b + a.$$

由此可知
$$1200a = 5000 + 88c - 110b + a - 6$$
$$\leqslant 5000 + 88 \times 9 + 3 = 5795 < 6000,$$

所以 $a < 5$. 另一方面, 有
$$1200a = 5000 + 88c - 110b + a - 6$$
$$\geqslant 5000 - 990 - 6 = 4004 > 3600,$$

所以 $a > 3$. 综合两方面, 知 $a = 4$. 下面只需再求出满足等式 $110b - 88c = 198$ 的所有 b 和 c. 该等式即为 $5b - 4c = 9 = 5 + 4$, 亦即 $5(b-1) = 4(c+1)$, 故知 $b = 5, c = 4$ 或 $b = 9, c = 9$. 在两种情况下, 都能得到满足题意的解: 4545 卢布或 4995 卢布.

50. 方法 1 如图 37 所示, 点 P 在边 AB 上, 而点 Q 在边 BC 上. 因为 $XPBQ$ 是平行四边形, 所以 $BP = QX$, $\angle BAC = \angle QXC$. $\triangle ABC$ 是等腰三角形, 所以 $\angle BAC = \angle BCA$, 从而 $\angle QXC = \angle BCA$, $QX = QC$. 因为 X 与 Y 关于直线 PQ 对称, 所以 $QX = QY$. 综合上述, 知 X, C, Y 在同一个以点 Q 为圆心的圆上. 所以 $\angle CYX = \frac{1}{2}\angle CQX = \frac{1}{2}\angle CBA$. 同理可证, $\angle AYX = \frac{1}{2}\angle CBA$. 因此, $\angle CYA = \angle CBA$, 故知 A, B, C, Y 四点共圆.

方法 2 设点 P 在边 AB 上, 而点 Q 在边 BC 上. 由题意知 $PBQX$ 是平行四边形, 故知线段 BX 与线段 PQ 相交且相互平分, 它们的交点 M 就是它们的共同的中点. 将线段 XY 与直线 PQ 的交点记作 K. 由题意知点 K 是线段 XY 的中点. 若点 K 与点 M 重合, 则点 Y 与点 B 重合, 此时点 Y 在 $\triangle ABC$ 的外接圆上.

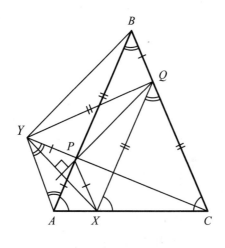

图 37

如果点 K 与点 M 不重合, 则线段 MK 是 $\triangle BXY$ 的中位线 (参阅图 38). 因为点 K 与点 M 在直线 PQ 上, 所以 $MK \perp XY$, 而 $PQ // BY$. 将线段 PQ 的中垂线记作 l. 则直

线 l 经过点 M 且平行于线段 XY, 这表明它垂直于线段 BY 且平分该线段. 因此, 点 B 与点 Y 关于直线 l 对称.

记 $\triangle ABC$ 的外心为 O(参阅图 39). 因为 $AB = BC$, 所以 AC 的中垂线包含着 $\angle ABC$ 的平分线. 所以点 P 关于该中垂线的对称点 R 在边 BC 上, 并且 $BP = BR$, $OP = OR$. 因为 $PBQX$ 是平行四边形, 所以 $PB = QX$, $\angle BAC = \angle QXC$. 因为 $AB = BC$ 蕴含 $\angle BAC = \angle BCA$, 所以可得 $\angle QXC = \angle BCA$, $QX = QC$. 故知 $BR = QC$, 而点 R 与点 Q 关于 BC 的中垂线对称, 这表明 $OQ = OR = OP$, 点 O 在直线 l 上.

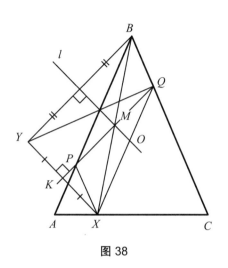
图 38

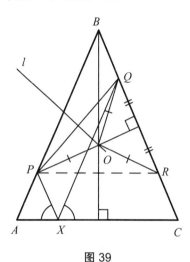
图 39

由上所证, 在关于直线 l 的对称变换下, $\triangle ABC$ 的外接圆变为自己, 而点 B 变为点 Y, 这表明点 Y 在该圆上.

方法 3 仍设点 P 在边 AB 上, 而点 Q 在边 BC 上. $\triangle ABC$ 为等腰三角形, 而直线 PX 与 BQ 平行 (因为 $PBQX$ 为平行四边形), 所以 $\angle BAC = \angle BCA = \angle PXA = \alpha$ (参阅图 37). 这意味着 $\triangle PXA$ 也是等腰三角形, $PA = PX$. 但 $PX = PY$, 这是因为点 X 与点 Y 关于直线 PQ 对称, 因而 $\triangle PYA$ 也是等腰三角形, 故 $\angle YAP = \angle AYP = \beta$.

因为 $PY = PX = BQ$, $QY = QX = BP$, 又 PQ 为公共边, 所以 $\triangle YPQ \cong \triangle BQP$. 这意味着 B 和 Y 不仅位于直线 PQ 的同一侧, 而且到该直线的距离相等, 所以直线 BY 平行于直线 PQ, 故知 $BQPY$ 为等腰梯形, 其在底边 BY 两端的底角相等, 即 $\angle QBY = \angle PYB = \gamma$.

最终, 在四边形 $AYBC$ 中, 有
$$\angle ACB + \angle AYB = \alpha + \beta + \gamma = \angle CAY + \angle CBY,$$
亦即对角之和相等 (因而都是 $180°$), 故该四边形内接于圆, 由此即得题中结论.

51. 对 $n = 2$ 和 $n = 3$ 可直接验证断言成立 (参阅图 40).

下设 $n \geqslant 4$. 由单位正方形分出的 n 个三角形的面积之和等于 1, 所以其中必有一个三角形 T 的面积 $S \geqslant \dfrac{1}{n}$. 我们来证明: 三角形 T 可以盖住边长为 $\dfrac{1}{n}$ 的正方形. 设 a 为三

角形 T 的最长边, 该边上的高为 h. 将正方形的一条边置于三角形 T 的边 a 上, 另有两个顶点分别在其余二边上 (参阅图 41). 记该正方形的边长为 x. 正方形的对边从三角形 T 上截出一个与原三角形相似的三角形, 其相似比为 $k = \dfrac{x}{a} = \dfrac{h-x}{h}$. 由此解得 $x = \dfrac{ah}{a+h}$.

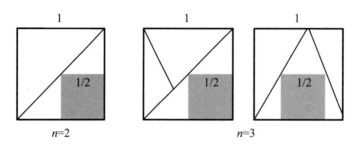

图 40

如果 $a + h \leqslant 2$, 则由不等式 $S = \dfrac{ah}{2} \geqslant \dfrac{1}{n}$ 推知 $x \geqslant \dfrac{2}{n} \cdot \dfrac{1}{a+h} \geqslant \dfrac{1}{n}$, 满足题中要求.

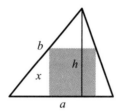

图 41

如果 $a + h > 2$, 则根据所分成的任何一个三角形的任何一条边长都不大于单位正方形的对角线长 $\sqrt{2}$, 知 $h > 2 - a \geqslant 2 - \sqrt{2}$. 又易知 $h \leqslant a$, 事实上, 假若 b 是三角形 T 的另一条边长, 则 $b \leqslant a$, 又很明显 $h \leqslant b$(因为只要它们不重合, 它们就分别为同一个直角三角形的直角边和斜边). 运用这些不等式, 我们得到

$$x = \dfrac{1}{\dfrac{1}{a} + \dfrac{1}{h}} \geqslant \dfrac{h}{2} \geqslant \dfrac{2 - \sqrt{2}}{2} = 1 - \dfrac{1}{\sqrt{2}} > \dfrac{1}{4} \geqslant \dfrac{1}{n},$$

仍可满足题中要求.

52. 假设存在满足要求的填法. 观察任意一个田字格 (2×2 的方格表). 因为 $|ad - bc| = 1$, 所以 ad 与 bc 的奇偶性不同, 从而在 a, b, c, d 四个数中, 至少有一个偶数和两个奇数. 而若其中有两个偶数, 那么这两个偶数在同一条对角线上. 这意味着, 偶数不能横向相邻也不能竖向相邻.

8×8 的方格表可分成 16 个田字格, 因为在整数 1 至 64 中恰有 32 个奇数, 也有 32 个偶数, 所以每个田字格中都刚好有两个偶数. 将这 16 个田字格按任一顺序编号为 1 至 16.

对于 a 与 d 为偶数的田字格, 令其对应分数 $\frac{ad}{bc}$; 而对于 b 与 c 为偶数的田字格, 令其对应分数 $\frac{bc}{ad}$. 将第 j 号田字格所对应的分数记为 P_j. 为确定起见, 假定在第 j 号田字格中, a 与 d 为偶数. 于是, 由 $|ad - bc| = 1$ 推知

$$\frac{ad}{bc} = 1 \pm \frac{1}{bc} \leqslant 1 + \frac{1}{bc} < \left(1 + \frac{1}{b}\right)\left(1 + \frac{1}{c}\right) = \frac{(b+1)(c+1)}{bc}.$$

这表明 $P_j < Q_j$, 其中 $Q_j = \dfrac{(b+1)(c+1)}{bc}$, 其分母与第 j 号田字格相同, 而分子则是比分母的两个奇因数各大 1 的偶数的乘积.

一方面, 我们有

$$P_1 \cdot P_2 \cdot \cdots \cdot P_{16} = \frac{2}{1} \cdot \frac{4}{3} \cdot \cdots \cdot \frac{64}{63},$$

这是因为, 在分数 $P_1, P_2, \cdots, P_{16}$ 的分子中, 2 至 64 的各个偶数各出现一次; 而在它们的分母中, 1 至 63 的各个奇数各出现一次. 另一方面, 我们也有

$$Q_1 \cdot Q_2 \cdot \cdots \cdot Q_{16} = \frac{2}{1} \cdot \frac{4}{3} \cdot \cdots \cdot \frac{64}{63},$$

这是因为, 在分数 $Q_1, Q_2, \cdots, Q_{16}$ 的分母中, 1 至 63 的各个奇数各出现一次; 而在它们的分子中, 2 至 64 的各个偶数各出现一次. 但是存在矛盾, 因为根据所证, 我们有

$$P_1 \cdot P_2 \cdot \cdots \cdot P_{16} < Q_1 \cdot Q_2 \cdot \cdots \cdot Q_{16}.$$

53. 答案　不一定.

方法 1　满足要求的与正方体不同的六面体, 我们称之为 "长方体", 可以由正四面体按照如下办法得到: 设 $ABCD$-$A_1B_1C_1D_1$ 是以 O 为中心的正方体, 于是 ACB_1D_1 就是一个正四面体 (见图 42). 用与正四面体 ACB_1D_1 的内切球相切的两个与平面 $ABCD$ 平行的平面, 从该四面体上截去两个部分. 四面体上剩下的部分就构成了我们的 "长方体"(图 42 中用粗线条勾勒的部分). 它的各个顶点分别是两个矩形 (正四面体的两个截面) 的顶点, 根据对称性, 它们到点 O 的距离相等, 点 O 是正四面体的内切球的球心, 所以点 O 也是 "长方体" 的内切球的球心, 当然也是它的外接球的球心.

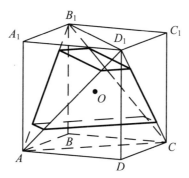

图 42

方法 2 任取一个以 O 为中心, 两条边长分别为 a 和 b ($b \geq a$) 的矩形, 将它绕着点 O 旋转 $90°$, 再提升到与原平面距离为 h 的高度 (见图 43), 得到一个以 O' 为中心的新矩形. 以两个矩形 (新的和原来的) 的八个顶点作为我们的 "长方体" 的顶点. 这八个顶点都在一个以线段 OO' 的中点为球心的球面上. 选取 h, 使得以线段 OO' 的中点为球心, 以 $\dfrac{h}{2}$ 为半径的球面与 "长方体" 的各个侧面都相切. 为此, 只需观察经过线段 OO' 的平行于矩形的某一对边的平面与 "长方体" 的截面, 这是一个分别以 a 和 b 为上下底的梯形, 它的内切圆的直径为 h. 这个梯形的腰长为 $\dfrac{a+b}{2}$ (参阅图 44), 所以

$$h = \sqrt{\left(\dfrac{a+b}{2}\right)^2 - \left(\dfrac{a-b}{2}\right)^2} = \sqrt{ab}.$$

我们指出, 方法 1 中的平截头正四面体和正方体都是所要构造的 "长方体" 的特例. 当然还存在许多其他满足要求的多面体的例子.

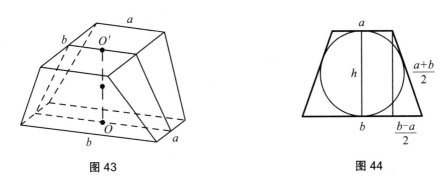

图 43　　　　　　　　图 44

54. 答案 有可能.

假设开始的正整数为 $32, 32, 32, 4$, 它们的和数为 100. 因为 $32^2 = 2^{10} > 10^3$, 所以 $\lg 32 > \lg 10^{3/2} = 1.5$. 另外, 显然有 $\lg 32 < \lg 100 = 2$, 所以当把 $\lg 32$ 的值四舍五入变为 2 以后, 所得到的 10 的方幂数是 100.

进而, 因为 $4^2 > 10$, 所以 $\lg 4 > \lg 10^{1/2} = 0.5$, 而因 $\lg 4 < \lg 10 = 1$, 故当把 $\lg 4$ 的值四舍五入变为 1 以后, 所得到的 10 的方幂数是 10.

如此一来, 新的四个数的和为 310, 超过了 300.

55. 答案 1007 个.

我们知道, $\sin \dfrac{n\pi}{x} = 0$ 当且仅当 $\dfrac{n\pi}{x} = k\pi$, 亦即 $x = \dfrac{n}{k}$, 其中 $k \in \mathbf{Z}$ 时. 其中, 当且仅当 x 等于 n 以及 n 的正约数时, k 为正整数.

将左式中所有形如 $\sin \dfrac{n\pi}{x}$ 的因子分成两组: 第一组由 $n = 1, 2, \cdots, 1007$ 的所有因子组成, 第二组则由 $n = 1008, 1009, \cdots, 2015$ 的所有因子组成. 很明显, 如果删去第二组中任何一个因子 $\sin \dfrac{n\pi}{x}$, 那么原方程中那个等于 n 的正整数根将不复为新方程的根, 因为此时, $x = n$ 不能使得任何一个剩下的因子变为 0, 所以删去这种因子不会不改变原方程的正

整数根的数目. 相反地, 对于第一组中的任何一个因子 $\sin\frac{n\pi}{x}$, 因为 n 是不超过 1007 的正整数, 所以都能找到第二组中的一个因子 $\sin\frac{m\pi}{x}$, 使得 m 是 n 的倍数. 因而, 凡是能使得 $\sin\frac{n\pi}{x} = 0$ 的正整数 x, 也都能使得 $\sin\frac{m\pi}{x} = 0$. 所以删去第一组中任何一个因子 $\sin\frac{n\pi}{x}$, 都不会改变原方程的正整数根的数目, 亦即可以删去的因子的数目为 1007.

56. 答案 $a \neq \frac{2}{3}$.

如果 $a \leqslant 0.4$, 那么只需由第一个容器往第二个容器中倾倒 $\frac{3a}{2}$ L 普通水, 即可实现王子的目的.

现设 $0.4 < a < \frac{2}{3}$. 我们先由第一个容器往第二个容器中倾倒 $(1-a)$ L 普通水, 然后再重复进行如下的反复倾倒: 用第二个容器将第一个容器倒满, 再用第一个容器将第二个容器倒满. 如果在某次这种反复倾倒之前, 在第二个容器中有 x L 活水和 $(1-x)$ L 普通水, 而在第一个容器中则相应地有 $(a-x)$ L 活水和 x L 普通水, 那么在用第二个容器将第一个容器倒满之后, 第一个容器中有 $a-x+(1-a)x = (a-ax)$ L 活水, 故第二个容器剩下 ax L 活水; 而在再用第一个容器将第二个容器倒满之后, 第二个容器中有 $ax + (1-a)(a-ax) = (a^2x + a - a^2)$ L 活水.

如此一来, 在进行 n 轮反复倾倒之后, 第二个容器中的活水数量 a_n 满足如下的递推关系:
$$a_n = a^2 a_{n-1} + a - a^2, \quad a_0 = a.$$

由图 45 可见, a_n 单调下降到曲线 $y = a^2 x + a - a^2$ 与 $y = x$ 的交点的横坐标 $\frac{a}{1+a}$.

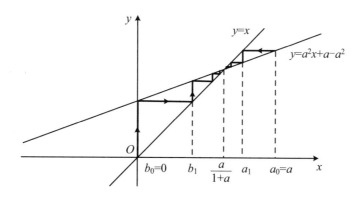

图 45

因 $a < \frac{2}{3}$, 故有 $\frac{a}{1+a} < 0.4$, 所以可找到某个 k, 使得 $a_k \leqslant 0.4 < a_{k-1}$. 于是只要在适当时刻终止第 k 次反复倾倒, 就可使得第二个容器中的活水所占比例刚好为 40%(此时第二个容器可能不满).

再设 $\frac{2}{3} < a < 1$. 此时, 依次进行这样的反复倾倒: 先用第一个容器将第二个容器倒满, 再用第二个容器将第一个容器倒满. 经过与上类似的分析, 可知在进行 n 轮这样的反复

倾倒之后, 第一个容器中的活水数量 b_n 满足如下的递推关系:

$$b_n = a^2 b_{n-1} + a - a^2, \quad b_0 = 0.$$

由图 45 可见, b_n 单调上升到曲线 $y = a^2 x + a - a^2$ 与 $y = x$ 的交点的横坐标 $\frac{a}{1+a}$. 由于 $a > \frac{2}{3}$, 故有 $\frac{a}{1+a} > 0.4$, 所以可找到某个 k, 使得 $b_{k-1} < 0.4 \leqslant b_k$. 于是只要在适当时刻终止第 k 次反复倾倒, 就可使得第一个容器中的活水所占比例刚好为 40%(此时第一个容器可能不满).

而如果 $a = \frac{2}{3}$, 则在任何一个容器中都不可能实现所需的比例. 若不然, 在某次倾倒之后, 在某个容器中, 活水的比例刚好为 40%, 不妨说首先在第一个容器中实现. 那么此时第二个容器中的活水的比例一定不是 40%, 这是因为最后一倾倒是由第二个容器往第一个容器倾倒, 而这种倾倒不会改变第二个容器中的活水比例. 但若在第一个容器中得到的是 x L 的 40% 的活水, 那就意味着, 在第一个容器中有 $0.4x$ L 的活水和 $0.6x$ L 的普通水, 那么在第二个容器中就有 $\left(\frac{2}{3} - 0.4x\right)$ L 的活水和 $(1 - 0.6x)$ L 的普通水, 其中活水的比例也是 40%. 此为矛盾.

57. 答案 在 2047 年.

将每年的元月份都对应一个由 $n = 31$ 个 0 和 1 构成的有序数组 $(a_1, a_2, \cdots, a_n)$, 如果该年元月 k 日是晴天, 则 $a_k = 1$, 否则 $a_k = 0$. 根据题意, 每年的元月 1 日都是晴天, 所以恒有 $a_1 = 1$. 我们来说明, 如何根据今年元月所对应的数组 $\boldsymbol{a} = (1, a_2, \cdots, a_n)$ 来得到下一年元月所对应的数组. 根据安丘林国学者的理论, 下一年元月所对应的数组是按如下方式得出的:

$$f_1(\boldsymbol{a}) = (1, 1 \oplus a_2, a_2 \oplus a_3, \cdots, a_{n-1} \oplus a_n),$$

其中 $x \oplus y$ 表示 $x + y$ 被 2 除的余数 (亦即模 2 之和). 因为 $x \oplus x = 0$, 所以再下一年元月所对应的数组是

$$f_2(\boldsymbol{a}) = f_1(f_1(\boldsymbol{a})) = (1, a_2, 1 \oplus a_3, a_2 \oplus a_4, \cdots, a_{n-2} \oplus a_n);$$

4 年之后的元月所对应的数组是

$$f_4(\boldsymbol{a}) = f_2(f_2(\boldsymbol{a})) = (1, a_2, a_3, a_4, 1 \oplus a_5, a_2 \oplus a_6, \cdots, a_{n-4} \oplus a_n);$$

8 年之后的元月所对应的数组是

$$f_8(\boldsymbol{a}) = f_8(f_8(\boldsymbol{a})) = (1, a_2, a_3, \cdots, a_8, 1 \oplus a_9, a_2 \oplus a_{10}, \cdots, a_{n-8} \oplus a_n),$$

如此等等. 一般地, 如果 $N = 2^m < n$, 则 N 年之后的元月份所对应的数组是

$$f_N(a) = f_{N/2}(f_{N/2}(a)) = (1, a_2, a_3, \cdots, a_N, 1 \oplus a_{N+1}, a_2 \oplus a_{N+2}, \cdots, a_{n-N} \oplus a_n).$$

这样的有序数组还不能等于数组 $\boldsymbol{a}$, 这是因为 $1 \oplus a_{N+1} \neq a_{N+1}$. 但若 $2N = 2^{m+1} \geqslant n$, 则可得到
$$f_{2N}(\boldsymbol{a}) = f_N(f_N(\boldsymbol{a})) = (1, a_2, a_3, \cdots, a_n) = \boldsymbol{a},$$
亦即经过 $2N$ 年, 天气的变化情况就与今年元月份一模一样, 其中 $N = 2^m < n \leqslant 2^{m+1} = 2N$.

我们指出, 如果 T 是使得 $\boldsymbol{a}$ 重复出现的最小周期, 那么其他任何周期 T_1 都可以被 T 整除. 若不然, $(T, T_1) < T$, 并且也是周期, 此与周期 T 的最小性相矛盾. 特别地, $2N = 2^{m+1}$ 可被 T 整除, 这表明 T 是 2 的方幂数. 如上所证, 小于 $2N$ 的 2 的方幂数不是周期, 因此 $T = 2N$. 故知经过 $2N$ 年, $\boldsymbol{a}$ 第一次重复出现.

对于 $n = 31$, 有 $N = 2^4 = 16 < n = 31 \leqslant 2N = 32$, 所以描述 2015 年元月的有序数组在 32 年以后的 2047 年第一次重复出现.

♦ 也可以使用如下的方式得到本题的答案: 将今年的由 0 和 1 组成的有序数组 $\boldsymbol{a} = (1, a_2, \cdots, a_n)$ 对应多项式 $P(x) = 1 + a_2 x + \cdots + a_n x^{n-1}$. 那么下一年的有序数组就对应多项式 $(1+x)P(x)$ 除以 x^n 的余式 $P_1(x)$ (此处以及往下, 多项式的系数均按模 2 理解, 从而所有的偶数都换为 0), 那么经过 k 年所得的多项式 $P_k(x)$ 就是 $(1+x)^k P(x)$ 除以 x^n 所得的余式. 于是问题归结为, 寻找使得 $P_k(x) = P(x)$ 成立的最小正整数 k, 亦即使得 $[(1+x)^k - 1]P(x)$ 可被 x^n 整除的最小正整数 k. 不难用归纳法证明: $(1+x)^{2^m} = 1 + x^{2^m}$. 如果 $2^m < n$, 则 $[(1+x)^{2^m} - 1]P(x) = x^{2^m} P(x)$ 不可被 x^n 整除, 这是因为 $P(x)$ 的常数项等于 1. 而若 $2^{m+1} \geqslant n$, 则 $[(1+x)^{2^{m+1}} - 1]P(x) = x^{2^{m+1}} P(x)$ 已可被 x^n 整除, 亦即 2^{m+1} 是周期. 只需再指出, 它是最小的周期. 因为最小周期应当是其他任何周期的因子, 而 2 的更小的方幂数并不是周期.

所考察的多项式 $P(x)$ 是生成函数的例子. 这样的函数由所给的序列唯一确定; 反之, 由这样的函数亦唯一确定相应的序列. 通过研究生成函数的性质来研究序列的性质的方法广泛地应用于数学的各种不同领域.

58. 答案 4 个.

如果用内接于球的正四面体的各个顶点表示四大洲, 那么刚好有 4 个特殊点, 它们就是由球心所作的经过四面体的各个侧面中心的半径的端点.

我们来证明: 无论四大洲如何分布, 都不存在 5 个甚至更多个特殊点. 设 A 是一个特殊点, 而 r 是由 A 到最近的陆地上的点的距离 (根据题意, 这样的点至少有 3 个, 而且分布在不同的大洲上). 海洋中的到 A 的距离小于 r 的等距点形成球面 "帽子" $H(A)$. 在此, 由不同的特殊点 A 和 B 出发的连向与它们最近的陆地上的点 X 与 Y 的球面上的弧 AX 与 BY 仅可能在端点处相交, 亦即仅可能有 $X = Y$.

假设有 5 个不同的特殊点 $A_1, A_2, \cdots, A_5$, 那么它们每个都有最小的球面 "帽子" $H'(A_i)$, 不与任何球面上的弧 $A_j X$ 相交, 其中 $j \neq i$, X 是到 A_i 最近的陆地上的点 (参阅图 46).

可以认为, 这些最小的球面 "帽子" $H'(A_i)$ 两两不交, 且互不相切.

把每个大洲都添入弧 A_jX 上的所有由它的点 X 到 "帽子" $H'(A_j)$ 的边界之间的部分, 得到新的大洲, 这些新的大洲依然被海洋彼此隔开, 而且对于它们, $A_1, A_2, \cdots, A_5$ 仍然还都是特殊点 (其他特殊点可能消失了). 在此, 新的球面 "帽子" $H'(A_j)$ 依然互不相交, 亦互不相切.

对于 $A_1, A_2, \cdots, A_5$ 中的每个点, 都固定直抵其新的球面 "帽子" 边界的 3 个大洲. 因为 $C_4^3 = 4$, 所以必有两个特殊点对应着相同的 3 个大洲, 不妨设这两个特殊点为 A_1 和 A_2. 这些大洲把 "帽子" $H'(A_1)$ 和 $H'(A_2)$ 中的圆所界定出来的区域分成 3 个甚至更多个子区域 (如果在大洲内部有着海洋形成的 "孔", 那么这样的子区域可有相当多个). 第 4 个大洲整个地位于其中一个子区域中. 将这个子区域称为 Ω.

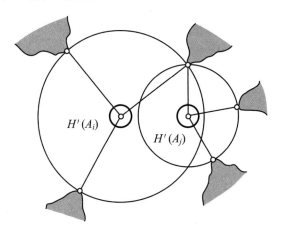

图 46

特殊点 A_3, A_4, A_5 都在 Ω 中 (其他子区域被海洋充满且至多与两个大洲接壤), 并且它们都对应着相同的 3 个大洲 (第 4 个大洲, 以及前 3 个大洲中与 Ω 接壤的两个大洲). 这 3 个大洲中的每一个都连接着 "帽子" $H'(A_3)$ 和 $H'(A_4)$ 的圆周上的某两个点, 所以在差集 $\Omega \setminus (H'(A_3) \cup H'(A_4))$ 中的海洋被分隔为一些子区域, 其中每个子区域至多与两个大洲接壤. A_5 不可能位于这些子区域中的任何一个里面. 此为矛盾.

第 79 届（2016 年）

八 年 级

59. 答案 可以. 例如

$$\frac{1}{10} = \frac{2}{20} = \frac{2}{3} \times \frac{3}{4} \times \frac{4}{5} \times \frac{5}{6} \times \frac{6}{7} \times \frac{7}{8} \times \frac{8}{9} \times \frac{9}{10} \times \frac{10}{11} \times \frac{11}{20}$$

或

$$\frac{1}{10} = \frac{1}{2} \times \frac{2}{3} \times \frac{3}{4} \times \frac{4}{5} \times \frac{5}{6} \times \frac{6}{7} \times \frac{8}{9} \times \frac{8}{9} \times \frac{9}{10} \times \frac{63}{64}.$$

♦ 前一类表示方法可以有多种不同形式, 只要找到 11 个正整数 $q_1 < q_2 < \cdots < q_{10} < q_{11}$, 使得 $q_{11} = 10 q_1$, 那么如下的表示即可满足要求:

$$\frac{q_1}{q_2} \cdot \frac{q_2}{q_3} \cdot \ldots \cdot \frac{q_9}{q_{10}} \cdot \frac{q_{10}}{q_{11}}.$$

60. 答案 1 个或两个.

显然, 所有在座者不可能都是老实人, 也不可能都是骗子, 否则不可能有人声明 "我的两侧邻座都是骗子".

如果只有一个老实人在座, 那么他的一个邻座可以说 "我的两侧邻座都是骗子", 而其余的骗子可以说 "我的两侧邻座都是老实人". 这就是只有一个老实人的例子 (参阅图 47, 方块表示老实人, 灰色者说 "我的两侧邻座都是骗子").

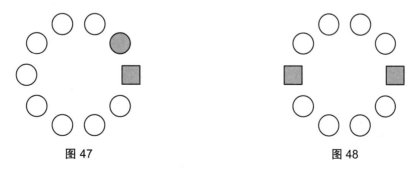

图 47　　　　　　　　图 48

如果我们让两个老实人坐在相对的位子, 那么所有的骗子都可以说 "我的两侧邻座都是老实人". 这就是有两个老实人的例子 (参阅图 48).

下面说明不可能有多于两个老实人.

方法 1 首先, 不可能有两个老实人相邻而坐. 若不然, 有两个老实人相邻而坐, 则我们从他们开始沿着顺时针方向一个一个看下去, 直至看到第一个骗子为止, 这时我们就得到一个 □□○ 组合 (3 个相连的人依次为 "老实人, 老实人, 骗子"). 那么中间一个老实人既不可能说 "我的两侧邻座都是骗子", 也不可能说 "我的两侧邻座都是老实人", 与题意不符. 所以不可能有两个老实人相邻而坐. 这就说明, 每个老实人都处于骗子的包围中, 从而他们都只可能说 "我的两侧邻座都是骗子". 因此, 根据题目条件, 至多只可能有两个老实人.

方法 2 假设有一个老实人说 "我的两侧邻座都是老实人", 那么他的两侧都是老实人. 看他的右侧邻人. 该人是老实人, 而其左侧与老实人相邻, 所以他不可能说 "我的两侧邻座都是骗子", 从而只能说 "我的两侧邻座都是老实人". 那么再看他的右侧邻人, 并一直如此看下去, 即可推知桌旁所坐的 10 人都是老实人. 而这是不可能的, 因为这样就不可能有人声明 "我的两侧邻座都是骗子" 了. 所以每个桌旁的老实人都只会说 "我的两侧邻座都是骗子", 而这样说的只有两个人, 所以不可能有多于两个老实人.

61. 方法 1 在 AM 的延长线上取一点 X, 使得 $MX = BM$(见图 49). 注意 $\triangle BMX$ 是等边三角形, 事实上, $BM = MX$, $\angle BMX = 60°$. 这样一来, 就有 $\triangle BXK \cong \triangle CMA$, 这是因为 $\angle BXK = \angle CMA = 60°$, $BX = BM = CM$, $XK = XM + MK = AK + MK = MA$. 因而它们的对应边相等, 特别地, 有 $AC = BK$.

方法 2 作点 B 关于 AM 的对称点, 得到点 Y, 于是有 $BM = MY$, $\angle BMY = 120°$, 由此可知 $\triangle CMY$ 是等边三角形 (见图 50). 线段 AK 与 CY 平行且相等, 所以 $AKYC$ 是平行四边形, $AC = YK$, 而由关于 AM 的对称性知 $YK = BK$.

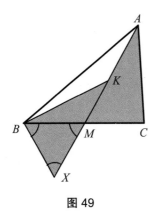

图 49

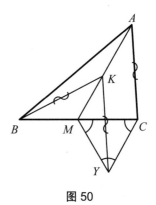

图 50

方法 3 取点 Z, 使得 $MCAZ$ 为平行四边形 (见图 51). 不难看出, $\triangle AKZ$ 是等边三角形. 而 $ZKMB$ 是等腰梯形, 因为 $BM = KZ$, $\angle BMK = \angle MKZ = 120°$. 于是作为平行四边形的对边, 有 $AC = MZ$; 而作为等腰梯形的对角线, 有 $MZ = BK$.

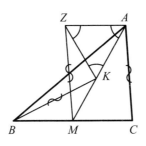

图 51

62. 答案 228 888.

方法 1 将该数记作 n, 设它的 10 进制表达式为 $\overline{a_k a_{k-1} \cdots a_1}$. 于是

$$n = \overline{a_2 a_1} + 100 \overline{a_4 a_3} + 10\,000 \overline{a_6 a_5} + \cdots$$
$$= \overline{a_2 a_1} + \overline{a_4 a_3} + \overline{a_6 a_5} + \cdots$$
$$+ 99 \left(\overline{a_4 a_3} + 101 \overline{a_6 a_5} + 10\,101 \overline{a_8 a_7} + \cdots \right).$$

于是, n 与 $s = \overline{a_2 a_1} + \overline{a_4 a_3} + \overline{a_6 a_5} + \cdots$ 关于 99 的整除性质相同. 因为 n 可被 99 整除, 且各位数字都是偶数, 所以它可被 198 整除. 这样, s 也可被 198 整除. 从而 $s \geqslant 198$.

假如 n 至多为 5 位数, 则有 $198 \leqslant s \leqslant 8 + 88 + 88 = 184$, 此为矛盾. 所以 n 至少为 6 位数.

假如 n 为 6 位数, 且 $\overline{a_6 a_5} < 22$, 则 $s < 22 + 88 + 88 = 198$. 这就表明, n 的前两位数字所组成的数不小于 22. 这也就表明, 我们所求的数不小于 228 888, 而该数确实满足题中要求.

方法 2 分别用 S_1 和 S_2 表示奇数位和偶数位上的数字之和, 由关于 8 和 11 的整除性, 知 $9 | S_1 + S_2$ 而 $11 | | S_1 - S_2 |$. 因为各位数字都是偶数, 所以 $18 | S_1 + S_2$ 而 $22 | | S_1 - S_2 |$. 但显然 $|S_1 - S_2|$ 不超过 $S_1 + S_2$.

如果 $S_1 + S_2 = 18$, 则必有 $|S_1 - S_2| = 0$, 从而 $S_1 = S_2 = 9$, 但这与 S_1 和 S_2 都是偶数的事实相矛盾. 而若 $S_1 + S_2 = 54$, 则该数至少为 7 位数, 因为 $6 \times 8 = 48 < 54$.

现设 $S_1 + S_2 = 36$, 则应有 $|S_1 - S_2| = 0$ 或 $|S_1 - S_2| = 22$. 如果 $|S_1 - S_2| = 22$, 则 S_1 与 S_2 之一为 29, 另一者为 7, 此为不可能, 因为它们都应为偶数. 而若 $|S_1 - S_2| = 0$, 则 $S_1 = S_2 = 18$. 因为 18 至少是 3 个偶数的和, 所以我们的正整数至少为 6 位数.

下面再来说明, 满足题中条件的最小的 6 位数是 228 888. 事实上, 第一位数字不可能小于 2, 第二位数字亦然, 因为如果第二位数字为 0, 那么所有各位数字的和不大于 $2 + 4 \times 8 = 34 < 36$, 此为矛盾.

63. 答案 $90°$.

首先证明: 答案唯一. 假设不然, 存在两个不同的凸五边形 $ABCDE$ 和 $A'B'C'D'E'$, 有 $\angle A = \angle A' = 120°$, $\angle C = \angle C' = 135°$, $\angle D \neq \angle D'$. 不失一般性, 可设凸五边形的边

长是 1. 由两边夹一角对应相等, 可知 △EAB≌△$E'A'B'$ 和 △BCD≌△$B'C'D'$, 从而有 $BE = B'E'$, $BD = B'D'$. 于是根据三边对应相等, 知 △BDE≌△$B'D'E'$, 故知 ∠BDE = ∠$B'D'E'$. 再根据 △BCD 与 △$B'C'D'$ 都是等腰三角形, 知 ∠CDB = ∠$C'D'B'$ = 22.5°. 这样一来, 就有 ∠CDE = ∠CDB + ∠BDE = ∠CDB + ∠BDE = ∠$C'D'E'$, 此即表明答案唯一.

再证: 存在各边相等的凸五边形 $ABCDE$, 满足 ∠A = 120°, ∠C = 135°, ∠D = 90°. 先作 △CDE(参阅图 52), 使得 $CD = DE = 1$, ∠CDE = 90°. 由勾股定理知 $EC = \sqrt{2}$. 然后选取点 B, 使得 ∠ECB = 90°, $BC = 1$, 由勾股定理知 $BE = \sqrt{3}$. 最后选取点 A, 使得 $AB = AE = 1$. 作 △ABE 的高 AH. 于是由于 $AB = 1$, $BH = \dfrac{\sqrt{3}}{4}$, 由勾股定理得 $AH = \dfrac{1}{2}$, 因此 ∠BAH = 60°, ∠EAB = 120°.

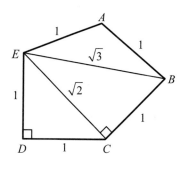

图 52

64. 首先指出, 只要我们能够得到三堆 $(x, 2x, y)$, 就可以变为 $(x, x, x+y)$, 此处 $x+y$ 是偶数 (因为另两堆的和是 $2x$, 为偶数), 进而可得 $(x, \dfrac{3x}{2} + \dfrac{y}{2}, \dfrac{x+y}{2})$, 其中中间一堆的数目是其余两堆的和. 所以, 下面只需说明可以得到 $(x, 2x, y)$ 的局面.

取出两堆 $(2m, n)$, 亦即其中至少一堆为偶数颗. 如果 $m = n$, 则已经是 $(x, 2x, y)$ 的局面. 下设 $m \neq n$. 我们来实行操作, 使得每一步之后, 都至少有一堆为偶数颗; 并且两堆的颗数之和或者不变, 或者下降; 在保持不变时, 差 $m - n$ 下降. 这就是说, 如果 m 或 n 为偶数, 则从 $2m$ 的堆中移 m 颗到第三堆, 此时这两堆中的颗数之和下降. 如果 m 与 n 都是奇数, 并且不等, 则从 $2m$ 的堆中移 m 颗到另一堆, 变为 $(m, m+n)$, 此时 $m+n$ 是偶数, 并且 $\left|\dfrac{m+n}{2} - m\right| = \left|\dfrac{n-m}{2}\right| < |m-n|$. 因为颗数之和与颗数之差的绝对值只可能下降有限次, 所以终究会得到 $m = n$ 的局面.

九 年 级

65. 将三个正数记为 a, b, c. 今知 $a + b + c = abc$. 如果其中至多有一个正数大于 1, 那么其余两个正数都不超过 1, 不妨设 $a \leqslant 1$, $b \leqslant 1$. 而这样一来, 就有 $a + b + c > c \geqslant abc$,

此为矛盾.

66. 在中线 CM 的延长线上取一点 D, 使得 $AM = MD$. 此时 $\triangle DMA$ 是等边三角形. 我们指出, 此时 $BM = AD$, $KM = CD$ 且 $\angle ADC = \angle BMK$, 故得 $\triangle ADC \cong \triangle BMK$(边角边), 则 $BK = AC$.

亦可参阅第 61 题解答.

67. 将第五个整系数方程的两个系数记作 p_5 与 q_5. 因为无论瓦夏如何努力都不能得到一个具有两个实根的二次方程, 所以根据判别式可知 $p_5^2 \leqslant 4q_5$ 和 $q_5^2 \leqslant 4p_5$. 将前一个不等式两端平方, 再将第二个不等式代入其中, 得到 $p_5^4 \leqslant 64p_5$, 由此可知 p_5 与 q_5 都小于 5. 利用枚举法可知, 只有一对满足要求的整数: 1 和 2.

因为第五个方程的系数是第四个方程的两个根, 所以由韦达定理可知第四个方程是 $x^2 - 3x + 2 = 0$. 继续运用类似推导, 可相继推出第三个、第二个和第一个方程, 依次为 $x^2 + x - 6 = 0$, $x^2 + 5x - 6 = 0$, $x^2 + x - 30 = 0$. 这表明, 人们在家里给瓦夏的方程是 $x^2 + x - 30 = 0$.

68. 分别将线段 AB, BC, AP, CQ 的中点记作 M, N, R, S. 易知

$$\angle OMB = \angle ONB = 90°, \quad \angle OMN = 90° - \angle NMB = 90° - \angle BAC = \angle BPQ.$$

同理可知 $\angle ONM = \angle BQP$(参阅图 53). 因此 $\triangle OMN \sim \triangle BPQ$, 故得 $\dfrac{OM}{BP} = \dfrac{ON}{BQ}$. 我们有

$$MR = AR - AM = \dfrac{1}{2}AP - \dfrac{1}{2}AB = \dfrac{1}{2}BP.$$

同理可得 $NS = \dfrac{1}{2}BQ$. 如此一来, 就有 $\dfrac{OM}{MR} = \dfrac{ON}{NS}$, 故又有 $\triangle OMR \sim \triangle ONS$. 由此可知 $\angle ORM = \angle OSN$. 这表明 $\angle ORB + \angle OSB = 180°$, 由此即得所证.

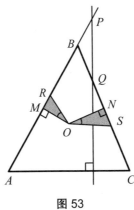

图 53

69. 答案 存在.

方法 1 我们来估计 2016 位的完全平方数的个数. 它们的个数不少于

$$10^{2016/2} - 10^{2015/2} - 1 > 10^{1000}.$$

而由 2016 个数字构成的不同有序组不多于每个数字在其中至多出现 2016 次的有序组的个数, 亦即 2017^{10}. 这表明, 可以找到一个由 2016 个数字构成的组, 通过排列它的成员, 可以得到不少于 $10^{1000}/2017^{10} > 10^{1000}/10^{100} = 10^{900}$ 个不同的平方数, 这已经多于 2016 个了.

方法 2 我们来将这样的 2016 位数用显式表达出来. 观察如下的 1008 位数:

$$x_{a,b} = 4 \times 10^{1007} + 10^a + 10^b,$$

其中 $1007 > a > b \geqslant 0$, $2a \neq 1007 + b$. 注意到

$$x_{a,b}^2 = 16 \times 10^{2014} + 8 \times 10^{1007+a} + 8 \times 10^{1007+b} + 10^{2a} + 2 \times 10^{a+b} + 10^{2b}. \quad ①$$

由条件 $1007 > a > b$ 可得

$$2014 > 1007 + a > 1007 + b > a + b > 2b,$$
$$2014 > 1007 + a > 2a > a + b > 2b.$$

由这两个不等式以及 $2a \neq 1007 + b$, 可以推知 ① 式右端的各项对应着 $x_{a,b}^2$ 的不同数位. 因此, 对于所有满足条件的 a 和 b, $x_{a,b}^2$ 由固定的数字组形成, 这个数字组由三个 1、一个 2、一个 6、两个 8 和 2009 个 0 组成. 所有满足条件的数对 a 和 b 不少于

$$C_{1007}^2 - 1007 = \frac{1007 \times 1006}{2} - 1007 = 1007 \times 502.$$

这意味着由任何形如 $x_{a,b}^2$ 的数都可以通过排列它的各位数字得到 $1007 \times 502 > 2016$ 个 2016 位的完全平方数.

70. 用 B 表示这样的由 k 个人构成的集合, 其中每两个人都能直接对话. 考察任意一个不属于集合 B 的人 (称其为 X 先生). 在集合 B 中存在这样的人 (称其为 X' 先生), 他与 X 先生的语言集合的交集是空集. 我们来估计集合 B 可与 X 先生直接对话的人数. 这些人既与 X 先生有共同语言, 又与 X' 先生有共同语言 (因为 X' 先生属于集合 B), 所以这些人的数量不多于 $3 \times 3 \times n$(与 X 先生的共同语言可为他的 3 种语言中的一种, 与 X' 先生的共同语言可为他的 3 种语言中的一种, 此外他还懂一种语言). 于是, 对于每个不属于集合 B 的人, 我们都至少能找到 $k - 9n$ 个集合 B 中的人, 不能直接与之交谈. 这种对子的数目为

$$(m-k)(k-9n) \geqslant (m - \frac{m}{2})(11n - 9n) = \frac{m}{2} \cdot 2n = mn.$$

◆ 该题与一个非常著名的问题以及现代图论中的一个领域有关. 一个图称为克涅泽图 (Кнезеровский), 如果它的顶点是集合 $\mathcal{R}_n = \{1, 2, \cdots, n\}$ 的一切可能的势为 r 的子集 (意即该集合的 r 元的子集, 一共有 C_n^r 个). 而边则是互不相交的子集对. 关于克涅泽图的基本知识可阅读参考文献 [13][14]. 本题中所涉及的图就是克涅泽图, 其中 $r = 3$: 它的顶点就是 3 种语言构成的子集, 或者说就是 3 种语言的掌握者. 两个顶点有边相连, 当且仅当相

应的两人间的交流必须借助翻译 (亦即没有共同的语言). 图的顶点集合被称为独立的集合, 如果其中的任何两个顶点之间都没有连线. 图 G 中的最大的独立的集合的势称为图 G 的独立数, 记作 $\alpha(G)$. 运用这些术语, 可将本题改述为:

设给定了 $r=3$ 的克涅泽图 G 的一个 m 元子集, 今知 $\alpha(G)=k$, 且 $11n \leqslant k \leqslant \frac{m}{2}$, 证明: 图 G 中的边数不少于 mn.

题目的这种出法使得我们本质地利用了克涅泽图的结构. 众所周知, 图论中有一个经典的图兰定理: 如果一个具有 m 个顶点的图的独立数为 k, 则它至少有 $\frac{m^2}{2k}$ 条棱. 根据这个定理, 在我们题目的条件下, 只能估计出图中的棱的数目的阶为 m, 而不可能得到 mn, 这是有着显著差异的.

我们指出, 如果 $r \leqslant \frac{n}{2}$, 则整个克涅泽图的独立数为 C_{n-1}^{r-1}. 这就是著名的 Erdös-Ko-Rado 定理, 其证明可在参考文献 [3] 中找到. 本题诞生于这样一个时刻, 供题人及其学生刚刚证得一个有趣的结论, 即克涅泽图的随机子图的独立数几乎不变 (参阅参考文献 [16]). 由此产生出一门很大的学科, 它使得我们可以用新的观点看待初等组合论中的一系列经典结论 (参阅参考文献 [17]).

还应指出, 本题中的结论还远远不是最佳的, 如果证明了如下结论, 那么就还可以进一步加强本题的结论: 在第 70 题的条件下, 最大的独立集必定由这样的一些顶点构成: 它们都含有集合 $\mathcal{R}_n$ 中的某一个相同的元素. 请读者尝试证明这一结论. 在比较广泛的场合下, 这个结论称为希尔顿 – 米聂耳定理 (参阅参考文献 [15]).

十 年 级

71. 同第 59 题.

72. 由题中条件知 $B_2C_1 = B_2C = B_2B_1$, 所以点 B_2 是 $\triangle B_1CC_1$ 的外心, 故有

$$\angle C_1B_1C = \frac{1}{2}\angle C_1B_2C = \angle A_2B_2C,$$

(这个等式表明, $\angle C_1B_1C$ 与 $\angle A_2B_2C$ 都等于不包含点 B_1 的 $\widehat{C_1C}$ 的一半, 此结论在 $\widehat{C_1C}$ 是优弧的情况下亦成立), 而 (参阅图 54)

$$\angle A_1B_1C_1 = \angle A_1B_1C + \angle A_2B_2C.$$

点 B_1 是 $\triangle B_2CC_2$ 的外心, 所以

$$\angle C_2B_2C = \frac{1}{2}\angle C_2B_1C = \angle A_1B_1C, \quad \angle A_2B_2C_2 = \angle A_1B_1C + \angle A_2B_2C.$$

故 $\angle A_1B_1C_1 = \angle A_2B_2C_2$. 同理可证明关于 $\triangle B_1A_1C_1$ 和 $\triangle B_2A_2C_2$ 的其他角之间的相等关系.

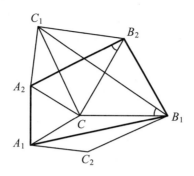

图 54

73. 答案 6.

将方程的 4 个根分别记作 x_1, x_2, x_3, x_4 (其中有些可能是相同的). 根据韦达定理, 有

$$b = x_1x_2 + x_1x_3 + x_1x_4 + x_2x_3 + x_2x_4 + x_3x_4, \quad d = x_1x_2x_3x_4.$$

因为 4 个根都是正根, 所以 b 与 d 都是正数. 我们指出

$$\frac{b}{\sqrt{d}} = \left(\sqrt{\frac{x_1x_2}{x_3x_4}} + \sqrt{\frac{x_3x_4}{x_1x_2}}\right) + \left(\sqrt{\frac{x_1x_3}{x_2x_4}} + \sqrt{\frac{x_2x_4}{x_1x_3}}\right) + \left(\sqrt{\frac{x_1x_4}{x_2x_3}} + \sqrt{\frac{x_2x_3}{x_1x_4}}\right)$$
$$\geqslant 2 + 2 + 2 = 6.$$

这是因为对任何 $y > 0$, 都有 $y + \dfrac{1}{y} \geqslant 2$. 因为 d 是正整数, 所以 $d \geqslant 1$, 故由上式可知 $b \geqslant 6$.

当方程的 4 个根都等于 1 时, $b = 6$, 此时方程具有形式 $x^4 - 4x^3 + 6x^2 - 4x + 1 = 0$.

74. 答案 可以.

方法 1 最简单的方法是按照图 55 所示的方法周期性地写数.

我们来观察黑格. 当黑格的水平方向的邻格中的数的绝对值都是 1 时, 它们的乘积是 -1, 而竖直方向的邻格中的数的乘积是 -2. 当黑格的竖直方向的邻格中的数的绝对值都是 1 时, 它们的乘积是 1, 而水平方向的邻格中的数的乘积是 2. 容易看出, 每个黑格都属于这两种情况之一, 所以它们都满足题中条件.

方法 2 如图 56 所示, 任意取定两个相邻列, 把它们分别称为第 1 列和第 -1 列 (第 1 列在右边), 从第 1 列往右依次将各列编为第 $2, 3, \cdots$ 列; 从第 -1 列往左依次将各列编为第 $-2, -3, \cdots$ 列. 在第 1 列和第 -1 列中的每个白格中都填入 $x_1 = 1$, 在第 2 列和第 -2 列中的每个白格中都填入 $x_2 = 2$, 在第 3 列和第 -3 列中的每个白格中都填入 $x_3 = 5$, 如此下去, 在第 $n+1$ 列和第 $-(n+1)$ 列中的每个白格中都填入 x_{n+1}, 其中 $x_{n+1} = \dfrac{x_n^2 + 1}{x_{n-1}}$.

不难看出, 对 $n \geqslant 2$, 第 n 列和第 $-n$ 列中的每个黑格的两个水平邻格中的数的乘积与它

两个竖直邻格中的数的乘积的差为

$$x_{n+1}x_{n-1} - x_n^2 = \frac{x_n^2+1}{x_{n-1}} \cdot x_{n-1} - x_n^2 = 1.$$

而对于第 1 列和第 −1 列中的黑格, 可由图 56 看出它们也满足要求.

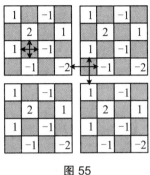

图 55

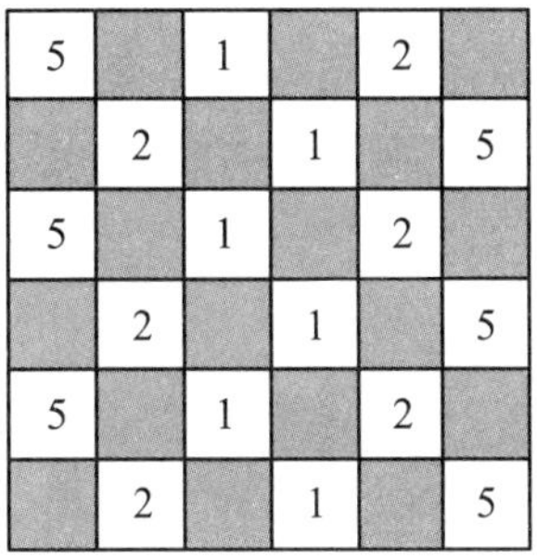

图 56

至于所填各数都是正整数, 可由所填之数与斐波那契数列的关系看出, 事实上, 我们有 $x_n = F_{2n-1}$, 其中 F_{2n-1} 是斐波那契数列中的第 $2n-1$ 项. 众所周知, 该数列的定义是 $F_0 = 0$, $F_1 = 1$, $F_{n+1} = F_{n-1} + F_n$, $n \geqslant 1$. 利用关于斐波那契数列的卡特兰恒等式, 容易证明: 对一切 n, 都有 $x_n = F_{2n-1}$.

方法 3 这个方法的长处在于每个正整数都将出现在表格中, 而且填写法可用显式表达.

在方格平面上引入直角坐标系, 坐标原点在某个白格中心, 坐标轴平行于方格线, 长度单位等于小方格的边长. 在中心处的坐标为 (x,y) 的白格里填入

$$f(x,y) = \begin{cases} |y|+1, & \text{若 } |x| \leqslant |y|, \\ \dfrac{x^2-y^2}{2}+|x|+1, & \text{若 } |x| > |y|. \end{cases}$$

特别地, 以坐标原点为中心的 9×9 的方格表中的填数方式如图 57 所示. 在每条对角线上我们都看到了两个等差数列.

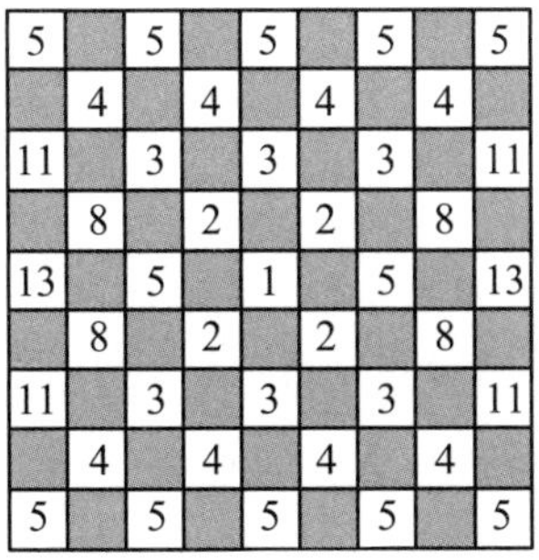

图 57

下面证明: 这种填法满足题中要求. 首先易见 $f(x,y) > 0$. 又因为每个白格中心的坐标 (x,y) 都是两个奇偶性相同的整数, 所以所有的 $f(x,y)$ 都是正整数.

我们来验证黑格满足要求. 设其中心的坐标为 (x,y). 它们是两个奇偶性互异的整数. 由于对称性, 故不妨设 $x,y \geqslant 0$. 有以下两种可能情况:

情形 1: $x < y$, 它的两个水平邻格中的数的乘积与它的两个竖直邻格中的数的乘积的差为

$$f(x-1,y)f(x+1,y) - f(x,y+1)f(x,y-1)$$
$$= (y+1)(y+1) - (y+1+1)(y-1+1)$$
$$= (y+1)^2 - [(y+1)^2 - 1] = 1.$$

由于此时 $x \geqslant 0$ 且 $y > x$, 故有 $y \geqslant 1$, 因而不用写绝对值符号.

情形 2: $x \geqslant y$, 多次运用公式 $(a+b)(a-b) = a^2 - b^2$, 可得

$$f(x-1,y)f(x+1,y) - f(x,y+1)f(x,y-1)$$
$$= \left[\frac{(x-1)^2 - y^2}{2} + x - 1 + 1\right]\left[\frac{(x+1)^2 - y^2}{2} + x + 1 + 1\right]$$
$$- \left[\frac{x^2 - (y+1)^2}{2} + x + 1\right]\left[\frac{x^2 - (y-1)^2}{2} + x + 1\right]$$
$$= \left(\frac{x^2 + 1 - y^2}{2} + x + 1\right)^2 - \left(\frac{2x}{2} + 1\right)^2$$
$$- \left(\frac{x^2 - y^2 - 1}{2} + x + 1\right)^2 + \left(\frac{2y}{2}\right)^2$$
$$= \left(\frac{x^2 + 1 - y^2}{2} + x + 1 + \frac{x^2 - y^2 - 1}{2} + x + 1\right) \times 1$$
$$- \left(\frac{2x}{2} + 1\right)^2 + \left(\frac{2y}{2}\right)^2 = 1.$$

故每个黑格也都满足题中要求.

◆ 这个问题的构造方法非常多, 它在现代数学中被积极地研究着. 因为它是在研究如何将方格图形分割为多米诺的过程中自然地产生出来的. 可以参阅参考文献 [6]. 关于这个问题的历史可以参阅参考文献 [7].

75. 答案 可以.

将单位正方体 $ABCD$-$A'B'C'D'$ 分成 8 个棱长为 $\frac{1}{2}$ 的小正方体, 往每个小正方体中放入一个气球, 使它们分别内切于各个小正方体, 其中, 顶点 A, C, B', D' 所在的小正方体中放入的是黑色气球, 其余 4 个里面放入的是白色气球. 显然, 每个黑色气球都与 3 个白色气球相切, 每个白色气球都与 3 个黑色气球相切, 而任何两个同色气球都没有公共点. 现在, 将各个黑色气球的直径换为 $\frac{1}{2} + \varepsilon$, 而各个白色气球的直径换为 $\frac{1}{2} - \varepsilon$, 其中 $\varepsilon > 0$ 小于黑色气球之间的最小距离的一半, 且使得每个气球仍然都与正方体的 3 个面相切. 现在任何两个黑色气球仍然都没有公共点. 我们来证明: 任何两个不同色的气球都没有公共点. 设贴近顶点 A 和 B 的两个气球的球心分别为 O_1 和 O_2, 而 r_1 和 r_2 是这两个气球的半径.

那么线段 O_1O_2 在棱 AB 上的投影长度为 $1-r_1-r_2=\dfrac{1}{2}$. 因为 $r_1\neq r_2$, 所以 O_1O_2 不平行于 AB, 这表明 $O_1O_2>AB=\dfrac{1}{2}=r_1+r_2$, 亦即这两个气球没有公共点. 这样一来, 任何两个气球就都没有公共点, 故可稍稍增大它们的直径.

76. 答案 n 的最大可能值是 1512.

我们来构造一个有向完全图, 图的顶点是各个参赛队, 箭头由取胜的队指向失败的队. 把通过加时赛方才结束比赛的有向边染为红色, 正常时间内结束比赛的有向边染为蓝色.

在各个顶点上标注相应的队所得的分数, 并观察与该得分分布相应的图. 从所有可能的这种图中取出红色有向线段最少的图 G.

引理: 在图 G 的红色子图中没有下列子图:

1) 非有向圈;
2) 长度为 2 的有向路;
3) 3 度及 3 度以上的顶点;
4) 长度为 4 的非有向路.

引理之证: 只需说明, 如果存在上列各类子图, 如何可以减少图中的有向边的数目.

1) 假如图 G 中存在红色非有向圈. 我们指定一个绕行该圈的方向, 使之重合于圈上的某条边的方向. 然后, 把圈上凡与绕行方向一致的有向边都改染为蓝色, 而把与绕行方向不同的有向边都改变方向, 使之与绕行方向相同. 经过这种操作, 圈上各个队的得分都未改变, 因为它们都在一个相邻顶点那里减少了 1 分, 而在另一个相邻顶点那里得到了 1 分 (参阅图 58(a), 黑线表示红边, 灰线表示蓝边), 而红色有向边的数目却减少了.

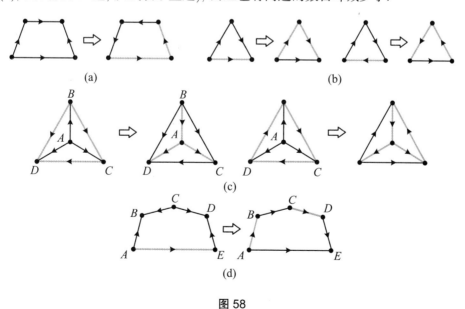

图 58

2) 假如图 G 中存在长度为 2 的红色有向路. 那么连接路的起点和终点的是一条蓝色有向边. 如果其方向是由起点指向终点, 那么就将 3 条边都改染为与原来不同的颜色. 如果其方向是由路的终点指向起点, 那么就把 3 条边的方向和颜色都改变. 经过这种操作, 各个队的得分都未改变, 红色有向边的数目减少 (参阅图 58(b)).

3) 假如图 G 中存在某个顶点 A 的红色度数为 3 甚至更高, 我们来观察它的 3 个相邻顶点 B, C, D. 不妨设 3 条红色有向边的起点都是顶点 A(如果 3 条有向边的起点不全是顶点 A, 则与不存在长度为 2 的红色有向路的事实相矛盾; 而 3 条有向边的终点都是顶点 A 的情形可类似讨论), 而顶点 B, C, D 之间所连接的有向边都是蓝色的 (否则有非有向圈, 导致矛盾).

不失一般性, 可设 B, C 之间的有向边为 $\overrightarrow{BC}$, C, D 之间的有向边为 $\overrightarrow{CD}$. 那么 B, D 之间可能为 $\overrightarrow{BD}$, 也可能为 $\overrightarrow{DB}$.

不论哪种情况, 我们都擦去 A, B, C, D 之间所连的所有有向线段, 重新画图: 在两种情况下, 都画蓝色有向边 $\overrightarrow{BA}, \overrightarrow{AC}, \overrightarrow{AD}$. 在第一种情况下, 再画红色有向边 $\overrightarrow{BD}, \overrightarrow{BC}$ 和蓝色有向边 $\overrightarrow{CD}$. 在第二种情况下, 再画红色有向边 $\overrightarrow{DB}, \overrightarrow{DC}$ 和蓝色有向边 $\overrightarrow{CB}$.

总而言之, 各队得分都未改变, 红色有向边却都减少了 (参阅图 58(c)).

4) 假如图 G 中存在长度为 4 的红色非有向路 A, B, C, D, E. 可以认为, 红色有向边为 $\overrightarrow{AB}, \overrightarrow{CB}, \overrightarrow{CD}, \overrightarrow{ED}$, 其他的都是蓝色有向边.

假如 A 击败了 D, 则将边 AB, BC, CD, AD 作如下改变: 作蓝色有向边 $\overrightarrow{AB}, \overrightarrow{CD}$, 作红色有向边 $\overrightarrow{AD}, \overrightarrow{BC}$. 于是可使红色有向边减少, 各队得分不变. 所以, 可以认为, D 战胜了 A, 而 B 战胜了 E.

如果 B 战胜了 D, 则将边 AB, AD, BC, BD, CD 作如下改变: 作蓝色有向边 $\overrightarrow{CD}, \overrightarrow{DB}, \overrightarrow{BA}$, 而将有向边 $\overrightarrow{AD}, \overrightarrow{BC}$ 染为红色.

如果 D 战胜了 B, 则将边 BC, BD, BE, CD, DE 作如下改变: 有向边 $\overrightarrow{CB}, \overrightarrow{BD}, \overrightarrow{DE}$ 染为蓝色, 有向边 $\overrightarrow{EB}, \overrightarrow{DC}$ 染为红色.

各个顶点的得分未变, 红色有向边的数目减少.

引理证毕.

如此一来, 由红色边形成的无向图就是一个森林, 其中的每一个树都是至多由 4 个顶点形成的链. 于是红边的数目等于 $2016 - t$, 其中 t 是由红色边形成的无向图中的树的数目. 因为每个树上至多有 4 个顶点, 所以 $t \geqslant 504$, 亦即 $n \leqslant 1512$.

我们来看 4 个球队 A, B, C, D 之间的比赛图. 假定其中有向边 $\overrightarrow{AB}, \overrightarrow{AD}, \overrightarrow{CD}$ 为红色, 有向边 $\overrightarrow{AC}, \overrightarrow{BC}, \overrightarrow{BD}$ 为蓝色, 则 A, B 两队各得 7 分, C, D 两队各得 2 分.

我们发现, 在这样的分数分布下, 应当至少有 3 场比赛是通过加时赛决出胜负的, 因为 A, B 之间的比赛与 C, D 之间的比赛都应当在延长的时间内结束, 这又是因为 A 或 B 不可能在规定的时间内输掉, 而 C 或 D 不可能在规定的时间内取胜. 如果所有其他比赛都在规定时间内决出胜负, 那么 A 和 B 的总分就应该是 3 的倍数, 此为矛盾.

将 2016 个球队分为 504 个 "四队组"$(A_1, B_1, C_1, D_1), \cdots, (A_{504}, B_{504}, C_{504}, D_{504})$. 假定每个 "四队组" 内部的情况都如同上述, 而不同的 "四队组" 之间, 对任何 $i < j$, 都是脚标

为 i 的组中的球队在规定时间内战胜角标为 j 的组中的球队. 在这种情况下, 每个 "四队组" 中的内部比赛得分都是 $7,7,2,2$, 所以每个组中都至少有 3 场比赛通过加时赛决出胜负. 因此, 一共不少于 $3 \times 504 = 1512$ 场比赛延时结束.

十 一 年 级

77. 答案 瓦夏比别佳低 1 分.

一共比赛了 $C_{12}^2 = 66$ 场, 所以大家一共得到 66 分. 由题意知, 瓦夏只败给一个对手, 所以他与其余 10 人的比赛结果都是取胜或战平. 这表明他至少得了 5 分. 而在这种情况下, 其余每个人都至少得到 5.5 分, 从而 12 人一共至少得到 $11 \times 5.5 + 5 = 65.5$ 分. 而这种结果只可能出现在这样一种情况下, 即获得第一名的别佳得到 6 分, 瓦夏得 5 分, 而其余 10 个人各得 5.5 分.

78. 答案 不存在.

方法 1 令 $y = \arcsin x$, 则 $\arccos x = \frac{\pi}{2} - y$. 二次函数

$$f(y) = y^2 + \left(\frac{\pi}{2} - y\right)^2 = 2y^2 - \pi y + \frac{\pi^2}{4}$$

的最小值在 $y = \frac{\pi}{4}$ 处达到 (此时 $x = \frac{\sqrt{2}}{2}$), 而

$$f\left(\frac{\pi}{4}\right) = \frac{\pi^2}{8} > \frac{9}{8} > 1,$$

所以使得该等式成立的 x 值不存在.

方法 2 假设存在实数 x, 使得 $\arcsin^2 x + \arccos^2 x = 1$, 那么就存在角 α, 使得 $\sin \alpha = \arcsin x$, $\cos \alpha = \arccos x$. 从而, 一方面有

$$\arcsin x + \arccos x = \sin \alpha + \cos \alpha = \sqrt{2} \sin\left(\alpha + \frac{\pi}{4}\right) \leqslant \sqrt{2};$$

另一方面却有

$$\arcsin x + \arccos x = \frac{\pi}{2} > \sqrt{2},$$

这是因为 $\pi > 3 > 2\sqrt{2}$. 此为矛盾.

79. 延长线段 BM, 使之与直线 AD 相交于某一点 K, 记 $\angle MAK = \alpha$, $\angle AKM = \beta$ (见图 59). 于是, $\angle AMB$ 是 $\triangle AMK$ 的顶点 M 处的外角, 所以 $\angle AMB = \alpha + \beta$. 进而有 $\angle KBC = \angle AKB = \beta$ (内错角相等). 又因为四边形 $AMND$ 内接于圆, 所以它的对角之和等于 $180°$, 故 $\angle MND = 180° - \alpha$. 同理, 根据四边形 $BMNC$ 内接于圆, 知 $\angle MNC = 180° - \beta$. 因此, $\angle CND = 360° - \angle MNC - \angle MND = \alpha + \beta = \angle AMB$. 此外,

由题中条件知 $AM = CN$, $BM = DN$, 所以 $\triangle AMB \cong \triangle CND$ (边角边), 则 $AB = CD$, 亦即 $ABCD$ 是等腰梯形. 由此可知, 经过它的两底 AD 与 BC 中点的直线 ℓ 与两底垂直. 而四边形 $AMND$ 的外接圆的圆心在边 AD 的中垂线, 即直线 ℓ 上. 四边形 $BMNC$ 的外接圆的圆心也在直线 ℓ 上. 线段 MN 是这两个圆的公共弦, 所以直线 ℓ 作为连接这两个圆的圆心的直线, 与 MN 垂直. 如此一来, 梯形的两底和直线 MN 都垂直于同一条直线 ℓ, 所以它们相互平行.

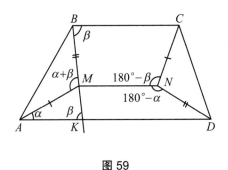

图 59

80. 必要性很容易证明. 对俱乐部的任何一个成员而言, 所有人所取饮料的数量等于该人喝掉的数量的 3 倍加上他所没有加入的 3 人组喝掉的数量. 所以为了保证每个成员都能在聚会过程中喝光自己所取的饮料, 他们所取饮料的量都不能超过所有人所取量的 $\frac{1}{3}$.

下证充分性.

方法 1 我们来对俱乐部所会聚的成员人数 n 进行归纳. 当 $n = 3$ 时结论显然成立, 因为此时每个人都可以取得总量的 $\frac{1}{3}$, 并且各人可以一次喝光所取的所有饮料.

下设 $n \geqslant 4$. 假设只有一个人取的分量最多. 此时, 如果围桌而坐的 3 个人中有一个是分量最多的, 另两个是分量较少的, 当他们喝的时候, 他们中每个人的分量在总量中的比例下降, 而其余人分量的比例上升. 假定他们一直喝到其中的某一个人喝光自己的饮料为止 (此时, 根据归纳假设, 剩下的人可以喝光自己杯中的饮料), 或者俱乐部中的大部分成员都不与坐在桌旁的那一个取最多分量饮料的人相比较. 所以只需再考虑至少有两个成员取的分量最多的情形.

假定有两个成员取的分量最多. 先让这两个人坐在桌旁, 再让一个取的分量较少的人坐下, 直到这个所取分量较少的人喝光自己的饮料 (此时, 根据归纳假设, 其余的人可以喝光所取的所有饮料), 或者俱乐部中不在该桌旁的大部分人都不与取最多饮料的人 (坐在桌旁的两位) 相比较. 于是, 只需考察至少有 3 人取的饮料最多的情形.

假设有 $k \geqslant 3$ 人取的饮料最多, 我们来陈述一种可使大家都喝光所取饮料的办法. 以 Δ 表示所取饮料第一多的量 a_1 与第二多的量 a_2 的差 ($\Delta = a_1 - a_2$). 让所有取最多量的人围成一圈, 将他们按顺时针方向依次编号为 1 至 k, 再让他们依次三三上桌 (1,2,3 号先上, 然后 2,3,4 号上, 如此下去, 最后是 $k,1,2$ 号上), 每次上桌的 3 人都喝掉 $\frac{\Delta}{3}$ 的饮料, 此后, 他们手中的饮料都变为 a_2 (现在的 "最多"), 亦即现在取最多量的人比原来至少增加 1 人. 再继续刚才的做法 (围成一圈, 编号, 依次三三上桌, 等等) 即可.

方法 2 将一个圆周分为 n 段弧, 各段弧的长度与 n 个人所取的饮料分量相对应. 取一个 "三叉戟", 如图 60 所示, 它由三条两两成 $120°$ 角的半径构成 (称为 "三叉戟" 的指针). 因为每一段弧都不超过周长的 $\frac{1}{3}$, 所以可以同时让三个指针分别指向三段弧的内点, 这三段弧对应着俱乐部里的三个不同的成员.

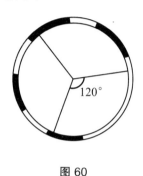

图 60

先把 "三叉戟" 置于任一起始位置, 使其三个指针的终点分别在三段弧的内部. 让这三段弧所对应的 3 名成员上桌. 我们让 "三叉戟" 按顺时针方向旋转, 令桌旁的人同时喝掉杯中饮料的分量等于 "三叉戟" 指针末端所转过的弧长. 每当 "三叉戟" 的某一个指针的终端滑过一段弧的端点, 桌旁的成员都发生替换, 那个与滑出弧段相应的成员下桌, 而那个与滑入弧段相应的成员上桌.

不难看出, 持续让 "三叉戟" 转动下去, 就可以保障每个成员都喝掉所取的饮料.

81. 答案 (1) 可以; (2) 不能.

(1) 选取正方体的 3 条有公共端点的棱. 首先, 作两个平面垂直于第一条棱, 它们将该棱三等分; 再经过第二条棱的中点作一个平面垂直于该棱; 最后经过第三条棱的中点作一个平面与其垂直. 这四个平面将正方体分隔成 12 个彼此全等的长方体 (参阅图 61), 尺寸为 $\frac{1}{3} \times \frac{1}{2} \times \frac{1}{2}$. 我们来证明: 每个长方体中任何两点间的距离都小于 $\frac{4}{5}$.

事实上, 长方体中任何两点间的距离都不超过它的体对角线的长度. 我们的长方体的体对角线长为
$$\sqrt{\frac{1}{3^2} + \frac{1}{2^2} + \frac{1}{2^2}} = \sqrt{\frac{11}{18}}.$$

因为 $11 \times 25 = 275 < 288 = 16 \times 18$, 所以 $\frac{11}{18} < \frac{16}{25}$, 从而 $\sqrt{\frac{11}{18}} < \frac{4}{5}$. 所以, 在这种分隔下的每一部分中的任何两点间的距离都小于 $\frac{4}{5}$.

(2) 如果正方体已经按照 (1) 的方法分隔为 12 个彼此全等的尺寸为 $\frac{1}{3} \times \frac{1}{2} \times \frac{1}{2}$ 的长方体, 我们来标出 18 个点 (如图 61 所示), 它们中不包括任何一个长方体的任何一条棱的两个端点. 从而它们中的任何两者间的距离都不小于尺寸为 $\frac{1}{3} \times \frac{1}{2} \times \frac{1}{2}$ 的长方体上的某一

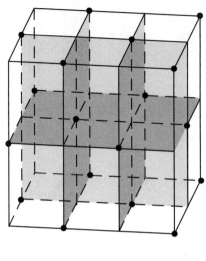

图 61

条面对角线的长度, 亦即不小于 $\sqrt{\frac{1}{3^2} + \frac{1}{2^2}} = \sqrt{\frac{13}{36}}$. 因为 $13 \times 49 = 637 > 576 = 36 \times 16$, 所以 $\frac{13}{36} > \frac{16}{49}$, 即 $\sqrt{\frac{13}{36}} > \frac{4}{7}$. 这就表明, 所标出的 18 个点中的任何两点间的距离都大于 $\frac{4}{7}$.

假设正方体被某 4 个平面分成了若干个部分. 3 个平面最多只可能把正方体分为 8 个部分, 而第 4 个平面可以把其中每个部分都分为两个部分. 这就是说, 4 个平面至多把正方体分为 16 个不同的部分 (事实上, 有可能只有 15 个部分, 感兴趣的读者可以自行证明). 这就意味着, 我们前面所标出的 18 个点中, 一定会有某两个点落在同一个部分中. 因为无论怎样用 4 个平面分隔单位正方体, 都会有某两个标出的点同属于其中的某一个部分, 所以不能使得每个部分中的任何两点之间的距离都小于 $\frac{4}{7}$.

82. 答案 最小的 N 是 2^k.

先通过对 k 进行归纳, 证明 N 为 2^k 可以达到目的. 当 $k = 1$ 时, 只需两个人, 他们一同渡河即可. 假设当 $k = m$ 时, N 可为 2^m. 当 $k = m+1$ 时, 我们来证明: 2^{m+1} 个人可以达到目的.

根据归纳假设, 可以先让其中 2^m 个人逐步渡往右岸, 在此期间他们每人都获知了 m 条其他消息. 然后, 这 2^m 个人中的每个人依次把独木舟撑回左岸, 并且都把剩下的 2^m 个人中的一个人渡往右岸, 在此过程中, 两人分别说出各自所知道的所有消息, 从而他们都知道了除自己一开始所知道的消息外的 $m+1$ 条消息.

下面还要证明: 人数不能减少.

方法 1 我们减弱命题, 假定这 N 个人不是渡河, 而仅仅是两个两个地去散步, 散步后都回到人群中, 在散步中相互告知消息, 那么只要散步次数不多于 $N-1$, 为了达到题中的要求, 也必须满足 $N \geqslant 2^k$.

作一个图, 图的顶点是这些人, 用线段连接每两个一起散步的人. 于是这个图中有 N 个顶点和 $N-1$ 条边 (如果某两人不止一次一起散步, 那么相应的顶点之间就有多重边). 如果对于给定的 k, 将 N 取得最小, 则该图必为连通图. 事实上, 若不然, 我们观察它的一个连通分支, 其中的边数少于顶点数 (根据连通性, 边数只能比顶点数小 1), 并且我们只看这个分支. 众所周知, 具有 N 个顶点和 $N-1$ 条边的连通图是树 (此时图中没有重边).

我们通过对 k 进行归纳, 证明 $N \geqslant 2^k$. 对 $k = 1$, 显然有 $N \geqslant 2$. 为了完成过渡, 我们从图中抹去那条对应第一对出去散步的人之间的边, 图分裂为两个连通分支. 每个人都只有一条消息是从另一个分支获得的, 所以每个人都从自己的分支获得 k 条消息 (包括他自己的消息). 根据归纳假设, 每个分支中不少于 2^{k-1} 个人, 从而一共不少于 2^k 个人.

方法 2 把各个人所知道的超过自己原来消息的数目称为各人的指数. 把指数为正数的人称为 "富人", 指数为零的人称为 "穷人". 将指数为 m 的人的财产数目记作 2^{-m} (这样定义的财产数将随着他所知道的消息数目的增加而下降).

我们用 L 表示左岸的富人的数目, 用 S 表示所有富人 (不论他们在河的左岸还是右岸, 都算在内) 的财富的总和与 L 的差. 当独木舟到达右岸时, 我们计算 S. 当独木舟第一次抵达右岸时, 有 $S = 2^{-1} + 2^{-1} - 0 = 1$. 我们来证明: S 的值在渡河过程中不下降.

在后续的各次由左岸驶往右岸的独木舟上, 富人的数目只可能有 3 种不同的情况, 即 0, 1, 2.

当独木舟上的富人数目为 0 时, 独木舟上的两个人上船时都是穷人, 到达右岸时他们都变为富人, 使得 S 增加了 $2^{-1} + 2^{-1} = 1$. 但是, 此时那个撑船回左岸的富人留在了左岸, 他使得 L 增加 1, 从而在这种情况下, S 的值不变.

当独木舟上的富人数目为 1 时, 左岸的富人数目 L 不变. 假定独木舟上的富人原来知道 m 条消息 (不含自己的), 那么他原来的资本为 2^{-m}. 在船上两个人都知道了 $m+1$ 条消息 (不含自己的), 他们的资本和为 $2^{-(m+1)} + 2^{-(m+1)} = 2^{-m}$. 这表明 S 的值不变.

最后, 如果独木舟上的富人数目为 2, 那么 L 减少 1. 此时这两个富人的财富和减少, 但是减少量不会超过 $2^{-1} + 2^{-1} = 1$, 所以 S 的值非降.

这就告诉我们, 最终时, 有 $S \geqslant 1$, 而 $L = 0$. 但因为每个人都至少获知了 k 条其他消息, 所以每个人的财富都不多于 2^{-k}, 亦即人数不少于 2^k.

83. 答案 996.

如果某个完全平方数 n^2 以 2016 结尾, 则有 $n^2 = 10\,000k + 2016$, 其中 k 是某个正整数. 于是

$$n^2 - 16 = (n+4)(n-4) = 10\,000k + 2000 = 2^4 \times 5^3 \times (5k+1).$$

因为 $n+4$ 与 $n-4$ 的差是 8, 不能被 5 整除, 所以它们不可能同时被 5 整除. 所以, 或者 $n+4$, 或者 $n-4$ 是 5 的倍数. 此外, 这两个数都应当是 4 的倍数, 否则它们的乘积不可能被 2^4 整除. 这就意味着, 它们之一可被 $5^3 \times 4 = 500$ 整除, 亦即 n 具有形式 $n = 500m \pm 4$,

从而 $n^2 = 250\,000m^2 \pm 4000m + 16$. 如果 $m = 1$, 则 n^2 以 4016 或 6016 结尾; 若 $m = 2$ 并取减号, 则得 $n = 996$, 且 $n^2 = 992\,016$, 所以 996 是满足要求的最小正整数.

84. 答案 可以.

方法 1 一共有 77 枚砝码, 它们的重量分别为 $\ln 3, \ln 4, \cdots, \ln 79$ (单位为 g). 一开始, 在天平的一端放上重量为 $\ln 3$ 和 $\ln 4$ 的两枚砝码, 另一端放上重量为 $\ln 5$ 的一枚砝码, 两端的重量差为 $\ln 3 + \ln 4 - \ln 5 = \ln \dfrac{12}{5} < \ln e < 1$. 接下来, 把其余 74 枚砝码分为 37 对: $(\ln 6, \ln 7), (\ln 8, \ln 9), \cdots, (\ln 78, \ln 79)$. 一组组逐步地往天平的两端放入砝码: 在天平的较轻的一端 (将该端原有砝码的总重量记作 L) 放上组中较重的砝码, 在较重的一端 (将该端原有砝码的总重量记作 H) 放上较轻的砝码; 如果天平两端重量相等 ($L = H$), 则随便放. 原来两端砝码的重量差为 $0 \leqslant H - L \leqslant 1$, 后来的重量差为

$$(H + \ln n) - [L + \ln(n+1)] = (H - L) + \ln \dfrac{n}{n+1}.$$

注意到

$$0 > \dfrac{n}{n+1} \geqslant \ln \dfrac{1}{2} = -\ln 2 > -\ln e = -1,$$

故 $0 \leqslant (H + \ln n) - [L + \ln(n+1)] \leqslant 1$. 这就说明, 在任何一次添加砝码之后, 天平都保持平衡. 所以它最终仍然处于平衡状态.

方法 2 先把重量为 $\ln 3, \ln 5, \cdots, \ln 79$ 的砝码放到天平的左端, 把重量为 $\ln 4, \ln 8, \cdots, \ln 78$ 的砝码放到天平的右端, 此时两端的重量差为

$$\ln \left(3 \times \dfrac{5}{4} \times \dfrac{7}{6} \cdots \times \dfrac{79}{78} \right) > \ln 3 > 1.$$

依次从天平上取下砝码对 $(\ln 79, \ln 78), (\ln 77, \ln 76), \cdots, (\ln 5, \ln 4)$ (每对砝码都是一端一个), 并交换每一对中两个砝码的位置, 那么两端砝码的重量差就变为

$$\ln \left(3 \times \dfrac{4}{5} \times \dfrac{6}{7} \cdots \times \dfrac{78}{79} \right) < \ln \dfrac{3 \times 4}{5} = \ln 2.4 < 1.$$

在交换砝码对 $(\ln(n+1), \ln n)$ 中两个砝码的位置时, 两端砝码的总重量之差改变 $2\left[\ln(n+1) - \ln n \right] = 2\ln \dfrac{n+1}{n} < 2\ln 2 < 2$. 这表明, 只要在左端第一次变得轻于右端时就停止我们的操作, 此时天平两端的重量差小于 1, 那么天平处于平衡位置.

85. 答案 (1) 可以; (2) 不能.

(1) 设 $A_1 A_2 \cdots A_{14}$ 为正 14 边形, 标出它的 6 个顶点 $A_1, A_2, A_4, A_8, A_9, A_{11}$ (参阅图 62). 正 14 边形内接于圆, 平行直线在圆周上截出相等的弧. 特别地, 如果经过正 14 边形顶点的两条线段平行, 那么在它们之间的两段弧上包含着多边形的同样多个顶点. 在以所标出的 6 个顶点作为顶点的线段中, 只有如下 6 对线段相互平行: $A_1 A_2$ 与 $A_8 A_9$; $A_2 A_4$ 与 $A_9 A_{11}$; $A_1 A_4$ 与 $A_8 A_{11}$; $A_4 A_8$ 与 $A_1 A_{11}$; $A_4 A_9$ 与 $A_2 A_{11}$; $A_1 A_9$ 与 $A_2 A_8$. 这些线段对刚好是 3 个内接于圆的平行四边形的边, 它们都是矩形.

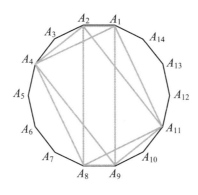

图 62

(2) 我们来证明: 无论标出正 14 边形的哪 7 个顶点, 其中都会有某 4 个顶点形成梯形. 经过正 14 边形的顶点作出所有可能的 $C_{14}^2 = 91$ 条直线. 我们再来证明: 可以从这 91 条直线中找到 14 条两两不平行的直线, 但在其中任意 15 条直线中, 都一定存在两条直线相互平行 (相互平行的直线具有相同的斜率). 事实上, 直线 $A_1A_2, A_3A_{14}, \cdots, A_8A_9$ 的斜率相等, 直线 $A_1A_{14}, A_2A_{13}, \cdots, A_7A_8$ 的斜率相等, 但与前一组直线的斜率不相等, 此因它们是由前一组直线绕着正 14 边形的中心旋转 $\frac{2\pi}{7}$ 得到的. 将这组直线按此方向继续旋转, 可得其余 5 种不同斜率的直线组. 现在来看直线组 $A_3A_1, A_4A_{14}, \cdots, A_8A_{10}$, 组中各直线的斜率相等, 但不同于前述 7 组直线. 将这组直线绕着正 14 边形的中心旋转 $\frac{2\pi}{7}$ 的整数倍, 可得另外 6 组平行直线, 它们都经过正 14 边形的顶点, 各具自己的斜率.

如果将所标出的 7 个顶点两两连接, 可得 $C_7^2 = 21$ 条线段. 如果其中有某 3 条线段的斜率相等, 那么它们中的某两条就是一个梯形的上下底. 事实上, 如果平行四边形内接于圆, 那么它就是一个矩形, 并且它的对边跨越同样多条正 14 边形的边 (参阅 (1) 部分的解答). 因此, 如果 3 条平行线段中的某两条的 4 个顶点是这样的矩形的顶点, 那么 3 条线段中的任何两条都是梯形的上下底.

现在假设在所作的 21 条线段中, 具有前面所说的 14 种不同斜率中的每种斜率的线段都不多于两条. 那么, 其中一定有某 7 种斜率的线段各两条. 我们来观察其中的一种这样的斜率, 并将具有这种斜率的两条线段分别记作 AB 与 CD. 如果它们是一个梯形的上下底, 而该梯形就是矩形, 则 AC 与 BD 相互平行, 并且与 AB 垂直. 如此一来, 凡是具有两条线段的斜率方向都分为相互垂直的对子, 从而两两斜率相同的以标出点作为端点的线段条数不小于 8, 而且相应的相互垂直的线段对是不少于 4 个矩形的边, 它们的顶点都在标出点上. 但是矩形的顶点可以分成一对对的对径点, 然而我们一共只有 7 个标出点, 所以其中必有某个标出点的对径点没有被标出. 这就意味着有某 3 个矩形的顶点分布在 6 个标出点上, 此为矛盾.

所以, 无论我们怎样标出正 14 边形的 7 个甚至更多个顶点, 都一定能在以它们作为顶点的四边形中找出一个梯形来.

注 在 1981 年的莫斯科数学奥林匹克中, 要求考生证明如下结论: 任意标出正 1981 边形的至少 64 个顶点, 都一定能从中找出 4 个标出点, 以它们作为顶点的四边形是梯形. 该题的证明建立在这样一个基础上: 64 个点共可连成 $C_{64}^2 = 2016$ 条不同的线段, 其数目大于 1981. 于是人们考虑能否将这个问题一般化为: 任意标出正 n 边形的 k 个顶点, 其中 $C_k^2 > n$, 那么从中是否一定可以找出 4 个标出点, 以它们作为顶点的四边形是梯形? 然而人们却发现了反例: 当 $n = 14$, $k = 6$ 时, 虽然有 $C_6^2 = 15 > 14$, 但是无论标出正 14 边形的哪 6 个顶点, 在以其中 4 个点作为顶点的四边形中, 只要有两边平行, 另外两边就也平行, 从而它一定是矩形, 而不是梯形①.

86. 答案 不能.

假设爸爸看见儿子的时间能够超过一半, 那么在儿子绕行学校的某一圈中, 爸爸看见儿子的时间必然超过一半.

我们来观察这个圈, 假设该圈起止于学校周界上的点 S. 将学校的周界正方形的顶点标记为 A, B, C, D, 使得点 S 位于边 AB 上, 而男孩经过 4 个顶点的顺序是 B, C, D, A (参阅图 63). 我们标出这样一些点所构成的集合 M, 当男孩处于这些点上时, 他爸爸能够看见他. 集合 M 由周界正方形 $ABCD$ 上的一些孤立的点和一些线段上的点组成. 根据假设, 这些线段的总长大于该正方形周长的一半. 将正方形中心记作 O, 将集合 M 关于点 O 的对称图形记作 M', 则集合 M' 中的线段的总长也大于周界正方形周长的一半. 这意味着这两个点集具有无穷多个公共点. 假设 K 与 L 是它们的任意两个公共点, 假定它们位于线段 SB, BC 或 CS' 上, 其中 S' 是 S 关于中心 O 的对称点.

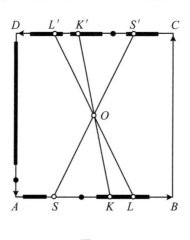

图 63

不失一般性, 可认为 K 与 L 都在线段 SB 上, 并且男孩先经过点 K. 根据这些点的选取标准可知, 爸爸不仅在点 K 与 L 处可以看见儿子, 而且在它们关于点 O 的对称点 K' 与 L' 处也能看见儿子. 这表明, 当儿子处于点 L 时, 爸爸在边 AB 上; 而当儿子在点 K' 时,

---

① 译者注: 这里把梯形理解为有且只有一组对边平行的四边形.

爸爸在边 CD 上. 线段 LB, BC, BK' 的长度和小于周长的一半. 这意味着, 儿子由点 L 骑行到点 K', 所经过的距离小于周长的一半, 而爸爸在这段时间内所走过的距离就应该小于周长的 $\frac{1}{4}$. 由此得出矛盾, 因为爸爸由边 AB 到达边 CD 需要走过的距离不小于周长的 $\frac{1}{4}$.

87. 答案 是的, 多项式 $P(x)$ 自身具有实根, 并且都是正根.

记
$$P_1(x) = P(x), \qquad P_k(x) = \underbrace{P(P(\cdots P}_{k\text{次}}(x)\cdots)), \quad k \geqslant 2.$$

由题意知, 多项式 $P_m(x)$ 具有实根, 并且都是正根. 我们来证明: 多项式 $P_1(x) = P(x)$ 具有实根, 并且都是正根.

假设 $P(x)$ 没有正根, 则只要 x 充分大, 就都有 $P(x) = x^n + a_{n-1}x^{n-1} + \cdots + a_1 x + a_0 > 0$. 因为它在 $x > 0$ 时不变号, 所以 P 把正数变为正数. 这表明, 对所有的 k, 多项式 P_k 都具有这一性质. 这与 $P_m(x)$ 具有正根的事实相矛盾. 这就说明 $P(x)$ 也有正根.

如果 $P(0) = 0$, 那么也就有 $P_m(0) = 0$, 这与事实不符, 所以 $P(0) \neq 0$, 亦即 0 不是 $P(x)$ 的根.

假设 $P(x)$ 既有正根也有负根. 我们用归纳法来证明: 对所有的 k, 多项式 P_k 也都既有正根又有负根. 当 $k = 1$ 时断言已经成立. 假设断言对 $k = j$ 成立. 我们分别用 x_1 与 x_2 表示多项式 $P(x)$ 的最小根和最大根, 用 x_3 与 x_4 表示多项式 $P_j(x)$ 的最小根和最大根, 则有 $x_1 < 0$, $x_2 > 0$, $x_3 < 0$, $x_4 > 0$.

如果 n 为奇数, 则 $P(x) = x^n + a_{n-1}x^{n-1} + \cdots + a_1 x + a_0$ 在 $(-\infty, x_1]$ 内取遍 $(-\infty, 0]$ 内的所有值. 因此, 存在 $-\infty < x_5 < x_1$, 使得 $P(x_5) = x_3$. 如果 n 为偶数, 则 $P(x) = x^n + a_{n-1}x^{n-1} + \cdots + a_1 x + a_0$ 在 $(-\infty, x_1]$ 内取遍 $[0, +\infty]$ 内的所有值. 因此, 存在 $-\infty < x_5 < x_1$, 使得 $P(x_5) = x_4$. 在两种情况下, $P(x)$ 都在 $[x_2, +\infty)$ 内取遍 $[0, +\infty)$ 内的所有值. 因此, 存在 $x_2 < x_6 < +\infty$, 使得 $P(x_6) = x_4$. 这样一来, 我们就都有

$$P_{j+1}(x_5) = P_j(P(x_5)) = 0, \qquad P_{j+1}(x_6) = P_j(P(x_6)) = 0.$$

而 $x_5 < 0$, $x_6 > 0$. 断言证毕.

这就意味着, 只要 $P(x)$ 既有正根也有负根, $P_m(x)$ 就既有正根也有负根, 导致矛盾. 从而只有一种可能, 即 $P(x)$ 具有实根, 并且都是正根.

第80届（2017年）

八　年　级

88. 答案　$16^5 = 32^4$.

事实上，$(2^4)^5 = 2^{20} = (2^5)^4$.

◆ 不难证明不存在别的解答.

89. 首先讨论在什么情况下直线与两条直线等距.

引理： 若直线 ℓ 与 A 和 B 的距离相等，则它或者平行于直线 AB，或者经过线段 AB 的中点.

引理之证： 点 A 与 B 或者位于 ℓ 的同侧，或者位于它的两侧. 以 A' 与 B' 分别记 A 与 B 在直线 ℓ 上的投影. 如果 A 与 B 在 ℓ 的同一侧（见图64），则 $AA'B'B$ 是矩形，且 $AB // \ell$. 如果 A 与 B 位于 ℓ 的不同侧（见图65），则线段 AB 与直线 ℓ 相交于某一点 M. 此时，Rt△$AA'M$ 与 Rt△$BB'M$ 全等，此因它们的直角边 AA' 与 BB' 相等，而且顶点 M 处的内角相等，所以 $AM = BM$. 至于直线 ℓ 穿过 A 与 B 两点以及 $A' = B'$ 的情形，可作类似分析. 引理证毕.

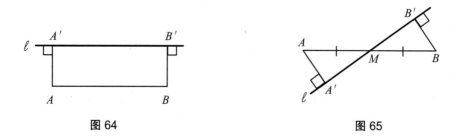

图64　　　　　　　　　图65

回到原题. 假设不然，则任何3条直线都不相交于一点. 我们来考察 △ABC 的任意一边以及与它的两个端点等距的直线. 其中至多有一条直线与该边平行，并且至多有两条直线经过该边中点. 这样一来，综合3条边，我们至多得到9条直线，这与题意相矛盾.

90. 答案　开始时圆周上最少有34个正数.

达到 34 的例子是: 所有数的绝对值都是 1, 其符号如图 66 所示 (从正右侧的 "+" 开始, 逆时针分布着 33 组 " + − − "). 其中有 1 组相邻数都是正的, 有 33 组相邻数都是负的, 它们给出正的乘积, 其余的乘积则是负的.

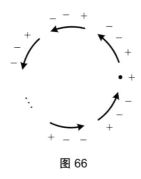

图 66

我们来证明: 正数不会少于 34 个. 假设正数不多于 33 个. 乘积中的负数只能是一正一负乘得的, 而每个正数最多只能参与两次这样的乘法运算, 所以乘积中的负数不多于 66 个. 而这样一来, 数的总个数便不大于 99, 此为矛盾.

91. 以 O 记对角线 AD 与 BE 的交点 (参阅图 67). 由 $\triangle ABD \cong \triangle EDB$(边边边) 可知, 点 A 与 E 到直线 BD 的距离相等, 亦即 $AE /\!/ BD$, 而 $ABDE$ 是等腰梯形.

作线段 AE 的中垂线 ℓ, 因为四边形 $ABDE$ 是等腰梯形, 所以 ℓ 也是线段 BD 的中垂线, 并且通过点 O. 又因为 $\triangle BCD$ 与 $\triangle AFE$ 都是等腰三角形, 所以直线 ℓ 也经过点 C 和 F, 亦即六边形的各对角线相交于同一点, 并且对角线 CF 是 $\angle C$ 与 $\angle F$ 的平分线. 同理可证, 对角线 AD 和 BE 分别是 $\angle A$ 与 $\angle D$、$\angle B$ 与 $\angle E$ 的平分线. 因为该六边形的所有内角平分线相交于同一点 O, 所以点 O 到它的各边距离相等, 亦即它存在内切圆 (参阅图 68).

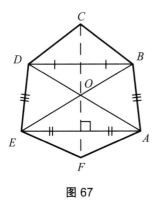

图 67

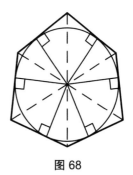

图 68

注 满足题中条件的六边形不一定是正六边形. 如图 69 所示, 两个正三角形的中心重合, 且 3 组相应边分别平行. 我们来考察以它们的 6 个顶点作为顶点的六边形. 不难证明这样的六边形满足题中所有条件.

图 69

92. 在总分为 n 的情况下的 a 分, 我们记为 a/n. 而记号 $0/n$ 与 n/n 称为极端情况.

引理 1: 在总分相继变化 $100 \to 99 \to 98 \to 97 \to \cdots \to 3 \to 2$ 的过程中, 任何非极端成绩 $a/100$ 都将变为 $1/2$.

引理之证 1: 只需指出, 在总分变化的时候, 非极端成绩依然是非极端成绩. 这是因为, 对任何 $k > 1$, 非极端成绩 a/k 与非极端成绩 $a/(k+1)$ 的接近程度都远比 $0/k$ 更近. 这就表明, 在相继所作的总分变化过程中, 成绩都不会变为 $0/k$(亦不会变为 k/k). 如此一来, 最终必然变为总分为 2 的情况下的唯一非极端成绩, 即 $1/2$. 引理 1 证毕.

引理 2: 给定某个正整数 k, 如果总分按 $2 \to 3 \to 4 \to 6 \to 8 \to \cdots \to 2 \times 2^s \to 3 \times 2^s \to 2 \times 2^{s+1} \to \cdots \to 2^k$ 的顺序依次变化, 则可以由开始时的成绩 $1/2$ 变为任何形如 $(2r+1)/2^k$ 的成绩, 其中 $0 \leqslant r < 2^k$.

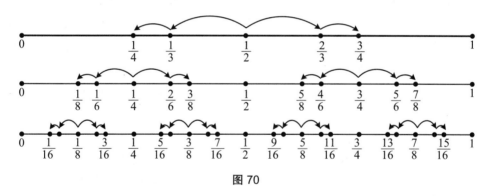

图 70

图 70 中前 6 步的算法比较基本. 接下来的每一对步骤都包含了浓缩了两次的前一对步骤的两个 "拷贝".

引理 2 之证: 我们来对 k 进行归纳.

当 $k = 1$ 时不需要进行任何步骤, 起始状态就是 $1/2$. 假设结论已经对 $k - 1$ 成立, 我们来证明它对 k 也成立. 我们的目标是得到成绩 $(2r+1)/2^k$.

① r 是奇数. 根据归纳假设, 在前 $2(k-2)$ 次总分变换之后, 可以得到 $r/2^{k-1}$. 下面再来说明接下来的总分变换 $(2^{k-1} \to 3 \times 2^{k-2})$:

$$3 \times 2^{k-2} = \frac{3}{2} \times 2^{k-1}; \quad r \to \frac{3r}{2}.$$

该半整数靠整后变为 $(3r+1)/2$. 在作最终的总分变换 $(3\times 2^{k-2}\to 2^k)$ 之后, 成绩由 $(3r+1)/2$ 变为

$$\frac{4}{3}\times\frac{3r+1}{2}=2r+\frac{2}{3},$$

靠整为 $2r+1$.

② r 是偶数. 与 ① 类似地分步进行, 其中的得分经历了如下的变化过程:

$$\frac{r+1}{2^{k-1}}\to\frac{3r+2}{2}\Big/(3\times 2^{k-2})\to\frac{2r+1}{2^k}.$$

引理 2 证毕.

引理 3: 任何非极端得分 $a/100$ 都可以由总分 256 下的任何奇数成绩变换而来.

引理 3 之证: 用反证法. 假设有某个得分 $a/100$ 不能经过这样的变换得到. 那么在区间 $(a/100-1/200, a/100+1/200)$ 内没有形如 $\frac{2r+1}{256}$ 的分数. 然而该区间长度是 $\frac{1}{100}$, 而两个具有所述形状的相邻分数间的距离是 $\frac{1}{128}$, 更小, 此为矛盾. 引理 3 证毕.

现在回到原题. 首先进行如引理 1 所述的系列总分变换, 把两个成绩都变为 1/2. 然后根据引理 2, 可以把这两个 1/2 变为总分 256 下的一对奇数得分. 再由引理 3, 在恢复百分制时, 可把它们变为任何一对得分.

93. 我们来看 $n=62$. 按如下法则把 1 到 62 的正整数染色: 把 $1,2,\cdots,8$ 染为黑色, 把 $9,10,\cdots,18$ 染为白色, 再把 $19,20,\cdots,26$ 染为黑色 …… 简言之, 8 个黑, 10 个白, 再 8 个黑, 如此交替, 一直染到 62 为止. 易知, 一共有 32 个黑的, 30 个白的. 其中 62 是黑的.

假设 $n=62$ 是遍历的. 那么蚂蚱至少有 31 次跳入黑色的方格. 然而只能由白色方格跳入黑色方格, 白格只有 30 个, 所以不可能从不同的白格跳入所有的黑格, 此为矛盾.

九 年 级

94. 答案 3750.

根据题意, 我们用 $\overline{aA}=5A$(其中, a 是首位数, A 是去掉首位数后由其余数字构成的正整数) 表示原来的正整数. 设 $\overline{aA}$ 是 n 位数. 题意表明 $4A=a\times 10^{n-1}$, 故 $A=25a\times 10^{n-3}$. 如果 $n>4$, 那么在 A 的末尾会有两个 0, 从而有两个相同的数字, 不合要求. 如果 $n=4$, 则 $A=250a$. 易知, a 越大, 所求出的数越大. 在 $4\leqslant a\leqslant 9$ 时, $250a$ 是 4 位数, 故 $\overline{aA}$ 是以 a 为首位数的 5 位数. 逐个验证后发现它们都含有相同的数字. 而当 $a=3$ 时, 可得 $A=750$, 而且 3750 不含相同的数字. 这就表明, 我们所要求出的最大的数是 3750.

95. 假设在某一轮比赛中, 所有的比赛都在两个非老乡之间进行. 于是所有的参赛者可以分成一对一对的非老乡. 观察其中任意一个参赛者. 在每一对人中至多有一位是他的老乡, 而与他配对的人也不是他的老乡. 于是在所有参赛者中他的老乡人数少于一半. 这就

表明, 每个人所参加的比赛中一多半都是与非老乡进行的. 因此, 在老乡之间进行的比赛场数少于一半. 这与题意相矛盾.

96. 答案 存在. 我们来给出满足要求的图形的例子: 图 71 ~ 图 73.

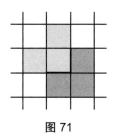

图 71

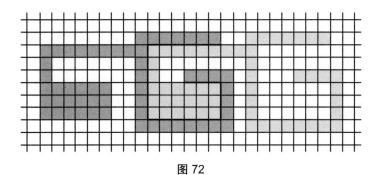

图 72

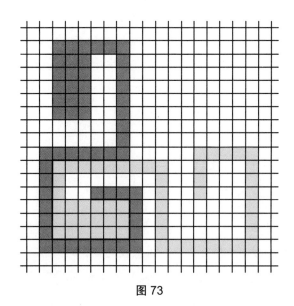

图 73

注 对于任何非自交的折线状切口, 都可以构造出类似的例子.

97. 答案 $a=1$, k 取任意值.

如果 $a=1$, 则 $a^{k^n+1}-1=0$, 当然可被 n 整除.

下设 $a\geqslant 2$. 我们取 $n=a^k-1$, 则有 $a^k\equiv 1\,(\mathrm{mod}\,n)$, 因而

$$0\equiv a^{k^n+1}-1\equiv (a^k)^{k^{n-1}}\cdot a-1\equiv 1^{k^{n-1}}\cdot a-1\equiv a-1\,(\mathrm{mod}\ a^k-1).$$

而这只有 $k=1$ 才有可能, 然而这时 $a^{k^n+1}-1=a^2-1$ 就应当能被任何 n 整除, 这显然是做不到的. 所以当 $a\geqslant 2$ 时, 不存在满足题中条件的正整数对 a 与 k.

98. 答案 不一定.

图 74表明存在着满足题中条件的非矩形的图形 Φ, 该图给出了这种图形的所有不同的 4 种类型, 其中有两种类型由 5 个横向多米诺错位相连形成, 有两种类型由 5 个竖向多米诺错位相连形成.

	1	2	3	4	5	6	7	8	9	10	11	12		999	1000
1	1	6	1	6	1	6	1	6	1	6	1	6	…	1	6
2	2	7	2	7	2	7	2	7	2	7	2	7	…	2	7
3	3	8	3	8	3	8	3	8	3	8	3	8	…	3	8
4	4	9	4	9	4	9	4	9	4	9	4	9	…	4	9
5	5	10	5	10	5	10	5	10	5	10	5	10	…	5	10
6	6	1	6	1	6	1	6	1	6	1	6	1	…	6	1
7	7	2	7	2	7	2	7	2	7	2	7	2	…	7	2
8	8	3	8	3	8	3	8	3	8	3	8	3	…	8	3
9	9	4	9	4	9	4	9	4	9	4	9	4	…	9	4
10	10	5	10	5	10	5	10	5	10	5	10	5	…	10	5
11	1	6	1	6	1	6	1	6	1	6	1	6	…	1	6
12	2	7	2	7	2	7	2	7	2	7	2	7	…	2	7
13	3	8	3	8	3	8	3	8	3	8	3	8	…	3	8
14	4	9	4	9	4	9	4	9	4	9	4	9	…	4	9
15	5	10	5	10	5	10	5	10	5	10	5	10	…	5	10
	⋮	⋮	⋮	⋮	⋮	⋮	⋮	⋮	⋮	⋮	⋮	⋮	⋱	⋮	⋮
999	9	4	9	4	9	4	9	4	9	4	9	4	…	9	4
1000	10	5	10	5	10	5	10	5	10	5	10	5	…	10	5

图 74

将 10 种颜色编号为 1 至 10. 将行与列都从 1 编号至 1000. 把方格 (i,j) 染为第 $\{[i-1+5(j-1)]\,(\mathrm{mod}\,10)\}+1$ 号色. 不难看出, 由 5 个横向多米诺连成的图形里的颜色号码对是 $(1,6)$, $(2,7)$, $(3,8)$, $(4,9)$, $(5,10)$. 而在由 5 个竖向多米诺连成的图形中, 颜色号码对的差是 $1\,(\mathrm{mod}\,10)$.

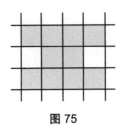

图 75

注 上面的解答不是唯一的, 例如还可以将 Φ 取为图 75 所示形状的图形.

99. 分别以 A', B', C' 表示三角形的各顶点关于对边中点的对称点 (参阅图 76). 显然, A, B, C 分别是 $\triangle A'B'C'$ 三边的中点. 高 BB_1 垂直于直线 AC, 当然也就垂直于直线 $A'C'$. 由此可知点 A' 与 C' 关于直线 BB_1 对称. 不难明白, 点 A' 在中线 AM 上. 根据对称性, 可知点 C' 在直线 b 上. 同理可证, 点 B' 在直线 c 上.

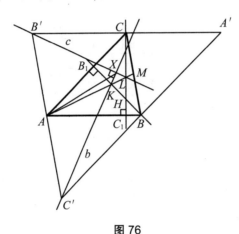

图 76

我们来证明 $b \perp c$. 分别以 K 和 L 记直线 AM 与直线 BB_1 和 CC_1 的交点, 并以 H 记 $\triangle ABC$ 的垂心. 于是有

$$\angle(AM, BB_1) = \angle(BB_1, b), \quad \angle(AM, CC_1) = \angle(CC_1, c)$$
$$\angle(b, c) = \angle(b, AM) + \angle(AM, c)$$
$$= 2\angle(BB_1, AM) + 2\angle(AM, CC_1) = 2\angle(BB_1, CC_1)$$
$$= 2\angle(B_1H, HC_1) = 2\angle(B_1A, AC_1) = 2\angle(BA, AC) = 90°.$$

观察 $\triangle B'XC'$. 我们有 $B'C' = 2BC$, 并且 A 是边 $B'C'$ 的中点, $\angle B'XC' = 90°$. 于是知 $AX = AB' = AC' = BC$.

十 年 级

100. 答案 不是.

设 x_1 与 x_2 是方程 $x^2 + bx + c = 0$ 的两个实根. 于是根据韦达定理, 有

$$x_1 + x_2 = -b, \qquad ①$$

$$x_1 x_2 = c. \qquad ②$$

假设题中断言成立, 那么就有

$$x_1 + 1 + x_2 + 1 = -\frac{b+1}{2}, \qquad ③$$

$$(x_1 + 1)(x_2 + 1) = \frac{c+1}{2}. \qquad ④$$

把 ① 代入 ③, 得到 $b = 5$; 把 ①② 代入 ④, 得到 $c = 9$.

这就是说, 如果我们的二次三项式存在, 那么它就是 $x^2 + 5x + 9$. 然而它的判别式 $\Delta = 25 - 36 = -11 < 0$, 这说明它没有实根. 所以不存在题中所说的情形.

101. 答案 红色的.

我们指出, 只要数 b^n 是蓝色的, b 就是蓝色的 (用反证法可证). 因为 $2^{10} = 1024$ 是蓝色的, 所以 2 是蓝色的.

在题中的条件下, 利用归纳法还可证得: 如果数 a 是蓝色的, 那么对任何 $n \in \mathbf{N}_+$, 数 na 也是蓝色的.

利用上述两个结论和题中条件, 可以推出所有的偶数都是蓝色的. 并且假设 2017 是蓝色的, 那么自 2017 开始的所有奇数都是蓝色的. 于是自 2017 开始的所有正整数就都是蓝色的. 然而, 根据题意, 两种颜色都用到了, 这就表明有某个奇数 k ($k < 2017$) 是红色的. 这样一来, k 的所有方幂数也就都是红色的. 如果 $k \geqslant 2$, 那么 k 的方幂数迟早要大于 2017, 这样的数就既是红色的又是蓝色的, 此为不可能. 因此, 2017 只能是红色的.

2017 是可以染为红色的: 如果我们把所有偶数都染为蓝色, 而把所有奇数都染为红色, 不难看出, 这种染法满足题中所有条件.

102. 答案 $45°$.

方法 1 以 ω 记 $\triangle ABC$ 的外接圆, 以 ω_1 记 $\triangle ACO$ 的外接圆 (参阅图 77). 令 $\angle ABC = \beta$, 则 $\angle AOC = 2\beta$, 此因它是与 ω 中的圆周角 $\angle ABC$ 对应的圆心角. 易知 $\angle AEC = \angle AOC = 2\beta$, 因为它们都是圆 ω_1 中的 $\overset{\frown}{AC}$ 所对的圆周角. 因为 $\angle AEC$ 是 $\triangle CEB$ 的外角, 所以 $\angle ECB = 2\beta - \beta = \beta$, 这意味着 $\triangle CEB$ 是等腰三角形. 同理, $\angle AFC = 2\beta$, 而 $\angle AFC$ 是 $\triangle AFB$ 的外角, 因而 $\angle BAF = \beta$, 从而 $\triangle ABF$ 也是等腰三角形.

根据等腰三角形的底边长度公式, 得 $AB = 2BF \cdot \cos\beta$ 和 $BC = 2BE \cdot \cos\beta$, 将这两个等式相乘, 得到 $AB \cdot BC = 4BE \cdot BF \cdot \cos^2\beta$. 而由题中所给的关于 $\triangle ABC$ 与 $\triangle BEF$ 的面积关系, 得知 $\dfrac{S_{\triangle BAC}}{S_{\triangle BEF}} = \dfrac{AB \cdot BC}{BE \cdot BF} = 2$. 于是有 $1 = 2\cos^2\beta$. 由于 $2\beta < 180°$, 我们知 $\cos\beta > 0$, 这就表明 $\cos\beta = \dfrac{\sqrt{2}}{2}$, 故知 $\beta = 45°$.

方法 2 如图 77 所示, 以 ω 记 $\triangle ABC$ 的外接圆, 以 ω_1 记 $\triangle ACO$ 的外接圆. 注意到 $\angle ABC = \dfrac{1}{2}\angle AOC$, 此因它们是圆 ω 中的同弧所对的圆周角和圆心角. 还应注意 $\angle BEO = \angle OCA$, 这是因为 $\angle BEO + \angle AEO = 180°$, 而 $\angle AEO$ 在圆 ω_1 中所对的圆弧与 $\angle ACO$ 所对的圆弧互补. 我们指出 $\dfrac{1}{2}\angle AOC + \angle ACO = 90°$, 此因 $\triangle AOC$ 是等腰三角形 (因为 AO 和 CO 都是圆 ω 的半径, 所以 $AO = CO$). 这意味着 $\angle ABC + \angle BEO = 90°$, 亦即 EO 是 $\triangle BEC$ 的高. 因为 O 是 $\triangle ABC$ 的外心, 所以高 EO 与 FO 分别平分边 CB 和 AB. 设 M 与 N 分别是边 AB 和 CB 的中点, 于是 $\triangle BMN \backsim \triangle BFE$, 且相似比为 $\sqrt{2}$. 这是因为, 线段 EF 平分 $\triangle ABC$ 的面积, 亦即 $\triangle BEF$ 的面积是 $\triangle ABC$ 面积的一半, 而 $\triangle BMN$ 的面积是 $\triangle ABC$ 面积的 $\dfrac{1}{4}$, 因为 M 和 N 分别是边 AB 和 CB 的中点. 所以, 如果我们观察以 EF 为直径所作的圆 (半径为 r), 则有 $MN = \sqrt{2}r$, 而 $\angle ABC$ 等于该圆上相应弧之差的一半, 亦即 $\angle ABC = \dfrac{1}{2}(180° - 90°) = 45°$.

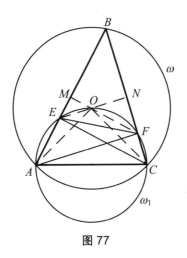

图 77

103. 答案 瓦夏的话是真的.

我们来解答反问题: 如何把一个正方体切开为两个部分, 并用它们拼成一个只有三角形和六边形两种形状的面的凸多面体? 我们来观察正方体 $ABCD\text{-}A_1B_1C_1D_1$, 将它的棱 $AB, BC, CC_1, C_1D_1, A_1D_1, AA_1$ 的中点分别记为 K, L, M, N, P, Q. 根据已知的事实, 这 6 个点位于同一个平面中, 并且形成正六边形 (将其称为正方体的 "主截面"). 沿着该平面将正方体切开为两个部分 (参阅图 78), 这两个部分是中心对称的形体, 所以它们彼此全等. 把这两个部分中的五边形 $ADCLK$ 和 $C_1B_1A_1PN$ 黏合在一起, 所得到的凸多面体(参阅图 79) 一共有 8 个面, 其中有 4 个三角形的面和 4 个六边形的面, 所以它可以作为瓦夏所说的凸多面体.

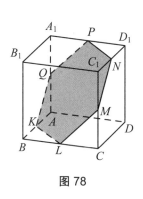

图 78

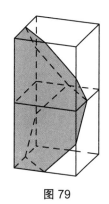

图 79

104. 答案 一切非 3 的倍数的正整数.

首先说明: n 不能是 3 的倍数. 因为, 如果 n 是 3 的倍数, 那么当 $k = n+1$ 时, k 当然不是 3 的倍数, 自然不会有 n 的某个倍数的各位数字和刚好是 k(因为 n 的任何倍数都是 3 的倍数, 所以它们的各位数字和都应该是 3 的倍数, 而 k 不是 3 的倍数). 下面其余的所有正整数都可满足题中要求.

如果 n 不可被 $2,3,5$ 整除, 那么 n 与 9 互质, 从而存在 $m \leqslant n$, 使得 $9m \equiv -k \pmod{n}$. 从而有 $n \mid [10m + 1 \times (k-m)]$. 又因为 n 与 10 互质, 所以存在正整数 d, 使得 $10^d \equiv 1 \pmod{n}$. 事实上, 在 $10, 10^2, 10^3, \cdots, 10^n$ 的模 n 余数中会有两个相同的 (因为一共只有 $n-1$ 种不同的余数). 假设 10^a 与 10^b 模 n 同余 $(a<b)$, 则 $10^{b-a} \equiv 1 \pmod{n}$. 而根据欧拉定理, 只需把 d 取为 $\varphi(n)$ 即可, 这里 $\varphi(n)$ 是在小于 n 的正整数中与 n 互质的数的数目. 这样一来, 就有

$$N = (10^d + 10^{2d} + \cdots + 10^{md}) \times 10 + [10^d + \cdots + 10^{(k-m)d}]$$
$$\equiv [10m + 1 \times (k-m)] \pmod{n},$$

所以 N 是 n 的倍数, 而且它的各位数字和刚好是 k.

在其余的情况下, $n = n_0 \times 2^i \times 5^j$, 其中 n_0 与 $2,3,5$ 都互质. 由上可知, 我们已经可以对 n_0 构造出合适的 N_0, 使得它是 n_0 的倍数并且各位数字和是 k. 现在只要再令 $N = N_0 \times 10^{i+j}$, 它就是 n 的倍数并且各位数字和依然是 k.

105. 答案 芝加哥最多有 $3^{12} = 531\,441$ 个匪徒.

我们在普遍的情况下解答本题. 设团伙的数目为 $N \geqslant 2$, 我们来证明: 匪徒的最大数目是

$$g(N) = \begin{cases} 3^n, & \text{如果 } N = 3n; \\ 4 \times 3^{n-1}, & \text{如果 } N = 3n+1; \\ 2 \times 3^n, & \text{如果 } N = 3n+2. \end{cases}$$

并认为 $g(0) = g(1) = 1$. 由 $g(N)$ 的表达式可以看出, 对任何 $k \geqslant m$, 都有 $g(m)g(k-m) \geqslant g(k)$(只要相应的表达式有意义), 这个不等式将在后面派上用场.

我们再这样构造例子: 将团伙分组, 每组 3 个团伙, 有可能有一个组为两个团伙或 4 个团伙, 并认为同一组的团伙相互敌对. 于是, 匪徒只能在每个组内加入一个团伙, 从而分别有 $3^{N/3}, 4 \times 3^{(N-4)/3}, 2 \times 3^{(N-2)/3}$ 种挑法. 因为任何两个匪徒所加入的团伙集合互不相同, 所以不同的挑法数目决定了匪徒的最多人数.

我们来证明, 不可能有多于 $g(N)$ 个匪徒了. 将匪徒的可能的最大数目记作 $f(N)$, 并认为 $f(0) = f(1) = 1$. 我们来用归纳法证明 $f(N) \leqslant g(N)$. 起点 $N = 2$ 的情况显然, 两个匪徒各自是一个团伙, 互相敌对.

假设已经对一切 $N < k$, 证明了不等式 $f(N) \leqslant g(N)$. 我们来看 $N = k$ 的情形. 观察团伙之间的敌对关系图. 如果该图是不连通的, 那么它的顶点就可分为大小分别为 m 与 $k - m$ 的两个子集, 两个子集间无边相连. 如果只观察第一个子集中的团伙, 那么我们所考察的一共 $f(k)$ 个匪徒中的人就会参加该集合中的团伙, 根据归纳假设, 该集合里有 $f(m)$ 种不同的加入方式. 同理可知, 对于第二个子集有 $f(k - m)$ 种不同的加入方式. 对于两个不同的匪徒, 不可能在第一个集合中加入了同样的一些团伙, 在第二个集合中又参加了同样的一些团伙, 因为这样一来他们所参加的团伙集合就相同了, 与题意相矛盾. 这就表明, 匪徒的总数目不超过 $f(m)f(k - m)$. 这样一来, 我们就有

$$f(k) \leqslant f(m)f(k - m) \leqslant g(m)g(k - m) \leqslant g(k).$$

下面假设团伙间的敌对关系图是连通图. 如果图中有某个顶点 V 的度数不小于 3, 我们仅撇开那些参加了团伙 V 的匪徒, 并从图中去掉顶点 V 和所有与它有边相连的顶点 (这些顶点所对应的团伙都与 V 所对应的团伙敌对). 此时题中的条件仍然成立, 因为没有哪个加入了团伙 V 的匪徒会加入跟它敌对的团伙. 于是剩下的匪徒中的任何两人所加入的团伙集合仍然互不相同. 因为至少去掉了 4 个团伙, 所以加入了团伙 V 的匪徒人数不超过 $f(k - 4)$(他们除了都已经选择加入 V, 对 V 的所有相邻顶点都不能选择, 所以只能再在其余的至多 $k - 4$ 个顶点中选择). 而没有加入 V 的匪徒人数不超过 $f(k - 1)$(因为他们只在除 V 之外的 $k - 1$ 个团伙中选择). 所以我们有

$$f(k) \leqslant f(k - 1) + f(k - 4) \leqslant g(k - 1) + g(k - 4) \leqslant g(k).$$

在剩下的情况中, 敌对关系图是一个连通图, 而每个顶点的度数都是 1 或 2. 这样的连通图或者是有 k 个顶点的链或者是有 k 个顶点的圈. 如果 $k \leqslant 4$, 则显然 $f(k) \leqslant g(k)$. 否则可以取到 3 个相连的非边缘顶点. 显然, 每个匪徒都至多可以加入这三个团伙之一, 这就表明, 加入其中每个团伙的匪徒人数都不超过 $f(k - 3)$. 这是因为匪徒一旦加入了这 3 个团伙之一, 便不能再加入与之敌对的两个团伙, 而在对其余 $k - 3$ 个团伙的选择方面仍然满足题中条件. 如此一来, 就有

$$f(k) \leqslant 3f(k - 3) \leqslant 3g(k - 3) \leqslant g(k).$$

从而有 $f(k) \leqslant g(k)$, 归纳过渡完成.

于是, 当 $k = 36$ 时, 最多的匪徒人数等于 $3^{12} = 531\,441$.

十 一 年 级

106. 答案 1520.

因为原来的数和变化后的数都可被 10 整除, 所以该数以 0 结尾. 我们来证明: 没有哪个三位数具有题中所要求的性质. 事实上, 如果 $\overline{ab0} = 100a + 10b = 80k$, 而 $\overline{ba0} = 100b + 10a = 80\ell$, 其中 $a < b$, 则 a 与 b 都应该是偶数, 并且 $\overline{ba0} - \overline{ab0} = 90(b-a) = 80(\ell - k)$, 因此 $b - a$ 可被 8 整除, 这只有 $b = 0, a = 0$ 才行. 然而 0 不可能是首位数.

我们来尝试在四位数中寻找符合条件的且首位数是 1 的数: $\overline{1ab0} = 1000 + 100a + 10b$. 如果交换 1 与 b 的位置, 则所得的数不能被 80 整除. 如果交换 a 与 b 的位置, $a < b$, 则重复刚才对三位数的讨论, 得到唯一的答案:$b = 0, a = 0$. 然而 1080 却不是 80 的倍数. 这就表明, 只有 1 与 a 交换位置, 才有可能找到所需的数, 其中 $a > 1$.

如果 $\overline{1ab0}$ 与 $\overline{a1b0}$ 都是 80 的倍数, 那么它们的差数 $\overline{a1b0} - \overline{1ab0} = 900(a-1)$ 亦是 80 的倍数, 亦即 $900(a-1) = 80m$, 于是 $45(a-1) = 4m$. 这表明仅当 $a = 5$ 或 $a = 9$ 时 $a - 1$ 可被 4 整除. 而在 $a = 5, b = 2$ 时我们已经得到满足要求的数 $1520 = 19 \times 80$, 事实上 $5120 = 64 \times 80$.

107. 方法 1 以 K 和 L 分别记线段 AQ 与 QC 的中点 (参阅图 80), 根据题意, 这两个点都在 $\triangle ABC$ 的内切圆上. 线段 KL 是 $\triangle AQC$ 中的中位线, 所以 $KL // AC$. 平行直线 AC 与 KL 在内切圆上截出了 $\overset{\frown}{KS}$ 与 $\overset{\frown}{SL}$, 这意味着它们所对的圆周角 $\angle KQS$ 与 $\angle SQL$ 相等.

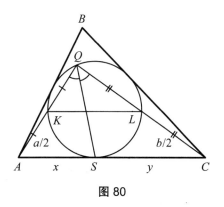

图 80

方法 2 令 $AQ = a$, $QC = b$, $AS = x$, $SC = y$. 根据切割定理, 我们有 $a \cdot \dfrac{a}{2} = x^2$, $b \cdot \dfrac{b}{2} = y^2$. 故知 $x : a = y : b$, 亦即点 S 将 $\triangle AQC$ 的边 AC 分成的两段长度之比刚好是对应侧的两边长度之比. 我们知道, 该三角形的内角 $\angle AQC$ 的平分线也将对边分成这样的比例. 这就表明, QS 就是 $\angle AQC$ 的平分线.

◆ 我们发现了如下的一桩有趣的事实: $\triangle AQC$ 的外接圆 ω_1 与 $\triangle ABC$ 的内切圆 ω 相切于点 Q. 事实上, 如果点 O 是点 Q 在内切圆上的对径点, 则有 $\angle QKO = \angle QLO = 90°$,

因为它们都是半圆上的圆周角, 于是点 O 是 $\triangle AQC$ 两边的中垂线 KO 与 LO 的交点, 从而是该三角形的外心. 并且圆 ω 与 ω_1 的公共点 Q 在它们的连心线上, 所以 Q 就是这两个圆的切点. 也可以换一个角度来验证这一事实: 以 Q 为中心、2 为系数的位似变换把 $\triangle ABC$ 的内切圆 ω 变为 $\triangle AQC$ 的外接圆 ω_1, 所以这两个圆相切于点 Q. 从而原题中的断言可以由阿基米德引理得出: 如果圆内切于由弦 AC 截出的大圆的弓形, 并与圆弧相切于点 Q, 与弦相切于点 S, 则直线 QS 是 $\angle AQC$ 的平分线.

108. 答案 (1) $x_0 > y_0$; (2) 0.

为方便起见, 将 2017 记作 n.

(1) 首先指出 $y_0 > 1$, 此因 $y_0^{2n} - y_0 = 3x_0 > 0$. 同理, 因为 x_0 满足 $x_0^n - x_0 = 1 > 0$, 所以 $x_0 > 1$. 从而有 $1 + x_0 + x_0^2 > 3x_0$, 此因该不等式等价于 $(1-x_0)^2 > 0$, 后者对 $x_0 \neq 1$ 成立. 于是有 $x_0^{2n} - x_0 = x_0^{2n} - x_0^2 + x_0^2 - x_0 = (x_0^n - x_0)(x_0^n + x_0) + x_0^2 - x_0 = (x_0^n - x_0) + x_0^2 + x_0 = 1 + x_0 + x_0^2 > 3x_0 = y_0^{2n} - y_0$. 因为函数 $f(t) = t^{2n} - t$ 在 $t > 1$ 时严格上升 (事实上, $f'(t) = 2nt^{2n-1} - 1 > 0$), 所以 $x_0 > y_0$.

(2) 我们来验证 $x_0 < 1 + \dfrac{1}{n}$. 事实上, 当 $n \geq 3$ 时, 有

$$\left(1 + \frac{1}{n}\right)^n - 1 - \frac{1}{n} = 1 + \frac{n(n-1)}{2n^2} + \vartheta_n - \frac{1}{n} = \frac{3}{2} - \frac{3}{2n} + \vartheta_n > 1,$$

其中 $\vartheta_n > 0$ 表示二项展开式中其余各项的和. 由函数 $g(t) = t^n - t$ 在 $t > 1$ 时上升和 $x_0^n - x_0 = 1$, 知 $x_0 < 1 + \dfrac{1}{n}$.

再由等式 $x_0^{2n} - x_0 = 1 + x_0 + x_0^2$ 和 $y_0^{2n} - y_0 = 3x_0$, 可得

$$(x_0^{2n} - y_0^{2n}) - (x_0 - y_0) = (1 - x_0)^2 < \frac{1}{n^2}.$$

因为

$$x_0^{2n} - y_0^{2n} = (x_0 - y_0)(x_0^{2n-1} + x_0^{2n-2}y_0 + x_0^{2n-3}y_0^2 + \cdots + x_0 y_0^{2n-2} + y_0^{2n-1})$$
$$> 2n(x_0 - y_0),$$

所以

$$(2n-1)(x_0 - y_0) \leq (x_0^{2n} - y_0^{2n}) - (x_0 - y_0) < \frac{1}{n^2}.$$

如此一来, 便得

$$0 < x_0 - y_0 < \frac{1}{(2n-1)n^2} = \frac{1}{2017^2 \times 4033} < \frac{1}{16 \times 10^9} < \frac{1}{10^{10}},$$

这就表明, 在 $x_0 - y_0$ 的 10 进制表达式的小数点后面的开头 10 个数字都是 0.

109. 答案 75.

不失一般性, 假定三位自行车骑手沿着这条长为 300 米的圆形小路逆时针行驶, 并假定其中甲是速度最快的, 丙是最慢的. 我们来观察他们相对于乙的运动. 即在所考虑的坐标系中, 乙是不动的.

以 A 表示乙始终所处的位置. 于是甲和丙相对于该位置分别做逆时针旋转和顺时针旋转. 他们每间隔相同的时间就会碰面, 这是因为他们以常速相向运动. 我们以 $B_1, B_2, B_3, \cdots$ 依次表示从有人观察开始他们的各次碰面地点 (参阅图 81). 任何两个相继的碰面地点 B_n 与 B_{n+1} 都不重合 (n 是任一正整数), 这是因为甲不可能在逆时针骑完一圈的过程中都不与丙碰面. 将 B_n 与 B_{n+1} 之间的小弧段记作 β_n. 它的长度不会超过 150 米 (圆形小路总长为 300 米). 因为碰面地点周期性地朝一个方向移动, 所以所有的弧段 β_n 的长度都彼此相等, 而且若干段这种弧段之并覆盖整个圆形小路. 这意味着存在某个这样的弧段 β_m 包含着点 A. 从而弧段 $\widehat{B_m A}$ 与 $\widehat{A B_{m+1}}$ 之一的长度不超过 75 米. 这就是说, 在某个时刻甲、丙二人与乙的距离不超过 75 米. 从而只要 d 不小于 75 米, 摄影师就可以成功地把他们三人摄入同一张相片.

我们来举例说明, 三位骑手有可能任何时刻都不同时出现于长度小于 75 米的区段中. 假设三位骑手的速度成等差数列, 而甲、丙二人的某次碰面地点离开乙 75 米. 此时相对于乙所在的地点 A, 甲和丙以相同的速度朝着相反的方向骑行. 因此, 他们只会不断交替地在 B 和 C 两点处碰面, 这两点到点 A 的距离都是 75 米, 而且他们骑行中任何时刻都处于关于直线 BC 对称的位置 (参阅图 82). 这意味着, 任何时刻甲和丙中都有一个人与乙的距离超过 75 米.

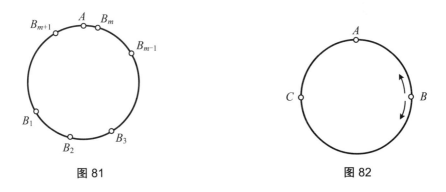

图 81   图 82

110. 答案 $\left[\dfrac{\sqrt{2}}{2}, 1\right)$.

设较小正方体的棱长是 $a < 1$. 将它的顶点交替地染为白色和黑色, 使得有棱相连的顶点相互异色. 于是任何两个同色顶点间的距离都等于 $\sqrt{2}a$. 较小正方体的每个面上的顶点都是两白两黑. 我们来观察 4 个白色顶点. 正方体有 3 组相对面. 根据抽屉原理, 会有两个白色顶点落在大正方体 (单位正方体) 的同一组相对面上. 可能有两种不同的情况.

情形 1: 两个白色顶点落在大正方体的同一个面上. 于是与它们相应的两个黑色顶点也落在大正方体的这个面上 (否则就会有一个黑色顶点落到大正方体以外). 而且, 这 4 个顶点都必然落在大正方体的棱上. 若不然, 小正方体的相对面上的顶点就会严格地位于大正方体的内部, 此与题意相矛盾. 于是我们得到边长为 a 的正方形内接于单位正方形中 (参阅

图 83). 设小正方形的顶点把单位正方形的边长分为长度为 x 与 $1-x$ 的两段. 于是

$$a^2 = x^2 + (1-x)^2 \geqslant \frac{1}{2}(x+1-x)^2 = \frac{1}{2},$$

所以 $a \geqslant \frac{\sqrt{2}}{2}$. 并且当 x 取遍区间 $\left(0, \frac{1}{2}\right]$ 内的值时, 所求的 a 相应地取遍区间 $\left[\frac{\sqrt{2}}{2}, 1\right)$

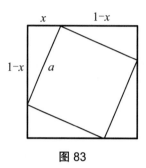

图 83

内的值. 所得的小正方体的各个顶点都落在大正方体的面上.

情形 2: 两个白色顶点落在大正方体的两个相对的面上. 此时它们之间的距离 $\sqrt{2}a \geqslant 1$, 所以此种情况下, 也有 $\frac{\sqrt{2}}{2} \leqslant a < 1$.

111. 同第 105 题.

112. 答案 $a_3 : b_3$ 可能是 -5 或 $-\frac{16}{5}$.

设 $a_1 = b_1 = a \neq 0$, 并设等差数列的公差是 d, 等比数列的公比是 q. 因为它们不是常数数列, 所以 $d \neq 0, q \neq 1$. 可能有如下两种情形:

(1) 设 $\{a_n\}$ 是等差数列, $\{b_n\}$ 是等比数列. 根据题中条件知 $a+d = 2aq$, $a+3d = 8aq^3$, 即 $d = a(2q-1)$, $3d = a(8q^3-1) = d(4q^2+2q+1)$, $2q^2+q-1 = 0$. 由此解得 $q = \frac{1}{2}$ 或 $q = -1$. 如果 $q = \frac{1}{2}$, 则 $d = a(2q-1) = 0$, 此时 $\{a_n\}$ 是常数数列, 与题意相矛盾. 如果 $q = -1$, 则 $d = -3a$, 故 $\frac{a_3}{b_3} = \frac{a+2d}{aq^2} = -5$.

(2) 设 $\{a_n\}$ 是等比数列, $\{b_n\}$ 是等差数列. 根据题中条件知 $2(a+d) = aq$, $8(a+3d) = aq^3$. 所以 $2d = a(q-2)$, $24d = a(q^3-8) = 2d(q^2+2q+4)$, $q^2+2q-8 = 0$. 由此解得 $q = 2$ 或 $q = -4$. 若 $q = 2$, 则 $d = 0$, 不合题意. 若 $q = -4$, 则 $d = -3a$, 故 $\frac{a_3}{b_3} = \frac{aq^2}{a+2d} = -\frac{16}{5}$.

113. 答案 没有.

假设存在这样两个数 x 和 y, 则有

$$\begin{cases} \lg(x+y) = \lg x \cdot \lg y, \\ \lg(x-y) = \dfrac{\lg x}{\lg y}. \end{cases}$$

由第二个等式知 $x > y$. 如果 $0 < y < x \leqslant 1$, 则第二个等式左端是负的, 右端却是正的, 此为矛盾. 如果 $0 < y < 1$ 而 $x \geqslant 1$, 则第一个等式左端是正的, 右端是负的, 此仍为矛盾.

下设 $x > y > 1$. 此时所有对数值都是正的, 将两个等式相加后再运用平均不等式, 得到

$$\lg(x^2 - y^2) = \lg(x+y) + \lg(x-y) = \lg x \cdot \lg y + \frac{\lg x}{\lg y} \geqslant 2\sqrt{(\lg x)^2} = 2\lg x = \lg x^2.$$

由此得知 $x^2 - y^2 \geqslant x^2$, 这对于正数 y 是不可能的.

这就表明, 该人不可能找到同时满足这两个等式的数 x 和 y.

114. 答案 可以.

方法 1 他将 80 名涉案对象编号为 1 至 80, 将号码写成 3 进制形式, 于是最大的号码是 $(2222)_3$, 即 10 进制的 $2 \times (3^3 + 3^2 + 3^1 + 3^0) = 80$, 最小的号码为 $(0001)_3$. 于是每个号码对应着 4 个数字 $(abcd)$, 每个数字都属于集合 $\{0, 1, 2\}$. 于是他可以分 12 天邀请这些人前来谈话: 前 3 天分别邀请编号中 $a = 0, a = 1, a = 2$ 的人, 在这 3 天中每个人都被邀请了刚好一遍. 接下来 3 天分别邀请编号中 $b = 0, b = 1, b = 2$ 的人, 每个人又被分别邀请了一遍, 但是人员的划分与前 3 天有变化. 再接下来 3 天分别邀请编号中 $c = 0, c = 1, c = 2$ 的人, 最后 3 天分别邀请编号中 $d = 0, d = 1, d = 2$ 的人. 每个人都被邀请了四遍. 因为任何两个人的编号不同, 这就意味着他们所对应的 4 个数字 $(abcd)$ 不完全相同, 所以至少有一天, 他们不会同时被邀请. 故而至少有一天被邀的人中只有见证人而没有罪犯, 侦探得以了解案件真相.

方法 2 将 80 名涉案对象分为 16 组, 每组 5 人. 现将 16 组编号为第 0 组至第 15 组, 将各组的号码写成 2 进制形式, 于是号码为 $(0000)_2$ 到 $(1111)_2$, 每个号码对应一个四元有序数组 $(abcd)$, 每个数字都属于集合 $\{0, 1\}$. 头两天侦探分别邀请 $a = 0$ 与 $a = 1$ 的组前来座谈, 于是每个人都在其中的一天被邀请到. 接下来的两天, 分别邀请 $b = 0$ 与 $b = 1$ 的组前来座谈, 每个人都在其中的一天再次被邀请到, 但原来在同一天的组现在未必在同一天. 接下来再用两天分别邀请 $c = 0$ 与 $c = 1$ 的组; 然后用两天分别邀请 $d = 0$ 与 $d = 1$ 的组. 如果见证人和罪犯属于不同的组, 那么在已经过去的 8 天中至少有一天他们没有被同时邀请, 从而侦探借此完成侦查. 如果证人和罪犯属于同一组, 侦探再继续作下一步的安排. 他把各组成员都编号为 1 至 5. 在第 9 天, 他邀请各组的 1 号与 2 号一起座谈; 第 10 天邀请各组的 3 号与 4 号一起座谈; 第 11 天邀请各组的 1 号、3 号和 5 号一起座谈; 第 12 天邀请各组的 2 号与 4 号一起座谈. 于是, 其中必有一天, 被邀的人中只有见证人而没有罪犯.

方法 3 我们来证明, 侦探甚至只需 9 天就可以完成侦查工作. 首先给每个涉案对象配置一个 9 位数的代码, 每个代码都由 4 个 1 和 5 个 0 构成. 因为 $C_9^4 = 126 > 80$, 所以 80 名涉案对象的代码中的 1 出现的位置都不完全相同.

于是, 侦探在第 k 天邀请那些代码的第 k 个位置上是 1 的人来座谈 ($k = 1, 2, \cdots, 9$). 因为每个人的代码中都只有 4 个 1, 所以每个人都会被邀请到 4 次. 但是因为每两个人的代码都不相同, 亦即他们的 4 个 1 所出现的位置不完全重合, 所以至少会有一天, 见证人被邀请到而罪犯未被邀请.

♦ 运用方法 3, 可以在 12 天中从 $C_{12}^6 = 924$ 个涉案对象中把两个当事人分开.

并且这个估计是确切的. 将 n 元集合的所有子集所构成的类记作 $\mathcal{A}$. 我们来考察 $\mathcal{A}$ 的这样的子类 $\mathcal{B}$: $\mathcal{B}$ 中的任何两个成员都不相互嵌入[①](这样的集合类称为反链). 1928 年获得证明的施佩纳定理 (见参考文献 [20]) 断言, 这种子集类中的成员的最大数目是 $C_n^{\lfloor n/2 \rfloor}$, 其中 $\lfloor n/2 \rfloor$ 表示不超过 $n/2$ 的最大整数.

根据这一定理, 当要在 n 天内查出案犯时, 涉案人数的最大值就是 $C_n^{\lfloor n/2 \rfloor}$. 事实上, 如果给每一个涉案人配置一个长度为 n 的由 0 和 1 构成的代码, 那些在第 k 天被邀请座谈的人的代码的第 k 个位置上是 1, 该日不被邀请的人的代码在该位置上是 0. 这些代码唯一地确定了哪一天有哪些人将被邀请. 为了能够查清真相, 必须有一天在罪犯不在场的情况下邀请到见证人. 这就需要存在某个 k, 使得见证人的代码在第 k 个位置上是 1, 而罪犯是 0($k = 1, 2, \cdots, n$). 而根据施佩纳定理, 能够实现这一点的代码的最大个数是 $C_n^{\lfloor n/2 \rfloor}$(此时, 每个涉案人的代码中都刚好有 $\lfloor n/2 \rfloor$ 个 1).

而根据以上所得到的结果, 可以得到如下结论: 要通过座谈的方式从 80 名涉案对象中找出罪犯, 至少需要 9 天, 因为如果是 8 天的话, 至多只能从 $C_8^4 = 70$ 名涉案对象中通过座谈找出罪犯.

115. 不失一般性, 可认为 $\triangle ABC$ 的三个顶点 A, B, C 按顺时针方向依次排列 (参阅图 84). 分别以 K 和 L 记线段 BC 和 CE 的中点. 于是, $\angle DKC = \angle CLA = 90°$ 和 $\angle CDK = \angle ACL = 60°$. 因而

$$\frac{CK}{DK} = \frac{AL}{CL} = \tan 60° = \sqrt{3}.$$

这意味着, 如果向量 $\overrightarrow{DK}$ 逆时针旋转 90°, 再乘 $\sqrt{3}$, 就得到与 $\overrightarrow{CK}$ 相等的向量. 同理, 如果向量 $\overrightarrow{CL}$ 逆时针旋转 90°, 再乘 $\sqrt{3}$, 就得到与 $\overrightarrow{AL}$ 相等的向量. 将中位线定理运用于 $\triangle BCE$, 可知 $\overrightarrow{CK} = \overrightarrow{LF}$ 和 $\overrightarrow{KF} = \overrightarrow{CL}$. 所以, 如果将向量 $\overrightarrow{DK}$ 逆时针旋转 90°, 再乘 $\sqrt{3}$, 就得到等于 $\overrightarrow{LF}$ 的向量, 而将向量 $\overrightarrow{KF}$ 逆时针旋转 90°, 再乘 $\sqrt{3}$, 就得到等于 $\overrightarrow{AL}$ 的向量. 因此, 在这样的变换之下, 向量 $\overrightarrow{DF} = \overrightarrow{DK} + \overrightarrow{KF}$ 变为等于 $\overrightarrow{AF} = \overrightarrow{AL} + \overrightarrow{LF}$ 的向量. 这意味着向量 $\overrightarrow{DF}$ 与 $\overrightarrow{AF}$ 相互垂直, 亦即 $\angle AFD = 90°$, 这就是所要证明的.

116. 答案 2 和 5.

自下而上地为行编号为 0 至 2016, 自右向左为列编号为 0 至 2016, 以 a_{ij} 记写在第 i 行第 j 列相交处的方格里的数字. 在我们的编号方式下, 考察各行各列中的数, 处在较小行 (列) 号方格中的数字数位也较低.

以 v_i 表示由写在第 i 行中的数字形成的正整数, 以 w_j 表示由写在第 j 列中的数字形成的正整数, 则有

$$v_i = \sum_{j=0}^{2016} 10^j a_{ij}, \qquad w_j = \sum_{i=0}^{2016} 10^i a_{ij}.$$

[①] 译者注: 两个集合 A 与 B 称为不相互嵌入, 如果 $\overline{A}B$ 和 $A\overline{B}$ 都非空.

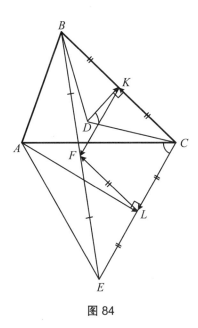

图 84

首先说明, 题中所述的场景可在 $p = 2,5$ 时实现. 例如, 对一切 $i, j \geqslant 1$ 都令 $a_{ij} = 1$(这些数字可以任意取为其他数字), 而 $a_{0,2016} = 1$, 其余的数字则都取作 p. 此时依照各行 (各列) 数字所读出的数, 除 w_{2016} 之外, 都以 p 结尾, 因此都可被 p 整除, 而 w_{2016} 以 1 结尾, 不可被 p 整除.

下面证明: 对任何其他质数 p, 所说的场景都不可能出现. 若不然, 我们来看和数

$$S = \sum_{i=0}^{2016} \sum_{j=0}^{2016} 10^{i+j} a_{ij}.$$

一方面, 有

$$S = \sum_{i=0}^{2016} 10^i \sum_{j=0}^{2016} 10^j a_{ij} = \sum_{i=0}^{2016} 10^i v_i;$$

另一方面, 又有

$$S = \sum_{j=0}^{2016} 10^j \sum_{i=0}^{2016} 10^i a_{ij} = \sum_{i=0}^{2016} 10^j w_i.$$

如果所有的 $v_i, w_j (i, j = 0, 1, 2, \cdots, 2016)$, 仅除了一个, 都可被 p 整除, 则上面两个等式的右端, 有一者的各项都可被 p 整除, 这意味着 S 可被 p 整除; 而另一者的诸加项中除了一项, 都可被 p 整除, 而该加项中的数和 10 的方幂数都与 p 互质, 故不可被 p 整除, 这意味着 S 不可被 p 整除, 导致矛盾.

第 81 届（2018 年）

八 年 级

117. 答案 存在.

例如：$a = 1, b = 3, c = 12$. 于是，$a + b + c = 16 = 4^2$，而 $a \cdot b \cdot c = 36 = 6^2$.

♦ 存在许多满足题中条件的三元数组. 例如，对于任意的满足勾股定理的三个正整数 $u, v, w(u^2 + v^2 = w^2)$，只要令 $a = u^4, b = v^2 u^2, c = w^2 v^2$ 即可.

118. 答案 是正数.

我们来证明，奇数号位置上的数都是负数，而偶数号位置上的数都是正数. 从而其中一共有 20 个负数和 19 个正数，乘积为正数.

设所写的 39 个非零实数是 $a_1, a_2, \cdots, a_{39}$. 注意到，无论删去哪个奇数号位置上的数 a_{2k+1}，其余的数都可以分成一系列相邻对：

$$\{a_1, a_2\}, \cdots, \{a_{2k-1}, a_{2k}\}, \{a_{2k+2}, a_{2k+3}\}, \cdots, \{a_{38}, a_{39}\}.$$

其中每对数的和都是正的，而总和却是负的，可见 $a_{2k+1} < 0$. 又因为 $a_{2k} + a_{2k+1} > 0$，所以 $a_{2k} > 0$. 由此得知题中结论成立.

119. 方法 1 将线段 BP 和 CP 都延长为两倍，亦即在这两条直线上取点 B' 和 C'，使得点 P 是线段 BB' 与 CC' 的中点（参阅图 85）. 显然，K 是线段 $B'C'$ 的中点，并且 $B'C' = BC$. 所以四边形 $AC'B'D$ 是平行四边形. 我们只要证明四边形 $AC'B'D$ 是矩形，题中结论就可由直角 $\triangle AC'K$ 与直角 $\triangle DB'K$ 全等推出.

注意到，在 $\triangle ABB'$ 中，线段 AP 既是中线又是高. 所以这是一个等腰三角形，且有 $AB = AB'$. 同理可知 $\triangle DCC'$ 是等腰三角形，且有 $DC = DC'$.

因为平行四边形的相对边相等，所以 $AB = DC$. 因而 $AB' = DC'$. 这就表明平行四边形 $AC'B'D$ 的两条对角线相等，故知它是矩形. 由此可得题中结论.

方法 2 标出线段 AB 与 CD 的中点 E 和 F，再标出线段 EF 与 AD 的中点 Q 和 S（参阅图 86）. 由题意知，$\triangle APB$ 与 $\triangle CPD$ 都是直角三角形，而直角三角形斜边上的中线等于斜边的一半,所以 $PE = \frac{AB}{2}$, $PF = \frac{DC}{2}$. 又因为 $AB = DC$, 所以 $PE = PF$. 由此可知 $\triangle EPF$ 是等腰三角形, 它的中线 PQ 垂直于 EF, 因而也垂直于 AD.

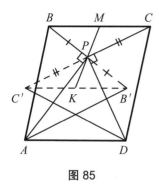

图 85

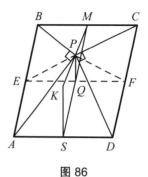

图 86

另外, 点 Q 是线段 MS 的中点, 这是因为平行四边形的两条中位线将其面积四等分. 由此可知线段 PQ 是 $\triangle MKS$ 的与边 KS 平行的中位线. 因而 KS 亦与 AD 垂直. 这就表明, 在 $\triangle MKS$ 中有一条边上的高与中线重合, 所以它是等腰三角形, 由此即得所证.

♦ 也可用别的办法证明 $PQ \perp EF$: 由题中所给的直角条件知, 点 P 在分别以 AB 和 CD 作为直径的两个圆上. 它们的圆心分别是 E 和 F, 它们的直径相等. 所以它们的二交点 (其中之一是点 P) 的连线垂直于它们的连心线, 即 EF, 且将其平分.

120. 方法 1 以 $a_1, a_2, \cdots, a_{15}$ 表示该月中晴天的日数, 则安德烈自该月 1 日到 a_1 日 (不含 a_1 日) 一滴都不喝, 自 a_1 日到 a_2 日 (含 a_1 日, 不含 a_2 日) 每天喝一滴, 如此等等. 所以他一共所喝的滴数为

$$1 \times (a_2 - a_1) + 2 \times (a_3 - a_2) + \cdots + 14 \times (a_{15} - a_{14}) + 15 \times (30 - a_{15} + 1)$$
$$= 15 \times 31 - (a_1 + a_2 + \cdots + a_{15}).$$

而伊万所喝的滴数等于全月的号数之和减去诸 a_i:

$$(1 + 2 + \cdots + 30) - (a_1 + a_2 + \cdots + a_{15}) = 15 \times 31 - (a_1 + a_2 + \cdots + a_{15}).$$

方法 2 首先看一种特殊情况, 即该月的前 15 天都是多云天气, 后 15 天都是晴天. 那么易见, 他们两个人所喝的滴数都是 $1 + 2 + \cdots + 15 = 120$, 的确相等.

将某个晴天的日数 s 与某个多云天气的日数 p 交换位置, 我们来观察二人所喝滴数的变化情况. 如果 $s > p$, 易知安德烈自 p 日 (不含该日) 到 s 日 (含) 每天较交换位置前多喝一滴, 而在其余日数所喝的滴数不变. 所以他比交换位置前一共多喝了 $s - p$ 滴. 至于伊万, 容易看出他也多喝了 $s - p$ 滴, 因为他把喝缬草滴的日期从 p 号换成 s 日. 如果 $s < p$, 则同理可证两人都少喝了 $p - s$ 滴.

这就表明, 交换晴天与多云天气的号数, 对二人所喝的缬草滴的数目都带来同样的变化. 最后只需指出, 通过这种交换, 可以从最初的情况 (前 15 天都是多云天气) 得到所有各种不同的情况.

方法 3 我们来观察图 87 所示的阶梯, 它一共有 30 级, 对应 4 月份的 30 天, 各级的高度 (方格数目) 就是它的日数 (1 日就是 1 个方格的高度, 2 日就是两个方格的高度, 如此等等). 在每一级阶梯中, 灰色方格的数目表示该日安德烈所喝的缬草滴数, 带叉的方格数目则表示伊万该日所喝的缬草滴数. 于是灰色方格的总数就是安德烈在 4 月份所喝的缬草滴数目, 而带叉的方格数目就是伊万在 4 月份所喝的缬草滴数目. 为证它们相等, 只需证明带叉的白色方格数目等于不带叉的灰色方格数目.

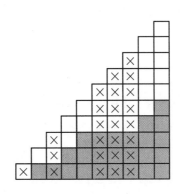

图 87

不带叉的灰色方格都出现在晴天. 每个晴天, 安德烈所喝的缬草滴数都比前一个晴天多一滴 (在第一个晴天他喝一滴). 由此可知, 不带叉的灰色方格数目等于 $1 + 2 + \cdots + 15$.

现在我们来算带叉的白色方格数目. 假设 4 月 n 日是多云天气, 而此前有 k 个晴天, 于是在第 n 级阶梯中有 $n - k$ 个带叉的白色方格 (还有 k 个灰色方格). 我们注意到, 这刚好就是已有的多云天气的天数. 这就是说, 在第 1 个多云天, 有 1 个带叉的白色方格, 在第 2 个多云天, 有 2 个带叉的白色方格, 如此等等. 这样一来, 带叉的白色方格的数目也是 $1 + 2 + \cdots + 15$.

121. 首先, 表达式
$$(a?a)!(a?a)$$
一定等于 0. 于是我们能够在式子里运用 0 了, 因为只需在需要写 0 的地方写上这个表达式就行了.

表达式
$$(x?0)?(0?y)$$
一定等于 $x + y$. 于是我们可以利用这种表示方法表示两个变量的加法运算.

最后, 表达式
$$0?((0!(x!0))?0)$$
一定等于 $-x$.

于是我们可以写出所需的表达式:

$$((\cdots(a\underbrace{+a)+a+\cdots+a}_{19\text{个加号}})+a)+(-((\cdots(b\underbrace{+b)+b+\cdots b}_{17\text{个加号}})+b)).$$

122. 方法 1 以 X 记 FF_1 与 A_1D 的交点, 以 Y 记 CC_1 与 AD_1 的交点 (见图 88).

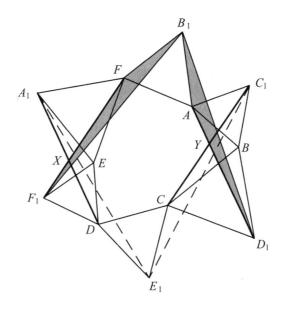

图 88

引理 1: FF_1 与 A_1D 等长, 且 $\angle A_1XF = 60°$.

引理 1 之证: 观察 $\triangle F_1EF$ 与 $\triangle DEA_1$. 易知它们全等 (边角边), 所以 $FF_1 = A_1D$. 进而有

$$\begin{aligned}\angle A_1XF &= 180° - \angle XA_1F - \angle XFA_1 \\ &= 180° - \angle EXA_1 - \angle EA_1F - \angle XFA_1 \\ &= 180° - \angle EA_1F - \angle EFA_1 = 60°.\end{aligned}$$

引理 1 证毕.

回到原题. 我们来看 $\triangle B_1FA$ 和 $\triangle B_1F_1D_1$. 这是两个有公共顶点的正三角形, 所以 $\angle FB_1A$ 与 $\angle F_1B_1D_1$ 都是 $60°$. 减去这两个角的公共部分, 可知 $\angle FB_1F_1$ 与 $\angle AB_1D_1$ 相等. 故知 $\triangle FB_1F_1 \cong \triangle AB_1D_1$(边角边), 因此有 $FF_1 = AD_1$ 和 $\angle B_1FF_1 = \angle B_1AD_1$.

引理 2: $\angle A_1DE_1 = \angle C_1CE_1$.

引理 2 之证: 记 $\angle B_1FF_1 = \angle B_1AD_1 = \alpha$, 则 $\angle XFA = \alpha - 60°$, 且

$$\angle FAY = 360° - \angle B_1AF - \angle B_1AD_1 = 360° - \alpha,$$

由此可知 $\angle XFA + \angle FAY = 240°$. 根据引理 1, 有 $\angle FXD = \angle AYC = 120°$. 所以, 求遍

六边形 $AYCDXF$ 的角之后, 可知 $\angle XDC + \angle DCY = 240°$. 于是

$$\angle E_1CC_1 = 360° - \angle DCE_1 - \angle DCY = 300° - (240° - \angle XDC)$$
$$= 60° + \angle XDC = \angle CDE_1 + \angle XDC = \angle XDE_1 = \angle A_1DE_1.$$

引理 2 证毕.

再次回到原题. 由引理 1 知

$$A_1D = FF_1 = AD_1 = CC_1.$$

我们来看 $\triangle A_1DE_1$ 和 $\triangle C_1CE$. 由所得的等式和引理 2 可知它们彼此全等, 所以 $A_1E_1 = E_1C_1$. 同理可知 $A_1E_1 = A_1C_1$. 故知 $\triangle A_1C_1E_1$ 是等边三角形.

♦ 一般来说, 这种解法与点的分布情况有关. 当然, 在点的另一种分布情况下, 解法类似. 下面我们给出不依赖点的分布的解法 (亦可参阅第 139 题的解答).

方法 2 我们用 $\angle(X_1Y_1, X_2Y_2)$ 表示将线段 X_1Y_1 逆时针旋转到与线段 X_2Y_2 的方向一致时所转过的角. 如果旋转是沿顺时针方向的, 则其值标以负号. 特别地, $\angle(X_1Y_1, X_2Y_2) = -\angle(X_2Y_2, X_1Y_1)$.

我们来考察 $\triangle B_1FA$ 和 $\triangle B_1F_1D_1$. 根据题意, 它们都是正三角形, 所以在绕着点 B_1 逆时针旋转 $60°$ 后, 顶点 F 变为顶点 A, 而点 F_1 变为点 D_1. 这表明, $\triangle B_1FF_1$ 变为 $\triangle B_1AD_1$(参阅图 88). 于是, 线段 FF_1 变为线段 AD_1, 从而 $\angle(FF_1, AD_1) = 60°$.

再来看正三角形 $\triangle EFA_1$ 和 $\triangle EF_1D$. 在绕着点 E 逆时针旋转 $60°$ 后, 顶点 F 变为点 A_1, 而点 F_1 变为顶点 D. 从而 $\triangle EFF_1$ 和 $\triangle EA_1D$ 重合, 于是线段 FF_1 与线段 A_1D 重合, $FF_1 = A_1D$, $\angle(FF_1, A_1D) = 60°$.

类似地, 通过观察 $\triangle BC_1A$ 和 $\triangle BCD_1$, 可得

$$C_1C = AD_1, \quad \angle(C_1C, AD_1) = 60°.$$

综合上述三段结论, 得到线段 C_1C 与 A_1D 之间的关系:

$$C_1C = AD_1 = FF_1 = A_1D,$$
$$\angle(C_1C, A_1D) = \angle(C_1C, AD_1) + \angle(AD_1, FF_1) + \angle(FF_1, A_1D)$$
$$= \angle(C_1C, AD_1) - \angle(FF_1, AD_1) + \angle(FF_1, A_1D)$$
$$= 60° - 60° + 60° = 60°.$$

现在来观察绕着点 E_1 逆时针旋转 $60°$. 因为 $\triangle E_1CD$ 是正三角形, 所以点 C 变为点 D. 我们注意到, 在这个旋转下, $\triangle E_1CC_1$ 与 $\triangle EDA_1$ 重合, 这是因为 CC_1 与 DA_1 重合, 因而如上面所说的那样, 它们的长度相等且夹角为 $60°$.

于是, 在绕着点 E_1 旋转 $60°$ 下, 点 C_1 变为点 A_1. 所以 $\triangle A_1C_1E_1$ 也是等边三角形, 此即为所证.

九 年 级

123. 答案 负数.

我们来证明: 奇数号位置上都是负数, 偶数号位置上都是正数. 从而知道所有数的乘积是负数, 因为它们中有 41 个负数和 40 个正数.

将所写的数记为 $a_1, a_2, \cdots, a_{81}$. 如果删去任意一个奇数角标的数 a_{2k+1}, 则其余的数可以分成 40 个相邻对:

$$\{a_1, a_2\}, \cdots, \{a_{2k-1}, a_{2k}\}, \{a_{2k+2}, a_{2k+3}\}, \cdots, \{a_{80}, a_{81}\}.$$

这就表明, 剩下的数的和是正数. 而把 a_{2k+1} 放进去以后, 和数却变成负的了, 这就表明 $a_{2k+1} < 0$. 而又因为 $a_{2k} + a_{2k+1} > 0$, 所以 $a_{2k} > 0$. 我们的断言证毕.

124. 答案 不一定.

观察三根长度为 1 和一根长度为 a 的短棍. 用这些短棍可以拼成边长为 1 的正三角形或者三边长度为 $1, 1, a$ 的等腰三角形. 要想它们的面积相等, 只需长度为 1 的边上的高相等. 于是, 只要两条长度为 1 的边之间的夹角相等或互补, 亦即长度为 a 的边的对角为 $120°$ 即可. 容易求得 $a = \sqrt{3}$.

◆ 可以证明: 满足题意的例子是唯一的, 即 $(x, x, x, \sqrt{3}x)$.

125. 记 $S = \dfrac{1}{a_1} + \dfrac{1}{a_2} + \cdots + \dfrac{1}{a_k}$. 假设 n 是满足题中方程的正整数解. 以 r_i 表示 n 除以 a_i 的余数, 亦即 $n = a_i \left[\dfrac{n}{a_i}\right] + r_i$, 则有

$$n = \left[\frac{n}{a_1}\right] + \left[\frac{n}{a_2}\right] + \cdots + \left[\frac{n}{a_k}\right] = \frac{n - r_1}{a_1} + \frac{n - r_2}{a_2} + \cdots + \frac{n - r_k}{a_k}$$
$$= n\left(\frac{1}{a_1} + \frac{1}{a_2} + \cdots + \frac{1}{a_k}\right) - \left(\frac{r_1}{a_1} + \frac{r_2}{a_2} + \cdots + \frac{r_k}{a_k}\right) = nS - \left(\frac{r_1}{a_1} + \frac{r_2}{a_2} + \cdots + \frac{r_k}{a_k}\right).$$

由此可知

$$n = \frac{1}{S - 1}\left(\frac{r_1}{a_1} + \frac{r_2}{a_2} + \cdots + \frac{r_k}{a_k}\right).$$

这样一来, 对于每个给定的满足条件 $0 \leqslant r_i < a_i$ 的数组 $(r_1, r_2, \cdots, r_k)$, 至多只有一个正整数解 n 能够具有这样的余数组. 而这样的组一共只有 $a_1 a_2 \cdots a_k$ 个, 所以方程

$$n = \left[\frac{n}{a_1}\right] + \left[\frac{n}{a_2}\right] + \cdots + \left[\frac{n}{a_k}\right]$$

的解的个数不多于 $a_1 a_2 \cdots a_k$.

126. 以 E 表示直线 AB 与 CD 的交点. 我们来考察点 E 在射线 CD 上且在点 D 以外的情形 (参阅图 89). 四边形 $CDPQ$ 与 $BQPA$ 皆为圆内接四边形, 所以 $\angle CQP =$

$\angle EDP$, $\angle PQB = \angle PAE$. 而 $\triangle EDA$ 的内角和是

$$180° = \angle DEA + \angle EDP + \angle PAE$$
$$= \angle DEA + \angle CQP + \angle PQB = \angle CEB + \angle CQB.$$

这就表明, 四边形 $CQBE$ 内接于 $\triangle CBE$ 的外接圆 ω. 以 F 表示直线 PQ 与圆 ω 的第二个交点. 四边形 $QCEF$ 是内接于圆 ω 的, 所以

$$180° = \angle FED + \angle CQP = \angle FED + \angle EDP.$$

故直线 PD 与 FE 平行.

设 l 是经过点 E 的与 AD 平行的直线. 于是, 直线 PQ 不依赖于点 P 的选择而经过圆 ω 与直线 l 的第二个交点. 点 E 位于另一侧情形下的证明与此类似.

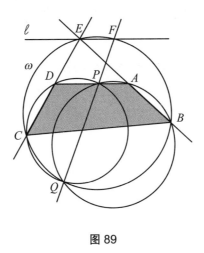

图 89

◆ 本题可以通过方向角来证明, 届时不论点如何分布, 结论都是一样的.

127. 答案 当 n 与 m 互质时, 存在好的放法.

将圆周上的位置从某处开始顺时针依次编号为 $0, 1, \cdots, m+n-1$. 在涉及不小于 $m+n$ 的编号时, 按模 $m+n$ 理解.

设 n 与 m 互质, 我们来构造一种好的放法. 因为 n 与 m 互质, 所以 n 与 $m+n$ 亦互质. 于是存在正整数 k_0, 使得 nk_0 被 $m+n$ 除的余数是 1. 我们在 $k_0, 2k_0, \cdots, (n-1)k_0, nk_0$ 号位置上摆放 1(注意: nk_0 号位置就是 1 号位), 在其余位置上摆放 0. 当我们把这种放法沿逆时针方向旋转 k_0 个位置时, 放 1 的位置变为 $0, k_0, 2k_0, \cdots, (n-1)k_0$. 这表明, 在这种旋转下, 1 号位上的 1 与 0 号位上的 0 交换了位置, 所以这是一种好的放法.

再证 n 与 m 互质. 假设 n 与 m 不互质, 具有最大公约数 $d > 1$. 观察所有摆放 1 的位置号码的和. 每当旋转 k 时, 各个位置的编号都增大了 k(可能减去 $m+n$), 所以位置号码和增大 kn(减去 $m+n$ 的某个倍数). 这就意味着, 该和数被 d 除的余数不变. 另一方面,

无论交换哪两个相邻的 0 和 1 的位置, 该余数都变化 1, 此为矛盾. 这就意味着, 不存在在旋转意义下与原来相同的放法.

◆ 我们来介绍当 n 与 m 互质时存在符合要求的放法的另一种证明. 对 $m+n$ 进行归纳. 当 $m=n=1$ 时, 结论显然. 现设 $m+n>2$, 可以认为 $m>n$. 因为 $m-n$ 与 n 互质, 所以根据归纳假设, 存在 $m-n$ 个 0 和 n 个 2 的合乎要求的放法, 亦即可以交换其中一对相邻的 0 与 2 的位置, 得到在旋转意义下不变的放法. 现在把其中的每个 2 都换成一对相邻的 1 和 0, 得到一种 n 个 1 和 m 个 0 的放法. 原来的 $20 \to 02$ 变为 $100 \to 010$ ($02 \to 20$ 变为 $010 \to 100$), 成为交换一对相邻的 0 和 1. 故这种放法符合题中要求.

◆ 可以用几何方法陈述题目的解答. 根据 0 和 1 的放法, 我们在坐标平面上构造折线: 从某一点开始沿着圆周顺时针行走, 每当经过一个 1, 就在平面上放置一个向量 $(1,0)$; 每当经过一个 0, 就在平面上放置一个向量 $(0,1)$. 各个向量首尾相接, 形成折线 (参阅图 90). 因为我们是在圆周上行走, 所以所得的折线在平移向量 (m,n) 后变为自己. 交换一对相邻的 0 和 1 的变换, 用折线的语言说, 无非就是 (参阅图 91) 先转弯还是后转弯之分. 在圆周上的两种旋转意义下不变的放法现在变为折线在某种平移下能够互变.

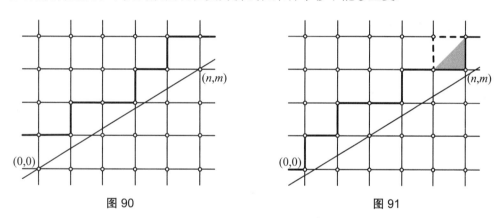

图 90　　　　　　　　　图 91

现设 n 与 m 互质. 在坐标平面上作一条经过坐标原点和点 (n,m) 的直线, 构造一条由水平线段和竖直线段构成的折线, 整个位于所作直线的上方 (参阅图 90). 这条折线对应着所寻找的好的放法.

事实上, 如果我们开始向下平移我们的直线, 一直到它穿过某个整点为止. 所得的直线与原来直线的区别仅在于平移了一个整值向量 (把坐标原点移到该整点处). 按照原来折线与直线的相对关系照样克隆出来一条折线 (见图 91), 那么它就对应于把圆周上的 0 和 1 的放法作了某个旋转. 另外, 我们平移了直线, 在它上面仅仅增加了直线 $mx=ny$ 上的整点. 从平移向量 (n,m) 的观点来看, 这种整点只有一个 [①]. 所以两条折线的区别仅在于一处先转弯还是后转弯 (参阅图 91), 所以所得到的 0 和 1 的放法是好的.

假设 n 与 m 不互质. 以 d 记它们的最大公约数. 那么与 0 和 1 的放法相对应的折线

[①] 译者注: 所增加的整点只有 $(0,0)$ 这一个, 见图 91.

的一个周期与位于其下方的直线 $mx - ny = cd$ 所夹的面积在交换一对相邻的 0 和 1 位置时的改变量是 1. 而为了得到所需的折线, 需要其在平移整值向量意义下不变, 因此新的折线对应的面积应当是相对于平移后的直线而言的. 但是如果我们将直线平移一个单位 (考察形如 $mx - ny = (c-1)d$ 的直线), 那么面积却增加了 d, 所以不可能与原来的相一致.

◆ 与此类似的 0 和 1 的放法也曾经出现在其他问题中. 例如, М. Концзивич 的文章 [21]. 好的排列的组合结构与 $\frac{m}{n}$ 的连分数结构有关. 这些联系可以从前面的归纳构造和几何结构看出, 它应当与几何步骤和连分数的关系相比较, 参阅 В. И. Арнольд 的小册子 [22].

128. 我们来对 k 归纳, 以证明如下的一般性结论: $2k$ 个教室, 足以安排 $n \leqslant k^2$ 个学生.

于是, 为了得出题中结论, 只需在上述一般性结论中令 $k = 45$ 即可, 因为 $2018 < 45^2 = 2025$.

当 $k = 1, 2$ 时结论显然, 因为此时 $2k \geqslant k^2$, 可以安排一人一间教室.

假设当学生人数不超过 $(k-1)^2$ 时, 结论已经成立. 我们来证明, 当学生人数不超过 k^2 时, 结论也成立. 观察那个认识人数最多的学生 V, 假设他认识 d 个人.

如果 $d \geqslant 2k - 2$, 则安排 V 一个人在 1 号教室, 他的所有熟人在 2 号教室, 对于其余的 $n - 1 - d \leqslant k^2 - 1 - (2k-2) = (k-1)^2$ 个学生, 则可按照归纳假设, 把他们分别安排到另外的 $2(k-1)$ 个教室里, 使得这些教室里都没有 "小团体". 在 1 号教室里, 只有 V 一个人, 当然没有小团体; 在 2 号教室里, 当然也不可能有小团体, 因为他们都认识 V, 而 V 却不在里面.

如果 $d < 2k - 2$, 那么只需要 $d + 1 < 2k$ 个教室就够了. 先指定 $d + 1$ 个教室, 再把学生逐个地安排到各个教室里, 使得任何两个相互认识的学生都不在同一个教室里, 于是各个教室里都不会包含任何小团体, 因为任何两个同教室的人都互不认识. 因为每个学生都至多认识 d 个人, 而教室却有 $d + 1$ 个, 所以无论安排到谁, 都有某个教室里没有他的熟人, 于是就可把他安排进去.

◆ 本题涉及所谓的团体颜色数的概念. 通常意义上的颜色数是指把图的各个顶点染色, 使得任何两个有边相连的顶点都不同色所需的最少的颜色数目. 如今的团体颜色数则是在另一种意义上的最少的颜色数目, 它使得所有的在包含意义上是最大的完全子图 (它不再包含更大的完全子图, 完全子图又称为团) 中的顶点都不是单一颜色的 (亦即其中都至少有两个不同颜色的顶点). 自然地, 这里把孤立的顶点, 即与任何其他顶点都没有边相连的顶点排除在外. 显然, 如果图中没有三角形 (包含三个顶点或更多个顶点的团), 则其中的在包含意义上最大的非孤立点的团就是边 (边及其两个端点). 这意味着在这样的图中, 团体颜色数与通常意义上的颜色数相同. 有趣的是, 即使子图的通常意义上的颜色数总是小于图的颜色数, 对于团体颜色数来说, 却未必如此. 例如, 完全图的团体颜色数是 2, 而奇质链的团体颜色数却是 3.

寻找团体颜色数的确切估计的问题，无论是在一般场合，还是对一些重要的图来说，都远没有解决. 在我们的题目中，涉及的是任意图，我们的题目事实上是要求证明：具有 n 个顶点的任意图的团体颜色数都不超过 $2\sqrt{n}$. 目前关于这个数目的最好的上界估计是 $\sqrt{2n}$, 它仅仅是在系数上优于我们题中的结论. 现在还知道的一个结论是：对任何正整数 n, 都存在一个具有 n 个顶点的图，它的团体颜色数不小于 $c\sqrt{\dfrac{n}{\ln n}}$, 其中 c 是某个常数. 因此，在关于所涉及的团体颜色数的上下界估计存在着一个根号对数级的差距，这个差距需要缩小直至消除，或许就在读到这个注释的人群中有某个人能够解决这个问题.

指出一类最为有趣的图，即所谓几何图. 它的顶点是空间的点（甚或是平面上的点），它的边只连接距离不超过 1 的点. 这一类图，在一些组合问题中占据重要位置，如空间的 Нелсон-Хадвигер 染色问题、Борсук 问题等 (参阅 А. М. Райгородский 的小册子 [23]"Хроматический числа(颜色数)" 和 [24]"Проблема Борсука(Борсук 问题)"). 涉及此类图的各种变种的题目已经在以往的莫斯科数学奥林匹克试题中出现，例如 2010 年十年级第 6 题. 这类图，哪怕是平面上的，关于团体颜色数的上下界估计竟然在 3 与 9! 之间.

十 年 级

129. 答案 存在这样的正整数，例如 5 002 018.

事实上
$$(5 \times 10^6 + 2018)^2 = 25 \times 10^{12} + 2018 \times 10^7 + 4\,072\,324.$$
所以在这个平方数中存在相连的 4 个数字 "2018".

130. 答案 $d = 10$.

考察全由黑格形成的 10×10 的方格表的框架. 当我们将该方格表逐步往左、往右、往上、往下平移，终究能到达一个全由白格形成的 10×10 的方格表. 每一步平移中，原来的方格出去 10 个，新的方格进来 10 个，由此可见，包含在该 框架内的黑格数目的变化量不超过 10.

特别地，在由全黑变为全白的过程中，必然有一步，其中的黑格数目介于 45 到 55 之间，此时黑格数目与白格数目之差不超过 10.

另一方面，我们可以构造一个 2018×2018 的方格表，使得其中每个 10×10 的子表里的黑格与白格数目之差都不小于 10. 为此，我们作出 2018×2018 的正方形的 "左下 – 右上" 主对角线，把所有位于该对角线上方的白格都染成白色，把该对角线所穿过的方格和所有位于对角线下方的方格都染为黑色. 易知，其中任何一个 10×10 的子表中的 "左下 – 右上" 主对角线所穿过的方格都是同一种颜色的. 并且如果它们是白色的，那么位于该对角线上方的所有方格也就都是白色的; 如果它们是黑色的, 那么位于该对角线下方的所有方格就都是黑色的.

131. 设 M 是线段 AB 的中点 (参阅图 92). 我们来观察点 A, O, M, P. 因为 $\angle AMO = \angle APO = 90°$, 所以 A, O, M, P 四点共圆. 这表明 $\angle CPM = \angle OPM = \angle OAM$.

再来观察点 A, C, H, P. 它们同样位于同一个圆上, 这是因为 $\angle AHC = \angle APC = 90°$. 因而 $\angle CPH = \angle CAH$.

又因为
$$\angle CAH = 90° - \angle ACB = 90° - \frac{\angle AOB}{2} = 90° - \angle AOM = \angle OAM,$$

所以我们得到
$$\angle CPM = \angle OAM = \angle CAH = \angle CPH.$$

这就表明, M, P, H 三点共线.

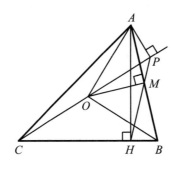

图 92

◆ 点的分布未必都如图 92 所示, 对于点的其他不同分布形式, 证明过程是类似的.

132. 同第 127 题.

133. 以 D 表示蛋糕的最大边长. 这意味着在卡尔松吃蛋糕的过程中所得到的所有的三角形的任何一条边的长度都不大于 D.

假设卡尔松能够按照所说的方式吃蛋糕, 使得所吃掉的蛋糕面积不超过整个蛋糕面积的一半.

设他在第 $k-1$ 步吃过后所剩下的三角形蛋糕的面积是 S_k, 而他在第 k 次切分时将一条边分为长度是 a_k 和 b_k 的两段, 而他吃掉的是 a_k 所在的那一块. 于是根据角平分线定理, 他在第 k 步吃掉的蛋糕面积为 $S_k - S_{k+1} = \dfrac{S_k a_k}{a_k + b_k}$.

我们来考察所有的 a_k 的和. 可能有两种不同的情况: 它们全都大于某个数 $\ell > 0$; 这样的 ℓ 不存在.

在前一种情况下, 可以知道卡尔松在第 k 步所吃掉的蛋糕面积不小于

$$\frac{a_k S_k}{a_k + b_k} > \frac{a_k S_k}{2D} > \frac{\ell S_k}{2D}.$$

而剩下的蛋糕面积为

$$S_{k+1} < S_k \left(1 - \frac{\ell}{2D}\right).$$

所以 $S_{k+1} < S_1 \left(1 - \frac{\ell}{2D}\right)^k$. 右边括号里的数严格小于 1, 所以对于充分大的 k, 它的 k 次方将严格小于 $\frac{1}{2}$.

下面假设 a_k 可以任意接近 0. 我们取这样的 k, 对其有 $a_k < \frac{S_1}{D}$. 我们往上估计三角形的面积 S_k, 它也不会超过两边乘积的一半, 亦即 $S_k \leqslant \frac{1}{2} a_k D$. 因为 $a_k < \frac{S_1}{D}$, 所以 $S_k < \frac{1}{2} S_1$, 亦即在第 k 步就已经吃掉了大半个蛋糕.

134. 对于将方格表划分为一系列角状形的每种分法, 我们都定义一种将其分为角状形和 2×3 的矩形的对应划分, 法则如下: 观察一种分法 R. 如果在该分法中, 存在靠着方格表边界的角状形与另一个角状形形成 2×3 矩形, 那么我们就把这两个角状形换成一个矩形. 进行所有可能的这种代换, 把所得到的划分称为分法 R 的预分$\mathfrak{R}$. 对于每种分法, 都能唯一地得到一种预分, 因为每个角状形只能是一个 2×3 的矩形的构成部分. 特别地, 由此可以推知, 对于一种分法 R, 如果把其中某两个形成 2×3 的矩形的角状形换成另外两个也形成同一矩形的角状形 (参阅图 93), 那么就得到了另一种分法 R', 它具有与分法 R 相同的预分. 这表明, 预分 $\mathfrak{R}$ 对应着 2^k 种不同的分法, 其中 k 是该预分里的矩形的数目.

图 93

易知每种预分中都至少包含 4 个矩形. 事实上, 方格纸的边长是奇数, 这意味着, 对于它的每条边都会有一个角状形以单个方格靠着它. 而每个方格都不可能以单个方格靠着两条不同的边. 这 4 个以单个方格分别靠着一条边的角状形分别与另一个角状形形成 2×3 的矩形.

下面证明: 对于固定的 k, 包含着 k 个矩形的预分的数目都是 8 的倍数. 正方形有 8 种变换, 包括: 4 种旋转, 即绕着中心旋转 $0'$, $90'$, $180'$, $270'$; 4 种轴对称, 其中两种关于主对角线对称, 另两种关于对边中点连线对称. 对于每种预分 $\mathfrak{R}$, 我们来观察它们在 8 种变换下的像. 如果这些像互不相同, 那么我们就可以把包含着 k 个矩形的预分集合分为 8 个子集. 假设有某两种像相同. 我们来看中心方格. 它一定被某个角状形覆盖 (矩形的边都是靠着方格表边缘的, 它们离中心方格都很远). 在 8 种变换下, 中心方格都变为自己, 这意味着在这两种像之间的变换下, 盖住中心的角状形亦变为自己. 而这只有一种可能情况, 即变换

是关于一条主对角线的对称变换,并且角状形的中心方格与方格表的中心方格重合,角状形自身还关于这条主对角线对称. 现在我们来观察这个角状形的 "补格", 即与该角状形一起形成 2×2 正方形的那个方格. 该方格显然也在该条主对角线上, 因此它在该对称变换下变为自己, 从而盖住它的那个图形亦如此, 表明这个图形亦是角状形 (2×3 的矩形在对称下不可能变为自己), 并且它的位置也关于这条主对角线对称. 于是它的补格又具有同样的性质, 如此等等. 我们一直依次观察下去, 最终到达一个处于方格表角上的方格, 它没有被覆盖, 导致矛盾.

这样一来, 对于任何固定的 $k \geqslant 4$, 包含着 k 个矩形的预分的数目都是 8 的倍数, 所以与它们对应的不同的分法数目是 2^{k+3} 的倍数, 从而一定是 2^7 的倍数. 再对所有可能的 k 求和, 即得题中结论.

十 一 年 级

135. 答案 无实根.

设该二次三项式为 $ax^2 + bx + c$. 它的导函数的图像是直线 $y = 2ax + b$, 如果该直线与抛物线 $y = ax^2 + bx + c$ 不相交, 则它们把坐标平面分为 3 个部分; 而如果直线与抛物线有两个交点, 则它们把坐标平面分为 5 个部分. 所以, 直线与抛物线只有一个交点, 亦即它们相切. 这意味着二次方程

$$ax^2 + bx + c = 2ax + b$$

只有一个实根, 所以它的判别式为 0, 即

$$(b-2a)^2 - 4a(c-b) = b^2 + 4a^2 - 4ac = 0.$$

因为 $a \neq 0$, 所以 $4a^2 > 0$, 故上式表明

$$b^2 - 4ac < 0,$$

亦即二次三项式 $ax^2 + bx + c$ 的判别式小于 0, 则它没有实根.

136. 先来考虑一个反问题: 将一个棱长为 a 的正方体 $ABCD\text{-}A_1B_1C_1D_1$ 分割为若干部分, 使得可用它们拼成两个棱锥 (参阅图 94). 只需注意 ACB_1D_1 是一个棱长为 $\sqrt{2}a$ 的正四面体, 其余的部分则是 4 个一模一样的三棱锥, 可用它们拼成一个棱长为 $\sqrt{2}a$ 的四棱锥. 在我们的情况下, 可取 $a = \dfrac{1}{\sqrt{2}}$.

回到原题. 对四棱锥 $O\text{-}ABCD$(参阅图 95), 作高 OH, 再用平面 OHA 和平面 OHB 将它分割为 4 个相同的部分. 再把这 4 个部分分别黏合到三棱锥 (正四面体) 的各个侧面上, 即得一个棱长为 $\dfrac{1}{\sqrt{2}}$ 的正方体.

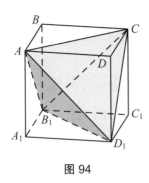

图 94

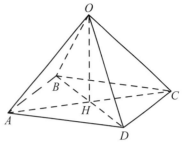

图 95

137. 答案 (1) 存在; (2) 不存在.

(1) 例如, 对于 $P(x) = x^2 - x$, 我们有
$$P(x)P(x+1) = (x^2-x)\left[(x+1)^2 - (x+1)\right] = (x^2-x)(x^2+x)$$
$$= x^4 - x^2 = (x^2)^2 - x^2 = P(x^2).$$

(2) **方法 1** 根据题意, $P(x)$ 是 n 个线性因式的乘积:
$$P(x) = a(x-x_1)(x-x_2)\cdots(x-x_n).$$

故多项式 $P(x)P(x+1)$ 的根是 $x_1, x_2, \cdots, x_n, x_1-1, x_2-1, \cdots, x_n-1$. 如果 $P(x)P(x+1) = P(x^2+1)$ 对一切实数 x 成立的话, 那么多项式
$$P(x^2+1) = a(x^2+1-x_1)(x^2+1-x_2)\cdots(x^2+1-x_n)$$

也就应当是一系列线性因式的乘积. 所以 $x_k \geqslant 1$ $(k=1,2,\cdots,n)$. 并且它的根集 $\{\pm\sqrt{x_k-1}, (k=1,2,\cdots,n)\}$ 应当与 $P(x)P(x+1)$ 的根集重合. 设 x_m 是诸 x_k $(k=1,\cdots,n)$ 中最大的一个, 那么它就是多项式 $P(x)P(x+1)$ 的最大根, 从而 $\sqrt{x_m-1}$ 就是 $P(x^2)$ 的最大根. 然而却有 $\sqrt{x_m-1} < x_m$, 这是因为 $x_m^2 - x_m + 1 > 0$. 因此, $P(x^2)$ 的根集不可能与 $P(x)P(x+1)$ 的根集重合.

方法 2 如果存在这样的多项式 $P(x)$, 则它至少有一个实根. 设 x_0 是它的最大实根. 由条件 (2) 得知 $P(x_0^2+1) = P(x_0)P(x_0+1) = 0$. 这说明, x_0^2+1 也是 $P(x)$ 的根. 然而 $x_0^2 + 1 > x_0$, 这与 x_0 是 $P(x)$ 的最大实根相矛盾, 所以不存在这样的多项式.

♦ 利用解答 (2) 的方法可以证明, 满足 (1) 中条件的多项式 $P(x)$ 的解集只能是 $\{0,1\}$. 由此可见, 我们在 (1) 的解答中所给出的例子是唯一可能的多项式.

138. 答案 不能.

方法 1 假设存在正整数 m_1 和 n_1, 使得 $11^{2018} = m_1^3 + n_1^3$. 如果 m_1 和 n_1 都是 11 的倍数, 设可以同时整除 m_1 与 n_1 的 11 的最高方幂数是 11^s, 那么有 $11^{2018-3s} = m^3 + n^3$, 其中 $3s < 2018$, 并且在 $m = \dfrac{m_1}{11^s}$ 与 $n = \dfrac{n_1}{11^s}$ 中至少有一者不能被 11 整除. 这就表明 m 和 n 都不能被 11 整除. 若不然, $m^3 + n^3$ 就不能被 11 整除.

因为 $m^3 + n^3 = (m+n)(m^2 - mn + n^2)$, 而 11 是质数, 所以有 $m+n = 11^k$, $m^2 - mn + n^2 = 11^l$, 其中 $k, l \geqslant 0$ 且 $k + l = 2018 - 3s$. 于是知

$$3mn = (m+n)^2 - (m^2 - mn + n^2) = 11^{2k} - 11^l.$$

由 $m^2 - mn + n^2 = (m-n)^2 + mn$ 知 $11^l > 1$, 故 $l > 0$. 于是上面的等式表明 mn 能被 11 整除, 从而 m 与 n 之一能被 11 整除, 导致矛盾.

上面最后几步也可以换一种证法: 如果 $m+n = 11^k$, $m^2 - mn + n^2 = 11^l$, 其中 $k, l \geqslant 0$, 那么 m 与 $-n$ 对 11 同余, 且有 $m \equiv -n \not\equiv 0 \,(\text{mod } 11)$, 于是 $m^2 - mn + n^2 \equiv 3m^2 \not\equiv 0 \,(\text{mod } 11)$, 再次得出矛盾.

方法 2 假设 11^{2018} 能表示为两个完全立方数之和, 有

$$11^{2018} = m^3 + n^3 = (m+n)(m^2 - mn + n^2),$$

那么有 $m + n = 11^k$, $m^2 - mn + n^2 = 11^l$, 其中 k 与 l 为非负整数. 因为对一切正整数 m 与 n, 都有

$$\frac{(m+n)^2}{4} < m^2 - mn + n^2 < (m-n)^2,$$

所以

$$11^{2k-1} < \frac{11^{2k}}{4} < 11^l < 11^{2k},$$

由此可得 $2k - 1 < l < 2k$, 这是不可能的, 因为 l 和 k 都是整数.

方法 3 一方面, 我们有 $2^6 = 64 \equiv 1 \,(\text{mod } 9)$ 和 $2018 \equiv 2 \,(\text{mod } 9)$, 所以

$$11^{2018} \equiv 2^{2018} \equiv 2^2 \equiv 4 \,(\text{mod } 9),$$

亦即 11^{2018} 被 9 除的余数是 4. 另一方面, 完全立方数被 9 除的余数只能是 0, 1 或 8, 这是因为 $(9k + 3l + a)^3 \equiv a^3 \,(\text{mod } 9)$, 其中 $a = 0, 1, 2$, k 与 l 为非负整数. 这就表明两个完全立方数的和被 9 除的余数只能是 0, 1, 2, 7 或 8, 而不可能是 4.

◆ 事实上, 有一个更为广泛的结论, 即对于任何质数 $p \geqslant 5$ 和任何正整数 n, 方幂数 p^n 都不能表示为两个完全立方数的和.

139. 根据题意, $\triangle B_1 D_1 F_1$ 和 $\triangle DEF_1$ 都是正三角形. 所以, 将向量 $\overrightarrow{F_1 D_1}$ 和 $\overrightarrow{F_1 D}$ 沿逆时针方向旋转 $60°$, 就分别变成了与 $\overrightarrow{F_1 B_1}$ 和 $\overrightarrow{F_1 B}$ 相等的向量. 我们有 $\overrightarrow{F_1 D_1} = \overrightarrow{F_1 D} + \overrightarrow{DC} + \overrightarrow{CD_1}$ 和 $\overrightarrow{F_1 B_1} = \overrightarrow{F_1 E} + \overrightarrow{EF} + \overrightarrow{FB_1}$. 故 $\overrightarrow{DD_1} = \overrightarrow{F_1 D_1} - \overrightarrow{F_1 D} = \overrightarrow{DC} + \overrightarrow{CD_1}$ 在这个旋转下变为与 $\overrightarrow{EB_1} = \overrightarrow{F_1 B_1} - \overrightarrow{F_1 E} = \overrightarrow{EF} + \overrightarrow{FB_1}$ 相等的向量 (参阅图 96).

又根据题意, $\triangle BCD_1$, $\triangle CDE_1$, $\triangle EFA_1$, $\triangle FAB_1$ 也都是正三角形, 所以在沿逆时针方向旋转 $120°$ 后, 向量 $\overrightarrow{BC}, \overrightarrow{CE_1}, \overrightarrow{EF}, \overrightarrow{FB_1}$ 分别变为与 $\overrightarrow{CD_1}, \overrightarrow{DC}, \overrightarrow{FA_1}$ 和 $\overrightarrow{AF}$ 相等的向量. 由此可知, 向量 $\overrightarrow{BE_1} = \overrightarrow{BC} + \overrightarrow{CE_1}$ 和 $\overrightarrow{EB_1} = \overrightarrow{EF} + \overrightarrow{FB_1}$ 在这个旋转下分别变为与

$\overrightarrow{DD_1} = \overrightarrow{DC} + \overrightarrow{CD_1}$ 和 $\overrightarrow{AA_1} = \overrightarrow{AF} + \overrightarrow{FA_1}$ 相等的向量. 因此, 在沿逆时针方向旋转 300°, 即沿顺时针方向旋转 60° 后, 向量 $\overrightarrow{BE_1}$ 变为与 $\overrightarrow{AA_1}$ 相等的向量.

最后, 根据题意, $\triangle ABC_1$ 是正三角形. 这意味着, 在沿顺时针方向旋转 60° 后, 向量 $\overrightarrow{C_1B}$ 变为与 $\overrightarrow{C_1A}$ 相等的向量. 由此可知, 在这样的旋转下, 向量 $\overrightarrow{C_1E_1} = \overrightarrow{C_1B} + \overrightarrow{BE_1}$ 变为与 $\overrightarrow{C_1A_1} = \overrightarrow{C_1A} + \overrightarrow{AA_1}$ 相等的向量. 因此, $\triangle A_1C_1E_1$ 也是正三角形.

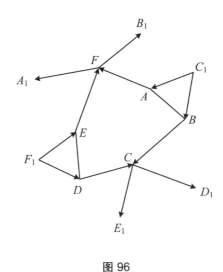

图 96

♦ 亦可参阅第 122 题的解答.

140. 答案 只需经过 $2n-1$ 次尝试就可以弄清楚这种对应关系.

(1) 把 2^n 个房间编号为 0 至 2^n-1, 把号码表示成 2 进制形式, 于是每个号码都是一个长度为 n 的由 0 和 1 构成的序列. 分别以 A_k 和 B_k 表示第 k 个数是 1 和 0 的序列的集合. 于是, 对每个 k 来说, A_k 与 B_k 都互不相交, 并且它们的并集都是所有序列.

在第 $2k-1$ 次尝试时, 派人前往所有号码属于集合 A_k 的房间, 在第 $2k$ 次尝试时, 派人前往所有号码属于集合 B_k 的房间, 如此一共作了 $2n$ 次尝试.

假设第 i 号房间的电灯由第 $f(i)$ 号房间的开关控制. 如果 $j \in A_k$, 则在第 $2k-1$ 次尝试时, 第 j 号房间的开关有人去打开. 因此, 如果此时第 i 号房间的电灯亮起, 则 $f(i) \in A_k$; 如果第 i 号房间的电灯不亮, 则 $f(i) \in B_k$. 相应地, 如果在第 $2k$ 次尝试时, 第 i 号房间的电灯亮起, 则 $f(i) \in B_k$; 如果第 i 号房间的电灯不亮, 则 $f(i) \in A_k$. 这就说明, 通过第 $2k-1$ 次和第 $2k$ 次尝试, 就对每个 i, 都完全弄清楚了在号码 $f(i)$ 的第 k 个位置上究竟是 1 还是 0. 从而经过 $2n$ 次这种尝试, 可以确定出所有的 f.

(2) 下面证明: 只需经过 $2n-1$ 次尝试, 就可以弄清楚对应关系.

前 $2n-2$ 次尝试做法同前. 至此, 已经弄清楚各个号码 $f(i)$ 的前 $n-1$ 位数字. 我们来作一个专门的图, 它有 2^n 个顶点, 分成两行, 每一行都对应着 2^{n-1} 个对子 $P_1, P_2, \cdots, P_{2^{n-1}}$, 每一个对子中的两个顶点的号码仅在最后一位不同, 例如 P_1 就是 $\{0\cdots00, 0\cdots01\}$.

图中的边仅仅由上一行中的顶点连向下一行中的顶点,法则如下: P_s 中上一行的顶点与 P_t 中下一行的顶点相连,如果试验表明,对某个 $i \in P_s$,有 $f(i) \in P_t$.

在我们的图中,每个顶点都是 2 度的,所以它可以分解为若干个互不相交的圈. 在每个圈中,每个顶点和每条边都刚好被经过一次. 取定一个这样的圈,从上面一行的某个顶点开始,走遍整个圈,依次为所经过的边编号,并观察其中所有奇数编号的边. 这种边都按前述意义对应着 $i \to f(i)$. 对每个圈都如此操作. 主持人挑出所有这样的 i 构成集合 A,它们对应着所挑出的奇数编号的边. 在第 $2n-1$ 次尝试时,往所有具有集合 A 中的编号的房间派人 (一共有 2^{n-1} 个房间).

我们来证明,此时已经能够完全确定对应关系 f.

设 $i \in A$ 且已知 $f(i) \in P_j$. A 中恰有一个号码 m 属于 P_j. 如果在第 $2n-1$ 次尝试时,第 i 号房间的电灯亮起,则说明 $f(i) = m$(因为第 m 号房间的开关开了);如果第 i 号房间的电灯不亮,则表明 $f(i)$ 等于 P_j 中 m 的补元素.

如果 $i \notin A$ 且已知 $f(i) \in P_j$,那么 A 中还有另一个号码 q,使得 $f(q) \in P_j$. 由上所说,在第 $2n-1$ 次尝试时,可以确定 $f(q)$ 的值. 从而 $f(i)$ 就是那个与 $f(q)$ 一起构成对子 P_j 的元素,亦即 $f(q)$ 的补元素.

♦ 命题人亦不清楚建立开关与电灯之间对应关系所需的最少尝试次数.

141. 答案 $\log_2 3, \log_3 5, \log_5 2$.

记 $a = \log_2 3, b = \log_3 5, c = \log_5 2$,于是题中所给方程可以改写为

$$x^3 - (a+b+c)x + (ab+bc+ca)x^2 - abc = 0.$$

它等价于 $(x-a)(x-b)(x-c) = 0$.

142. 答案 可以.

如图 97 所示,我们用多米诺骨牌状瓷砖铺设地板,将多米诺骨牌交替地横放 (图中标以白色) 和竖放 (图中标以灰色),未被盖住的部分则涂黑色. 图中以 12×12 的方格表为例,其中任何两块骨牌都没有共同的整条边.

对于 2018×2018 的方格表完全仿此处理. 未被盖住的部分仅分布在第一行与第一列以及最后一行与最后一列中. 因此,未被盖住的部分所占比例不超过 $\dfrac{4 \times 2017}{2018 \times 2018} < \dfrac{4}{2018} < 1\%$,亦即这些骨牌盖住了整个方格表面积的 99% 以上.

143. 答案 98 721.

在 $\tan x°$ 与 $\tan y°$ 的值确定的情况下,题中所给等式等价于 $\tan(x-y)° = 1$,由此可知 $x - y = 45 + 180n$,其中 $n \in \mathbf{Z}$. 因此,$x - y$ 可被 45 整除,亦即可被 5 和 9 整除,于是它的所有数字和可被 9 整除,从而 x 与 y 都可以被 9 整除.

各位数字互不相同的最大的五位数是 98 765. 与它最接近且比它小的、可被 9 整除的五位数是 98 757,但它含有相同的数字. 依次递减逐步小 9 的数是 98 748, 98 739, 98 730,

图 97

98 721. 前两个数含有相同的数字. 第三个数各位数字不同, 但是由于 $98\,730 = 90 + 180 \times 548$, 其正切值不是确定的值. 数 $x = 98\,721$ 的各位数字亦不相同, 而如果令 $y = 54\,036$, 则有 $x - y = 44\,685 = 45 + 180 \times 248$, 所以 $98\,721$ 即为所求.

144. 答案 $(\arctan\sqrt{2}, 60°]$.

以 K 记边 AC 的中点 (参阅图 98), 设 $AC = b$, $BK = m$. 于是, 直线 KC_1 和 KA_1 都与 $\triangle A_1 B C_1$ 的外接圆相切, 这是因为该图中的有相同标志的角相等. 根据题意, 点 M 在 $\triangle A_1 B C_1$ 的外接圆上. 所以

$$\left(\frac{b}{2}\right)^2 = KC_1^2 = KM \cdot KB = \frac{m}{3} \cdot m,$$

此因点 M 将中线 BK 分为长度比是 $2:1$ 的两段. 由此得 $m = \dfrac{\sqrt{3}b}{2}$. 对于固定的 b, 点 B 位于以 K 为圆心、以 $\dfrac{\sqrt{3}b}{2}$ 为半径的圆上. 在其中的一个位置上所得到的点 B' 是正三角形 $AB'C$ 的顶点. 此时我们得到图 99 所示的图形.

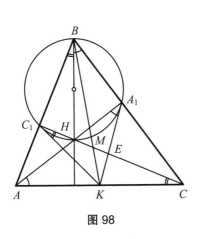

图 98

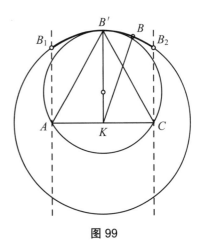

图 99

点 B 在大圆的 $\overset{\frown}{B_1 B_2}$ 上, 这是因为 $\triangle ABC$ 是锐角三角形. 在此, $\angle B$ 只能在很小的范

围内变化, 由不包含 arctan $\sqrt{2}$ 开始变化到 $60°$, 其中最小的值对应点 B_1 和 B_2 以及两条直角边长分别为 b 和 $\dfrac{b}{\sqrt{2}}$ 的 $\mathrm{Rt}\triangle ABC$. 而当图 99 中的两个圆相互内切时, 在 $B \neq B'$ 时, 有 $\angle ABC < \angle AB'C$, 此时 $\angle B$ 达到其最大值 $60°$. 根据连续性, 在点 B 沿着 $\overparen{B'B_2}$ 移动时, $\angle ABC$ 都对应着区间 $(\arctan\sqrt{2}, 60°]$ 内的点 B 的某个位置 B''. 为了构造 $\triangle AB''C$, 点 M 将在 $\triangle A_1BC_1$ 的外接圆上, 这是因为届时有 $KC_1^2 = KM \cdot MB$.

◆ 可用别的方法得到关系式 $(\dfrac{b}{2})^2 = \dfrac{m^2}{3}$. 如果 D 是点 B 关于点 K 的对称点, 则四边形 $ABCD$ 是平行四边形, 故 $\angle DAH = \angle DCH = 90°$. 此外, 还有 $\angle DMH = 180° - \angle BMH = 90°$. 所以点 A, C, M 都在以线段 DH 作为直径的圆上. 故有 $AK \cdot KC = MK \cdot KD$, 由此即得所需的关系式.

145. 称该球形鸡蛋为球 S, 它的球心为 O, 并以 S_i 表示第 i 次染色时所染的半球面, $i = 1, 2, \cdots, 5$. 设 A_i 为半球面 S_i 的中位点, 亦即 $A_i \in S_i$, 而经过半球面 S_i 的周界圆的平面垂直于向量 $\overrightarrow{OA_i}$.

点集 $\{A_1, A_2, \cdots, A_5\}$ 的凸包是以 $A_1, A_2, \cdots, A_5$ 为顶点的凸多面体 M. 我们来证明: 该多面体包含着点 O. 事实上, 如果 $O \notin M$, 则存在经过点 O 的平面 α, 使得 M 严格位于由平面 α 分成的两个 "半空间" 中的一个. 这样一来, 对于位于另一个 "半空间" 的使得 $\overrightarrow{OP} \perp \alpha$ 的点 $P \in S$, 就有内积 $\overrightarrow{OP} \cdot \overrightarrow{OA_i} < 0 (i = 1, 2, \cdots, 5)$, 故 $P \notin S_i$, 这意味着它未被染色.

$O \in M$ 表明, 点 O 属于以点集 $\{A_1, A_2, \cdots, A_5\}$ 中的某 4 个点为顶点的四面体 (M 是这 5 个四面体的并集). 不失一般性, 可认为 M 属于以 A_1, A_2, A_3, A_4 为顶点的四面体. 这表明了球面 S 在前 4 次染色中就已经全部被染遍了. 事实上, 如果 $A \in S$, 但 $A \notin S_i (i = 1, 2, \cdots, 4)$, 那么对所有 $i = 1, 2, \cdots, 4$ 就都有 $\overrightarrow{OA} \cdot \overrightarrow{OA_i} < 0$. 这意味着整个四面体 $A_1A_2A_3A_4$ 严格地位于经过点 O 垂直于向量 $\overrightarrow{OA}$ 的平面所分成的两个 "半空间" 中的一个, 且不包含点 O.

◆ 可以按如下方式来证明 "点 O 属于多面体 M, 事实上位于所说的几个四面体之一": 设发自点 A_1 的经过点 O 的射线与所说的四面体相交于点 Q. 因为点 Q 在多面体的一个侧面上, 所以它属于以某三个点 A_i, A_j, A_k 作为顶点的三角形. 这就意味着, 点 O 属于四面体 $A_1A_iA_jA_k$ (该断言本身属于关于凸包的卡拉吉奥多里 (Каратеодори) 定理的特殊情形: n 维空间中属于某个点集的任意一点都属于该点集中含有不多于 $n+1$ 个点的子集的凸包).

第82届（2019年）

八 年 级

146. 答案 可能.

举一个例子：假设开始时，3 家公司分别拥有 60, 35, 20 个小酒馆. 那么第一天第一家公司就要关闭 48 个小酒馆，于是分别剩下 12, 35, 20 个小酒馆. 第二天第二家公司关闭 28 个小酒馆，分别剩下 12, 7, 20 个小酒馆. 第三天第三家公司关闭 16 个小酒馆. 从而每家公司的酒馆数目都减少了.

♦ 可以举出许多不同的例子.

147. 答案 $n = 2000$.

方法 1 注意，$2019 = 3 \times 673$，这里 3 和 673 都是质数，而 $n^2+20n+19 = (n+19)(n+1)$，故 $n+19$ 与 $n+1$ 中至少有一个可以被 3 整除. 然而这两个数的差是 18，所以它们两个都应能被 3 整除. 此外，它们中有一个还要能被 673 整除. 这也就意味着它们中有一个可被 2019 整除. 满足这一条件的最小的正整数 n 就是 2000.

方法 2 将表达式写为 $n^2 + 20n + 19 \equiv 0 \pmod{2019}$. 于是可以推出

$$n^2 + 20n + 19 \equiv 0 \Leftrightarrow n^2 + 2n + 1 \equiv 0 \Leftrightarrow (n+1)^2 \equiv 0 \pmod{3}$$

和

$$n^2 + 20n + 19 \equiv 0 \Leftrightarrow (n+19)(n+1) \equiv 0 \pmod{673}.$$

其中，第一个式子 mod 3 唯一解是 -1，第二个式子 mod 673 有 -1 和 -19 两个解，考虑到 3 与 673 都是质数且 $-19 \equiv -1 \pmod{3}$，于是得到 $n \equiv -1 \pmod{2019}$ 或 $n \equiv -19 \pmod{2019}$，由此即得答案.

148. 在射线 BM 上取一点 E，使得 $ME = MB$（参阅图 100）. 我们指出四边形 $BCED$ 是平行四边形，因为它的两条对角线相互平分. 由此即知 $DE//BC$，所以点 E 在直线 AD 上.

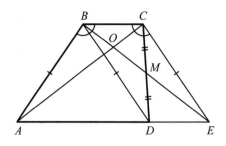

图 100

我们有 $AB = BD = CE$, 故知四边形 $ABCE$ 是等腰梯形. 于是 $\angle ABC = \angle BCE$, 因而知 $\triangle ABC \cong \triangle ECB$ ($AB = EC$, BC 为公共边, 且夹角相等), 从而它们的对应角 $\angle BCA$ 与 $\angle CBE$ 相等, 由此即得所证.

149. 将最左边的一个蚂蚱称为阿黄. 一开始, 让阿黄不动, 其他所有蚂蚱都越过阿黄跳到它的左边. 这时蚂蚱们全都处于与开始时对称的位置上. 根据对称性, 蚂蚱们就可以按照原来向右跳动的先后顺序依次往左跳动, 从而达到目的.

150. 答案 $150°$.

方法 1 如图 101 所示, 以 AC 为边构造等边三角形 ACL, 其中点 L 与点 B 在直线 AC 的同一侧.

在 $\triangle ABC$ 中作高 BM, 它就是线段 AC 的中垂线. 由于 $\triangle ACL$ 是等边三角形, 点 L 亦在直线 BM 上. 再在 $\triangle ACL$ 中作高 AN. 因为 AN 也是 $\angle LAC$ 的平分线, 所以点 K 在此直线上. 还应指出, 点 K 与点 A 位于 BM 的同一侧, 并因 $CK = CB$, 故它在 $\triangle BMC$ 的内部, 从而点 K 在线段 AN 上.

易见 Rt$\triangle BMC \cong$ Rt$\triangle KNC$, 此因 $MC = \dfrac{AC}{2} = \dfrac{LC}{2} = NC$, $BC = KC$. 由此可得结论: 第一, $BM = KN$; 第二, 点 B 在线段 LM 上 (因为 $BM = KN < AN = LM$). 从而我们有 $LB = LM - BM = AN - KN = AK$.

现在来看四边形 $ALBK$. 在它里面, 有 $\angle LAK = \angle ALB = 30°$ 和 $AK = LB$, 亦即它是等腰梯形. 由此即得 $\angle AKB = 180° - \angle KAL = 150°$.

方法 2 如图 102 所示, 以 AB 为边构造等边三角形 ABP, 使得点 P 与点 C 位于直线 AB 的同一侧. 于是, $\triangle PBC$ 是以 PC 为底边的等腰三角形 ($BP = AB = BC$).

众所周知, 位于三角形内部的任一线段都短于三角形的某一条边 (如果它不重合于任何一条边). 因为 CK 等于 $\triangle ABC$ 的边 AB 和 BC, 所以它短于边 AC. 由此可知, 对于 $\triangle ABC$ 而言, 有 $AC > AB = BC$, 因而 $\angle ABC > 60° > \angle BAC$. 因此, 点 P 与点 B 位于直线 AC 的不同侧.

我们指出

$$\angle BCP = \dfrac{180° - \angle PBC}{2}, \quad \angle BCA = \dfrac{180° - \angle ABC}{2},$$

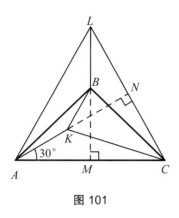
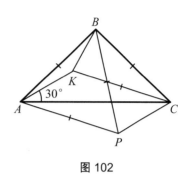

图 101　　　　　　　　　　图 102

此因 △ABC 与 △PBC 都是等腰三角形. 这样一来, 就有

$$\angle PCA = \angle PCB - \angle ACB = \frac{(180° - \angle PBC) - (180° - \angle ABC)}{2}$$
$$= \frac{\angle ABC - \angle PBC}{2} = \frac{\angle ABP}{2} = 30°,$$

此因 △ABP 是等腰三角形. 由等式 $\angle KAC = 30° = \angle ACP$ 得知 $AK // CP$.

$AK // CP$ 与等式 $KC = AP$ 表明, 四边形 $AKCP$ 是平行四边形或等腰梯形. 我们指出, $\angle KAP < \angle BAP = 60° < 90°$ 和 $\angle KCP < \angle PCB < 90°$ (等腰三角形的底角必为锐角), 然而等腰梯形的相对角之和等于 180°, 这就表明四边形 $AKCP$ 一定是平行四边形.

只剩下具体计算角度. 令 $\angle BAK = \alpha$, 于是

$$\angle CAP = \angle BAP - \angle BAK - \angle KAC = 30° - \alpha.$$

在此, $\angle KCA = \angle CAP$, 此因四边形 $AKCP$ 是平行四边形.

我们指出

$$\angle BCK = \angle BCA - \angle KCA = \angle BAC - \angle KCA$$
$$= \alpha + 30° - (30° - \alpha) = 2\alpha.$$

因此, 在 △BKC 中, 有

$$\angle KBC = \frac{180° - \angle BCK}{2} = \frac{180° - 2\alpha}{2} = 90° - \alpha.$$

而在 △ABC 中, 有

$$\angle ABC = 180° - 2\angle BAC = 180° - 2 \times (30° + \alpha) = 120° - 2\alpha.$$

最后, 我们来看 △ABK. 已知 $\angle ABK = 30° - \alpha$ 和 $\angle BAK = \alpha$, 则它的第三个角 $\angle AKB = 150°$.

方法 3　如图 103 所示, 在 △ABC 中作高 BM, 记它与 AK 的交点为 O. 我们指出, $\angle AOM = 60°$, 再由关于 BL 的对称性知 $\angle COM = 60°$. 于是, $\angle AOC = 120°$ 和

$\angle COB = 120°$, 亦即射线 OB 与 OK 关于直线 CO 对称. 由于 B 和 K 是这两条射线与某个以 C 为圆心的圆的交点 (它当然也关于 CO 对称), 因此这两个点也就对称, 特别地, 我们得知 $OB = OK$.

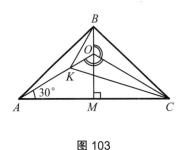

图 103

这样一来, $\triangle BKO$ 就是一个在顶点 O 处的内角为 $120°$ 的等腰三角形, 所以 $\angle OKB = 30°$ 和 $\angle AKB = 150°$.

151. 答案 对偶数 n 可以做得到.

方法 1 首先我们来证明: 对于奇数 n, 不能得到符合要求的数表. 假设不然, 我们来看相应的填数方法. 按国际象棋盘状将方格表中的方格交替地染为黑色与白色, 使得位于第一行与第一列相交处的方格是黑色的. 于是, 在我们的染法下, 行号与列号之和为偶数的方格是黑色的, 而该和数为奇数的方格是白色的. 按照填数法则, 序列 1 到 n^2 所在方格的颜色交替出现. 奇数全都在同一种颜色的方格中, 偶数全都在另一种颜色的方格中.

我们来观察那些被 n 除余 k 的数所在的方格. 我们来计算它们的行号与列号的总和. 一方面, 该和等于
$$(1+2+\cdots+n)+(1+2+\cdots+n),$$
这是因为每一行每一列中都恰好有一个这样的数, 可见该和数是偶数. 另一方面, 每一个白格的行号与列号之和都是奇数, 这就表明在所考察的方格中恰有偶数个白格 (否则行号与列号的总和为奇数).

我们指出, 对于 $k = 1$, 数 $1, 1+n, \cdots, 1+nm, \cdots, 1+(n-1)n$ 所在方格的颜色交替出现 (该数组中相邻项的奇偶性不同), 其中白格的数目为偶数, 所以黑格的数目是奇数. 然而, 数 $2+nm$ 与 $1+nm$ 所在方格的颜色不同, 因此, 对于 $k = 2$, 数 $2, 2+n, \cdots, 2+nm, \cdots, 2+(n-1)n$ 所在的方格中, 白格有奇数个, 这是不可能的.

下面说明, 对于偶数 n 可以怎样填写数表. 我们以 8×8 的方格表为例 (参阅图 104, 其中背景为圆的数都是被 8 除余 5 的数).

对于其他的偶数 n, 数表的结构完全类似: 在第一行中自左向右依次填写 1 到 n, 然后沿着最右边一列自上往下依次填写接下来的数, 再沿着相邻的列自下往上 (除了最上面一个已经填过的方格) 依次填写接下来的数, 如此等等.

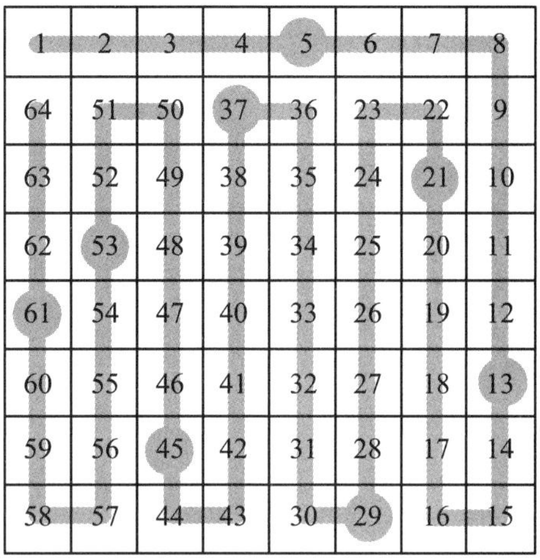

1	2	3	4	5	6	7	8
64	51	50	37	36	23	22	9
63	52	49	38	35	24	21	10
62	53	48	39	34	25	20	11
61	54	47	40	33	26	19	12
60	55	46	41	32	27	18	13
59	56	45	42	31	28	17	14
58	57	44	43	30	29	16	15

图 104

我们来证明: 如此填写的数表满足要求. 我们把行自上往下依次编号为 1 到 n, 而对列则自右往左依次编号. 易见题中的第一个条件 (相连的数位于相邻的方格中) 是满足的.

我们来证明: 第 k 列中的数被 n 除的余数各不相同. 它的第一个数就是 k, 我们来看进一步最先填入该列中的数 t(位于第 2 行或第 n 行), 数链经过了该列右方的所有方格, 其中共有 $n(n-k)$ 个方格, 这表明 $t = k+1+(n-k)n$, 它被 n 除的余数是 $k+1$. 这样一来, 该列中的各数被 n 除的余数就等价于 $k, k+1, k+2, \cdots, k+n-1$ 被 n 除的余数, 意即余数各不相同.

现在我们来看各行的情况. 第一行中各数被 n 除的余数显然各不相同. 再看第 k 行 ($k > 1$). 注意, 各行中的奇数与偶数都是交替出现的 (如前所证, 在按照国际象棋盘规则染色下, 奇数与偶数分别位于不同颜色的方格中).

因为 n 是偶数, 所以偶数被 n 除的余数是偶数, 奇数被 n 除的余数是奇数. 注意到在同一行中相继出现的偶数 n 自右向左增加 $2(n-1)$, 亦即余数减少 2(可能经过 0), 因为偶数有 $\frac{n}{2}$ 个, 所以它们刚好取遍被 n 除的所有不同的偶余数. 同理可知, 该行中的奇数也取遍被 n 除的所有不同的奇余数.

方法 2 我们来给出对奇数 n 不存在满足要求的填数方法的另一证明. 假设不然, 存在满足要求的填数方法.

引理: 如果数 $ln+1$ 与数 $km+2$ 同行或同列, 则数 $kn+1$ 与数 $lm+2$ 同行或同列.

引理之证: 我们来观察数 $kn+1$ 与数 $kn+2$. 不失一般性, 可认为它们分别在第 m 列和第 $m+1$ 列中 (任何时候我们都可以通过适当编号实现这一点). 注意到, 在第 $m+1$ 列中有形如 $ln+1$ 的数, 所以 $ln+2$ 不可能在第 $m+1$ 列中, 因为那里已经有 $kn+2$.

假设数 $ln+2$ 在第 $m+2$ 列中. 我们来观察该列中的数 k_3n+1. 那么与之相应的数 k_3n+2 既不可能在第 $m+2$ 列中也不可能在第 $m+1$ 列中, 这就意味着它在第 $m+3$ 列中. 可以如此推导下去: 假设数 $k_i n+2$ 在第 $m+i$ 列中, 而该列中有某个数 $k_{i+1}+1$, 那么数 $k_{i+1}+2$ 就应当在第 $m+i+1$ 列中. 一方面, 这一过程无法结束; 另一方面, 经过有限步, 列数告罄. 此为矛盾.

因此, 数 $ln+2$ 应当在第 m 列中, 由此完成引理的证明.

如此一来, 对于每个数 $kn+1$, 都唯一存在另一个数 $ln+1$, 它与 $kn+2$ 同行或同列. 根据引理, 这种对应是相互的, 从而所有形如 $kn+1$ 的数可以分成一对一对的.

然而, 这样的数一共有 n 个, 从而 n 是偶数.

九 年 级

152. 答案 可以.

如果第一个智者说 22, 那么第二个智者可以唯一地确定所有 7 个数, 此因总和为 100 的 7 个数只有一组:1,2,3,22,23,24,25.

153. 同第 147 题.

154. 方法 1 记 $\angle CAB=\alpha$, $\angle CBA=\beta$, 则有 (参阅图 105)

$$\angle B'AO = \angle CAO = 90°-\beta, \quad \angle A'BO = 90°-\alpha.$$

这表明, 点 A' 到直线 BO 的距离为

$$A'B\sin\angle A'BO = A'B\sin(90°-\alpha) = A'B\cos\alpha = AB\cos\beta\cos\alpha,$$

而点 B' 到直线 AO 的距离为

$$AB'\sin\angle B'AO = AB'\sin(90°-\beta) = AB'\cos\beta = AB\cos\alpha\cos\beta.$$

亦即此二距离相等.

方法 2 我们来观察关于线段 AB 的中垂线的对称 (参阅图 106). 记 A' 的对称点为 A_1. 因为 OB 的对称象是 OA, 所以 A' 到 OB 的距离等于 A_1 到 OA 的距离. 于是为证题中结论, 只需证明 A_1 与 B' 到直线 OA 的距离相等, 亦即只需证明 $B'A_1 // OA$.

垂足 A' 与 B' 都在以线段 AB 作为直径的圆周上. 因为该圆周在关于线段 AB 的中垂线的对称下变为自己, 所以点 A_1 也在该圆周上, 故四边形 $AB'A_1B$ 内接于圆, 从而 $\angle CB'A_1 = \angle A_1BA$. 而由对称性知 $\angle A_1BA = \angle A'AB = 90°-\angle B$, 于是 $\angle CB'A_1 = 90°-\angle B$. 因为 $\angle CAO = 90°-\angle B$, 所以 $B'A_1 // OA$(同位角相等).

方法 3 在 $\triangle ABC$ 中作出第三条高 CC_1. 于是点 A, B, C 分别是 $\triangle A'B'C'$ 的三个旁切圆的圆心. 因为 $AO\perp B'C'$, $BO\perp A'C'$, 所以点 A' 到 BO 的距离和点 B' 到 AO 的距离, 作为向相应的圆所作的切线长度, 自然相等.

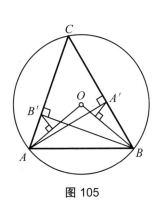

图 105

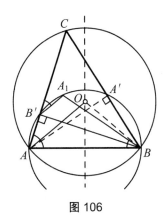

图 106

155. 答案 $\dfrac{1}{2}$.

将各个顶点上的数依次记为 $x_1, x_2, \cdots, x_{100}$.

将所有红色线段上的数的和记作 R, 易知 R 等于所有两两具有不同奇偶性的角标的数的乘积的和:

$$\begin{aligned}R &= x_1x_2 + x_1x_4 + \cdots + x_1x_{100} + x_3x_2 + x_3x_4 + \cdots + x_3x_{100} + \cdots + x_{99}x_{100}\\&= x_1(x_2 + x_4 + \cdots + x_{100}) + x_3(x_2 + x_4 + \cdots + x_{100}) + \cdots \\&\quad + x_{99}(x_2 + x_4 + \cdots + x_{100})\\&= (x_1 + x_3 + \cdots + x_{99})(x_2 + x_4 + \cdots + x_{100}) = PQ,\end{aligned}$$

其中, $P = x_1 + x_3 + \cdots + x_{99}$, $Q = x_2 + x_4 + \cdots + x_{100}$.

将所有蓝色线段上的数的和记作 B, 易知 B 等于所有两两具有相同奇偶性的角标的数的乘积的和:

$$B = x_1x_3 + \cdots + x_{97}x_{99} + x_2x_4 + \cdots + x_{98}x_{100}.$$

注意到 $x_1^2 + x_2^2 + \cdots + x_{100}^2 = 1$, 我们可写

$$\begin{aligned}2B + 1 &= x_1^2 + x_3^2 + \cdots + x_{99}^2 + 2x_1x_3 + \cdots + 2x_{97}x_{99}\\&\quad + x_2^2 + x_4^2 + \cdots + x_{100}^2 + 2x_2x_4 + \cdots + 2x_{98}x_{100}\\&= (x_1 + x_3 + \cdots + x_{99})^2 + (x_2 + x_4 + \cdots + x_{100})^2 = P^2 + Q^2.\end{aligned}$$

从而我们有

$$R - B = PQ - \dfrac{P^2 + Q^2 - 1}{2} = \dfrac{1 - (P - Q)^2}{2} \leqslant \dfrac{1}{2}.$$

上式中的等号可以成立, 例如, 当 $x_1 = x_2 = \cdots = x_{100} = \dfrac{1}{10}$ 或 $x_1 = x_2 = \dfrac{1}{\sqrt{2}}$, $x_3 = \cdots = x_{100} = 0$ 时, 等号都可以成立.

156. 方法 1 延长线段 PE 使之与圆周相交于点 D(参阅图 107). 我们来证明 $\triangle BPQ \cong \triangle DAC$, 并证明线段 BE 对应中线 DM.

不失一般性, 可认为点 P 在 AB 的延长线上. 平行弦 BL 与 ED 夹出的两段弧相等, 而角平分线 BL 将 $\overparen{AC}$ 分为相等的两段, 则

$$\angle P = \frac{\overparen{AL} - \overparen{BE}}{2} = \frac{\overparen{CL} - \overparen{DL}}{2} = \frac{\overparen{CD}}{2} = \angle A.$$

同理

$$\angle Q = \frac{\overparen{CL} + \overparen{BE}}{2} = \frac{\overparen{AL} + \overparen{LD}}{2} = \frac{\overparen{AD}}{2} = \angle C.$$

故 $\triangle BPQ \backsim \triangle DAC$. 又因为 $\angle QBE$ 与 $\angle CDM$ 是等弧所对的圆周角, 所以它们相等. 这就表明, 中线 DM 与 BE 相对应, 后者是 $\triangle BPQ$ 的中线, 故 $PE = EQ$.

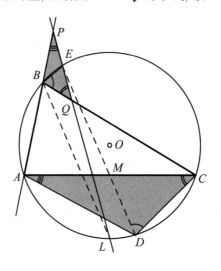

图 107

方法 2 设直线 EM 与 AB 和 BC 分别相交于点 P' 和 Q'. 再记 $\angle BAE = \angle BLE = \angle BCE = \angle QEQ' = \angle PEP' = \alpha$ 和 $\angle ABL = \angle CBL = \angle AEM = \angle CEM = \beta$ (上列各角相等, 有些是同弧所对圆周角, 有些则是直线平行所致). 在 $\triangle PP'E, \triangle AP'E, \triangle AP'M$ 中运用正弦定理, 得

$$PE = \frac{P'E \cdot \sin\beta}{\sin(\beta - \alpha)} = \frac{AP' \cdot \sin\alpha \cdot \sin\beta}{\sin(\beta + \alpha) \cdot \sin(\beta - \alpha)}$$
$$= \frac{AM \cdot \sin\angle EMA \cdot \sin\alpha \cdot \sin\beta}{\sin\beta \cdot \sin(\beta + \alpha) \cdot \sin(\beta - \alpha)} = \frac{AC \cdot \sin\angle EMA \cdot \sin\alpha}{2\sin(\beta + \alpha) \cdot \sin(\beta - \alpha)}.$$

同理, 在 $\triangle QQ'E, \triangle CQ'E, \triangle CQ'M$ 中运用正弦定理, 得

$$QE = \frac{CM \cdot \sin\angle EMC \cdot \sin\alpha \cdot \sin\beta}{\sin\beta \cdot \sin(\beta + \alpha) \cdot \sin(\beta - \alpha)} = \frac{AC \cdot \sin\angle EMA \cdot \sin\alpha}{2\sin(\beta + \alpha) \cdot \sin(\beta - \alpha)}.$$

故 $PE = QE$.

157. 把每一堆中的石子都依次编号 (都编号为 1 至 400). 不失一般性, 可以认为, 别佳在选定两堆后, 都扔出堆中现存的最大号码的石子. 于是, 别佳每一次所得的分数都等于他本次所扔出的两粒石子的号码之差 (大号减去小号).

方法 1 假设别佳一共得到 $P = a_1 - b_1 + a_2 - b_2 + \cdots + a_i - b_i + \cdots + a_n - b_n$ 分, 其中 a_i 与 b_i 分别表示在第 i 次所扔出的两粒石子上的大号与小号, 而 $n = 20000$ 是总次数. 在 $a_1, b_1, a_2, b_2, \cdots, a_n, b_n$ 中, 1 至 400 中的每个数都出现了 100 次, 这是因为 100 堆石子, 每堆都从 1 编号到 400. 令 $S = a_1 + b_1 + a_2 + b_2 + \cdots + a_n + b_n = (1 + 2 + \cdots + 400) \times 100$, 而 $B = b_1 + b_2 + \cdots + b_n$. 于是 $P = S - 2B$, 且问题归结为求 B 的最小可能值.

应当指出, 1 至 400 中的每个数都将在 $a_1, a_2, \cdots, a_n$ 中至少出现一次, 这是因为它们中每个数都有可能作为大号出现在所扔出的石子上. 同理, 1 至 400 中的每个数也都将在 $b_1, b_2, \cdots, b_n$ 中至少出现一次, 因为它们中每个数都有可能作为小号出现在所扔出的石子上. 如此一来, 在 $b_1, b_2, \cdots, b_n$ 中, 1 至 400 中的每个数都至少出现一次, 至多出现 99 次, 从而有

$$B \geqslant (1 + 2 + \cdots + 200) \times 99 + 201 + 202 + \cdots + 400.$$

因此

$$\begin{aligned} P = S - 2B &\leqslant (1 + 2 + \cdots + 400) \times 100 - 2 \times (1 + 2 + \cdots + 200) \times 99 \\ &\quad - 2 \times (201 + 202 + \cdots + 400) \\ &= (201 + 202 + \cdots + 400) \times 98 - (1 + 2 + \cdots + 200) \times 98 \\ &= 200 \times 200 \times 98 = 3\,920\,000. \end{aligned}$$

方法 2 对于每个 $n \in \{1, 2, \cdots, 399\}$, 以 d_n 表示别佳所扔出的两粒石子中恰好有一粒石子的号码大于 n 的次数. 易知所有这些 d_n 的和数就是别佳最终所得的分数. 事实上, 当别佳所扔出的两粒石子的号码分别是 a 与 $b(a \geqslant b)$ 时, $d_b, d_{b+1}, \cdots, d_{a-1}$ 的值各增加 1, 一共刚好增加了 $a - b$.

当 $n \leqslant 200$ 时, 易知 $d_n \leqslant 98n$, 这是因为刚好有 $100n$ 粒石子的号码不大于 n. 而在最后 n 次中, 我们将扔出两粒带有这种号码的石子, 因为此时别的号码的石子都已经扔掉了. 对于 $n > 200$ 则有 $d_n \leqslant 98 \times (400 - n)$, 因为号码大于 n 的石子一共有 $100 \times (400 - n)$ 粒, 而在前 n 次所扔出的两粒石子都带有此类号码, 事实上此时还轮不到取其他号码的石子. 将这些 d_n 相加, 得到

$$98 \times (1 + 2 + \cdots + 199 + 200 + 199 + \cdots + 2 + 1) = 98 \times 200 \times 200 = 3\,920\,000.$$

使得等号成立的扔法: 别佳把整个过程分成 100 个阶段, 每个阶段扔 200 次. 第 1 阶段, 他从第 1 堆和第 2 堆中扔出石子, 如此进行 200 次; 第 2 阶段, 他从第 2 堆和第 3 堆中扔出石子, 如此进行 200 次 (此时第 2 堆已空); 如此等等; 第 99 阶段, 他从第 99 堆和第 100 堆中扔出石子, 如此进行 200 次; 最后阶段, 此时第 2 至 99 堆已空, 第 1 堆和第 100 堆中各剩 200 粒石子, 他再把这两堆扔空. 于是, 除了第 1 阶段和最后阶段他不得分, 其余每个阶段中的每一次他都得到 200 分, 这样的得分共有 98×200 次, 所以他一共可以得到 $98 \times 200 \times 200 = 3\,920\,000$ 分.

十 年 级

158. 答案 900 900 000.

♦ 事实上, 一共存在 28 573 个满足题中条件的数, 其中最小的数是 100 006 020, 最大的数是 999 993 240.

159. 同第 154 题.

160. 同第 149 题.

161. 答案 一定可以找到.

方法 1 假设不存在这样的三角形, 我们来证明: 存在一条直线, 它上面的点都是同一种颜色的.

假设在某一条直线 ℓ 上有两点 A 与 B 同色 (称为 1 号色), 它们间的距离是 d. 设 ℓ_1 与 ℓ_2 是两条平行于 ℓ 的直线, 且到 ℓ 的距离都是 $\dfrac{2}{d}$. 如果在这两条直线中的某一条上也有 1 号色的点, 那么该点与 A 和 B 就构成面积为 1 的三角形, 它的 3 个顶点同色. 如果在直线 ℓ_1 与 ℓ_2 上都有其余两种颜色的点, 而在其中一条上面存在两个距离为 $\dfrac{d}{2}$ 的同色点, 那么这两个点与另一条直线上的同色点形成面积为 1 的三角形, 它的三个顶点同色. 如果在直线 ℓ_1 与 ℓ_2 上都有两种颜色的点, 而在任何一条上面的距离为 $\dfrac{d}{2}$ 的点都相互异色, 则任何两个距离为 d 的点都相互同色, 这就意味着直线 ℓ 上的所有点都是 1 号色的.

现设某条直线 a 上的所有点都是 1 号色的. 那么此时平面上的其余的点都只能染为其余两种颜色. 取一条不与 a 平行的直线, 在它上面有两个点 C 和 D 同色 (记为 2 号色). 如果在某两条平行于直线 CD 且都与它相距 $\dfrac{2}{CD}$ 的直线上存在 2 号色的点, 那么该点与 C 和 D 形成面积为 1 的三角形, 它的三个顶点同色. 如果都不存在 2 号色的点, 那么它们上面的点都是 3 号色, 于是存在面积为 1 的三角形的 3 个顶点都是 3 号色的.

方法 2 设平面上的点并非同一种颜色的, 则在某条直线上不同颜色的点: 两个 1 号色的点 A 和 B, 以及 1 个 2 号色的点 X. 设 $A_1B_1B_2A_2$ 是矩形, 点 A 和 B 分别是它的边 A_1A_2 与 B_1B_2 的中点, 这两条边的长度是 $\dfrac{4}{AB}$, C_1 与 C_2 分别是边 A_1B_1 与 A_2B_2 的中点, D 是 C_1 关于 B_1 的对称点 (参阅图 108).

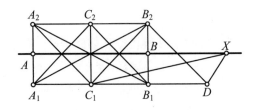

图 108

如果 $A_1, B_1, C_1, A_2, B_2, C_2, D$ 中有 1 号色的点，那么它与 A 和 B 一起构成面积为 1 的三角形，它的 3 个顶点都是 1 号色的. 如果 $A_1, B_1, C_1, A_2, B_2, C_2, D$ 中没有 1 号色的点，那么只可能有如下几种情况：

(1) 点 A_1 与 B_1(对于 A_2 与 B_2 的讨论与此类似) 异色，则 C_1 与它们之一同色，不妨设为 A_1. 如果点 A_2 或 C_2 亦是此种颜色的，则这些点形成所要寻找的三角形. 否则，$\triangle A_2 C_2 B_1$ 即为所求.

(2) 如果点对 A_1, B_1 与 A_2, B_2 之一是 2 号色的，那么它们与点 X 形成所要寻找的三角形.

(3) 如果点 A_1, B_1, A_2, B_2 都是 3 号色的且 C_1 与 D 之一也是 3 号色的，则 $\triangle B_1 C_1 B_2$ 或 $\triangle B_1 D B_2$ 即为所求. 否则，$\triangle C_1 D X$ 即为所求.

162. 答案 一定能够.

我们来说明，瓦夏如何可以使得自己的所有卡片上的乘积之和大于别佳的和.

假如别佳没有取那张写着乘积 $x_6 x_7 x_8 x_9 x_{10}$ 的卡片，那么瓦夏可以取走这张卡片，然后即可任取其他卡片. 再按如下方法赋值：

$$x_1 = x_2 = x_3 = x_4 = x_5 = 0, \quad x_6 = x_7 = x_8 = x_9 = x_{10} = 1,$$

于是别佳的所有卡片上的乘积之和是 0，而瓦夏的是 1.

如果别佳一开始就取走了写着乘积 $x_6 x_7 x_8 x_9 x_{10}$ 的卡片，那么瓦夏取走写着乘积 $x_5 x_7 x_8 x_9 x_{10}$ 的卡片，而在下一步中则取走写着乘积 $x_4 x_7 x_8 x_9 x_{10}$ 或写着乘积 $x_5 x_6 x_8 x_9 x_{10}$ 的卡片 (这两张卡片中瓦夏至少能够取到一张，因为别佳每次只能取走一张卡片). 在接下来的步骤里，瓦夏可以任意取卡片.

在瓦夏取到卡片 $x_4 x_7 x_8 x_9 x_{10}$ 的情况下，他可按如下方法赋值：

$$x_1 = x_2 = x_3 = 0, \quad x_4 = x_5 = x_6 = 1, \quad x_7 = x_8 = x_9 = x_{10} = 100.$$

此时只有 21 张卡片上的乘积非零，并且有 3 张卡片上的乘积 $x_4 x_7 x_8 x_9 x_{10}, x_5 x_7 x_8 x_9 x_{10}, x_6 x_7 x_8 x_9 x_{10}$ 是 $100\,000\,000$，而其余各张卡片上的乘积都不超过 $1\,000\,000$. 这样一来，瓦夏的所有卡片上的乘积之和不小于 $200\,000\,000$，而别佳的所有卡片上的乘积之和不大于 $118\,000\,000$.

在瓦夏取到卡片 $x_5 x_6 x_8 x_9 x_{10}$ 的情况下，他可按如下方法赋值：

$$x_1 = x_2 = x_3 = x_4 = 0, \quad x_5 = x_6 = x_7 = 1, \quad x_8 = x_9 = x_{10} = 10.$$

此时只有 6 张卡片上的乘积非零，并且有 3 张卡片上的乘积 $x_5 x_6 x_8 x_9 x_{10}, x_5 x_7 x_8 x_9 x_{10}, x_6 x_7 x_8 x_9 x_{10}$ 是 $1\,000$，另外 3 张卡片上的乘积则为 100. 如此一来，瓦夏的所有卡片上的乘积之和不小于 $2\,000$，而别佳的所有卡片上的乘积之和不大于 $1\,400$.

163. 每一条这样的折线, 即每一节都沿着方格线往上或往右的折线, 都对应一个由字母 U(往上) 和 R(往右) 构成的序列, 或称为单词. 设 w 是任意一个这样的单词, 我们用 $W(w)$ 表示由折线 w 确定的蠕虫, 并用 $D(w)$ 表示将蠕虫 $W(w)$ 划分为多米诺的方法数目.

引理: 我们有如下的递推关系式:
$$D(wUU) = D(wU) + D(w), \quad D(wRR) = D(wR) + D(w),$$
$$D(wUR) = 2D(wU) - D(w), \quad D(wRU) = 2D(wR) - D(w).$$

引理之证: 为证明第一个关系式, 我们来观察盖住蠕虫 $W(wUU)$ 的最上面的多米诺中最靠右的一个. 如果它是水平方向的, 则剩下的部分与蠕虫 $W(wU)$ 重合. 如果它是竖直方向的, 那么它左侧的方格也仅能被竖直的多米诺盖住, 此时蠕虫的未被盖住的部分重合于蠕虫 $W(w)$.

类似可证第二个关系式.

为证明第三个关系式, 我们同样来观察盖住蠕虫 $W(wUR)$ 的最上面的多米诺中最靠右的一个. 如果它是竖直的, 则蠕虫的剩余部分重合于 $W(wU)$. 如果它是水平的, 则在它下方和左方的各一个多米诺是唯一确定的 (相应的是水平的和竖直的).

我们用 Φ 表示去掉这三个多米诺之后剩下的图形 (该图形可能不是蠕虫). 将 Φ 划分为多米诺的方法数目等于 $D(wUR) - D(wU)$. 我们现在来考察蠕虫 $W(wU)$ 和盖住它的最上面方格的最右边的多米诺. 如果它是水平的, 则蠕虫的其余部分重合于蠕虫 $W(w)$. 如果它是竖直的, 则它的左边也是一个竖直的多米诺. 我们指出, 一旦去掉这两个多米诺, 剩下的图形就确切地是图形 Φ. 如此一来, 便知 $D(wU) - D(w)$ 亦等于把 Φ 划分为多米诺的方法数目.

等式 $D(wUR) - D(wU) = D(wU) - D(w)$ 等价于第三个关系式.

第四个关系式可类似地证明.

引理证毕.

设 n 为正整数, 假设蠕虫 $W(w)$ 有 n 种不同的方法划分为多米诺. 写 $w = w_1 w_2 \cdots w_\ell$, 即用字母写出单词 w. 我们来观察如下序列:
$$D(\text{""}), D(w_1), D(w_1 w_2), \cdots, D(w_1 w_2 \cdots w_{\ell-1}) = m,$$
$$D(w_1 w_2 \cdots w_\ell) = D(w) = n.$$

其中 "" 表示空的单词 (没有字母的单词, 相当于仅有一个起点的折线), 与之相应的蠕虫是一个 2×2 的正方形, 所以 $D(\text{""}) = 2$.

根据引理, 如果 a 与 b 是序列中的两个相邻项, 那么跟随它们之后的项是 $a + b$ 或 $2b - a$. 我们来陈述该序列的若干性质.

因为 $D(\text{""}) = 2$ 和 $D(U) = D(R) = 3$, 所以任何序列的开头两项都是 2 和 3. 由归纳法可证, 任何序列的相连两项都是互质的. 此外, 对于此类序列中的任何两个相邻项 a 和 b, 都有 $a < b < 2a$.

另外, 根据给定的满足条件 $m < n < 2m$ 的两个互质的正整数 m 和 n, 我们都能构造出一个此类序列, 使得 m 和 n 是它的相邻项.

事实上, 如果 $3m < 2n$, 则在它们的前面一项应该是 $n - m$, 此因 $2(2m - n) < m$; 而如果 $3m > 2n$, 则在它们的前面一项应该是 $2m - n$, 此因 $2(n - m) < m$. 继续这一反推过程, 最终我们到达 3 和 2, 完成整个序列的构造.

对于每个给定的这样的序列, 刚好有两条蠕虫满足它. 单词 w 的第一个字母 w_1 可以任意选作 U 或 R, 后续的字母则都是唯一确定的.

如此一来, 任何一对满足条件 $m < n < 2m$ 的互质的正整数 m 和 n 都对应着两条蠕虫, 它们都有 n 种方法划分为多米诺. 另外, 小于 n 且与 n 互质的正整数的数目刚好是此类数对数目的两倍, 这是因为每个这样的数可以是 m, 也可以是 $n - m$. 这就表明, 可以有 n 种方法划分为多米诺的蠕虫的数目刚好等于小于 n 且与 n 互质的正整数的数目.

十 一 年 级

164. 答案 $\dfrac{377}{1010}$.

该乘积中的第 n 个因子是

$$1 - \frac{2}{f(n)} = \frac{f(n) - 2}{f(n)} = \frac{n^2 + 3n}{n^2 + 3n + 2} = \frac{n(n+3)}{(n+1)(n+2)}.$$

在该式中分别令 $n = 1, 2, \cdots, 2019$, 相乘并约分, 即得

$$\left(1 - \frac{2}{f(1)}\right)\left(1 - \frac{2}{f(2)}\right)\left(1 - \frac{2}{f(3)}\right)\cdots\left(1 - \frac{2}{f(2019)}\right)$$
$$= \frac{1 \times 4}{2 \times 3} \times \frac{2 \times 5}{3 \times 4} \times \frac{3 \times 6}{4 \times 5} \times \frac{4 \times 7}{5 \times 6} \times \cdots \times \frac{2018 \times 2021}{2019 \times 2020} \times \frac{2019 \times 2022}{2020 \times 2021}$$
$$= \frac{1 \times 2022}{3 \times 2020} = \frac{337}{1010}.$$

165. 方法 1 设光标把原来的正整数分隔为两个正整数 a 和 b, 左边的是 a, 右边的是 b, 而且 b 是一个 n 位数. 于是由题意知, $10^n a + b$ 可以被 7 整除. 如果在 a 与 b 之间输入一个数字 x, 则所得的正整数是 $10^{n+1} a + 10^n x + b$. 可以恰当地选择 x, 使得所得的数可被 7 整除, 这是因为, 对于 $x = 0, 1, \cdots, 6$, 所得的数被 7 除的余数各不相同.

我们来用归纳法证明: 如果输入 m 个 $x (m \geqslant 1)$, 则所得的数仍然可被 7 整除. $m = 1$ 的情形如上所说. 为了归纳过渡, 我们来证明如下的差数是 7 的倍数:

$$\overline{a\underbrace{xx\cdots x}_{m+1\text{个}x}b} - \overline{a\underbrace{xx\cdots x}_{m\text{个}x}b},$$

其中 $\overline{ab}$ 表示把正整数 b 的各位数字依次接写在 a 的个位数后面所形成的正整数. 该差数等于

$$10^{k+1} a - 10^k (x - a) = 10^{k-m}(10^{m+1} a + 10^m x - 10^m a).$$

其中, k 是某个大于 m 的正整数. 易见该差数被 7 除与 $10^{k-m}(10^{m+1}a + 10^m x + b)$ 同余, 而后者根据归纳假设可被 7 整除.

方法 2 设光标把原来的正整数分隔为两个正整数 a 和 b(b 是一个 n 位数), 左边的是 a, 右边的是 b, 在 a 和 b 之间输入 m 个数字 x 后, 我们得到如下形式的数:

$$a \times 10^{m+n} + \underbrace{\overline{xx\cdots x}}_{m\text{个}x} \times 10^n + b.$$

我们来选择数字 x, 使得对任何 $m \in \mathbf{N}_+$, 该数都可被 7 整除. 将其减去 7 的倍数 $10^n a + b$, 得到

$$10^n(10^m - 1)a + \underbrace{\overline{xx\cdots x}}_{m\text{个}x} \times 10^n$$
$$= 10^n(10^m-1)a + 10^n x \cdot \frac{10^m-1}{9} = 10^n(9a+x) \cdot \frac{10^m-1}{9}.$$

只要根据 a 被 7 除的余数适当选择 x, 使得 $2a+x$ 可被 7 整除即可 (因为这也就意味着 $9a+x$ 可被 7 整除). 具体选法可参阅表 1.

表 1

$a \pmod 7$	0	1	2	3	4	5	6
数字 x	0 或 7	5	3	1	6	4	2

166. 同第 154 题.

167. 方法 1 如果这两个正整数中有一个等于 1, 例如 $n=1$, 那么对任何 $m \geq 2$, 当然都有不等式 $|m-1| \geq \frac{1}{m}$ 成立. 不失一般性, 设 $m > n \geq 2$. 于是有 $m \geq n+1$, 从而有

$$\sqrt[n]{m} - \sqrt[m]{n} > \sqrt[n]{n+1} - \sqrt[n]{n}, \quad \frac{1}{n(n+1)} \geq \frac{1}{mn}.$$

因此, 我们只需对一切 $n \geq 2$, 证明不等式

$$\sqrt[n]{n+1} - \sqrt[n]{n} > \frac{1}{n(n+1)}.$$

利用恒等式

$$a^n - b^n = (a-b)(a^{n-1} + a^{n-2}b + \cdots + ab^{n-2} + b^{n-1}),$$

令 $a = \sqrt[n]{n+1}$, $b = \sqrt[n]{n}$, 结合 $a > b$, 我们得到

$$\sqrt[n]{n+1} - \sqrt[n]{n} = \frac{1}{a^{n-1} + a^{n-2}b + \cdots + ab^{n-2} + b^{n-1}}$$
$$> \frac{1}{na^{n-1}} = \frac{1}{n(n+1)^{\frac{n-1}{n}}} > \frac{1}{n(n+1)}.$$

方法 2 我们先来证明一个辅助命题: 如果导函数 $f'(x)$ 为正数, 且在区间 $[a,b]$ 上上升, 则有 $f(b)-f(a) > f'(a)(b-a)$. 事实上, 此时函数图像 $y=f(x)$ 在 a 处的切线位于该曲线的下方, 所以它与点 $(a, f(a))$ 和点 $(b, f(b))$ 之间的线段相交于 (b, y_0), $f(a) < y_0 < f(b)$. 因而 $f(b) - f(a) > y_0 - f(a) = f'(a)(b-a)$.

为确定起见, 设 $m > n$, 则有 $\sqrt[n]{m} > \sqrt[m]{n}$. 我们来把所证的命题在区间 $\left[\dfrac{\ln n}{m}, \dfrac{\ln m}{n}\right]$ 上运用于函数 $f(x) = e^x$ (其导函数为 $f'(x) = e^x$), 得到

$$m^{\frac{1}{n}} - n^{\frac{1}{m}} = e^{\frac{\ln m}{n}} - e^{\frac{\ln n}{m}} > e^{\frac{\ln n}{m}} \left(\frac{\ln m}{n} - \frac{\ln n}{m}\right) \geqslant \frac{m\ln m - n\ln n}{mn}.$$

再将该命题在区间 $[n,m]$ 上应用于函数 $g(x) = x\ln x$ (此时 $g'(x) = \ln x + 1$), 得到

$$m\ln m - n\ln n > (\ln n + 1)(m-n) \geqslant m - n \geqslant 1.$$

由此即可推得所证之不等式.

168. 答案 不能.

假设能够, 设原四面体 $A'BCD$ 投影成边长为 1 的正方形 $ABCD$. 我们把原四面体扩充为直平行六面体 $ABCD\text{-}A'B'C'D'$, 其大小为 $1 \times 1 \times x$.

我们注意到, 原四面体是关于平面 $AA'C'C$ 对称的. 所以它在面 $A'BD$ 所在平面中的投影不可能是梯形 (如果它的一组对边平行, 那么另一组对边也平行). 根据对称性, 只需考察它在面 $A'CD$ 所在平面中的投影. 在 $\triangle B'BC$ 中引出高线 BH(见图 109). 于是 H 是点 B 在平面 $A'B'CD$ 中的投影, 此因直线 BH 垂直于该平面中的两条相交直线 CB' 和 CD, 故垂直于该平面. 所以原四面体在面 $A'CD$ 所在平面中的投影是一个梯形 $A'HCD$. 由于 $\triangle BB'C$ 是直角三角形, 根据相似性得到 $HC : BC = BC : B'C$. 由此可知

$$HC = \frac{BC^2}{B'C} = \frac{1}{\sqrt{x^2+1}}.$$

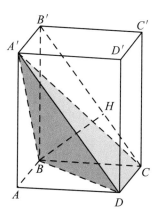

图 109

梯形 $A'HCD$ 的面积等于

$$S(x) = DC \cdot \frac{A'D + HC}{2} = \frac{1}{2}\left(\sqrt{x^2+1} + \frac{1}{\sqrt{x^2+1}}\right) \geqslant 1.$$

此处我们运用了关于两个正数的平均不等式 $\frac{a+b}{2} \geqslant \sqrt{ab}$, 其中等号成立当且仅当 $a = b$, 亦即唯有 $x = 0$. 然而 $x > 0$, 所以 $S(x) > 1$. 此与题意相矛盾.

169. 同第 163 题.

170. 答案 26.

如果 $10^{n-1} < 11^k < 10^n$, 则 11^k 是 n 位数, 此时 $n - 1 < k \lg 11 < n$. 这意味着 $n = [k \lg 11] + 1$. 如果 $k \leqslant 24$, 则 $k \lg 11 < k + 1$(意味着 $n = k + 1$), 这是因为 $k(\lg 11 - 1) \leqslant 24 \times 0.0415 = 0.996 < 1$. 而如果 $k \geqslant 25$, 则 $k \lg 11 > k + 1$(意味着 $n = k + 2$), 这是因为 $k(\lg 11 - 1) > 25 \times 0.041 = 1.025 > 1$.

♦ 可以证明, 对于 $k \in \mathbf{N}_+$ 和 $n = \left[k\dfrac{\lg 11}{\lg 11 - 1}\right] + 1$, 方幂数 11^k 不是 n 位数, 亦即 11 的方幂数的位数不可能是 $n = 26, 51, 76, 101, 126, \cdots$.

形如 $[\alpha n]$ 的序列称为 Bitti 数列, 其中 $\alpha > 0$ 是无理数. 在 1926 年, 美国数学家 Bitti 提出并证明了如下的命题: 如果 $\alpha, \beta > 0$, 且 $\dfrac{1}{\alpha} + \dfrac{1}{\beta} = 1$, 则每个正整数都属于如下二数列之一:$[\alpha n]$, $[\beta n]$, $n \in \mathbf{N}_+$(这两个数列称为共轭的). 对于我们所讨论的问题, 在 $n+1$ 位数中有 11 的方幂数的正整数 n 的数列和没有 11 的方幂数的 n 的数列分别是共轭的 Bitti 数列 $[k \lg 11]$ 和 $\left[k\dfrac{\lg 11}{\lg 11 - 1}\right]$, $k \in \mathbf{N}_+$ ($\alpha = \lg 11 = 1.0413 \cdots$, $\beta = \dfrac{\lg 11}{\lg 11 - 1} = 25.1588 \cdots$).

171. 根据题意, 我们只需考察 $a > 0$ 的情形. 如果 $n < a \leqslant n + 1$, $n \in \mathbf{N}_+$, 则在第一象限 $(x > 0, y > 0)$ 位于 $y = \dfrac{a}{x}$ 图像下方的整点数目为

$$D(a) = n + \left[\frac{n}{2}\right] + \left[\frac{n}{3}\right] + \cdots$$

(加项个数是有限的, 一旦分母大小超过分子, 整数部分就变为 0 了). 函数 $D(a)$ 非降, 且在半开半闭区间 $(n, n+1]$ 内为常数. 当 $23 < a \leqslant 24$ 时, 有

$$D(a) = 23 + 11 + 7 + 5 + 4 + 3 + 3 + 4 \times 2 + 13 \times 1 = 77.$$

当 $24 < a \leqslant 25$ 时, 有

$$D(a) = 24 + 12 + 8 + 6 + 4 + 4 + 3 + 3 + 4 \times 2 + 12 \times 1 = 84.$$

这表明, 函数 $D(a)$ 不可能取值为 82, 亦即不存在这样的双曲线.

♦ 关于 $y = \dfrac{a}{x}$ 在第一象限图像下方的整点数目 $D(a)$ 在 a 无限增大时的渐近性状问题称为 Dirichlet 除数问题. 如果用 $\tau(n)$ 表示正整数 n 的正约数的个数 (例如 $\tau(1) = 1$, $\tau(3) = 2$, $\tau(10) = 4$), 则有

$$D(a) = \tau(1) + \tau(2) + \tau(3) + \cdots + \tau([a]).$$

(其中包括在曲线本身上面的整点数目,如果 a 是整数). 随着 a 增大, $D(a)$ 的增大速度与 $\int_1^a \frac{a}{x} dx = a\ln a$ 相当 (例如, $D(23) = 77$, 而 $23\ln 23 = 72.116\cdots$). 该方面已知的第一个本质性的成果是 Dirichlet 在 19 世纪中叶获得的. 我们指出, 关于 $D(a)$ 的渐近公式中的余项的精确化问题时至今日仍然具有现实意义.

172. 答案 $\sqrt{2}$ 倍.

方法 1 假设 $ABCD$ 是下面的正方形, 设其边长是 1, 我们来求上面的正方形的边长. 经过上面的正方形的各个顶点分别作平行于下面的正方形的各边的直线, 得到正方形 $A_1B_1C_1D_1$ (参阅图 110).

直线 DD_1 位于分别以 AD 和 CD 作为边的两个五边形的侧面的交中, 所以这两个五边形的不同于 D 的公共顶点 E 在线段 DD_1 上. 设 M 是以 AD 作为边的五边形的与该边相对的顶点. 于是根据对称性, M 是 A_1D_1 的中点. 因而
$$AD = DE = EM = MD_1 = 1,$$
此因 $\triangle MD_1E$ 是等腰三角形 (因为 $\angle MED_1 = \angle MD_1E = 72°$). 这样一来, 便知 $A_1D_1 = 2$, 从而所求的正方形的边长是 $\sqrt{2}$.

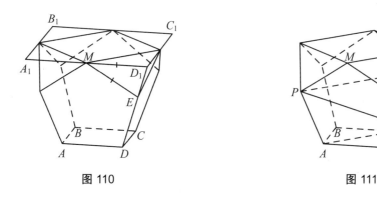

图 110　　　　　　　　图 111

方法 2 分别以 $ADEMP$ 和 $CDENQ$ 记以 DE 为公共棱的两个五边形的面 (参阅图 111). 设 R 是棱 DE 的中点. 点 A 与点 M 关于直线 PR 对称, 后者垂直于 ED, 而点 C 与点 N 关于直线 QR 对称, 它也垂直于 ED. 所以 $\triangle ADC$ 与 $\triangle MEN$ 关于平面 PQR 对称, 因而彼此全等. 由此得到
$$MN : AD = AC : AD = \sqrt{2}.$$

♦ 本题是在同孩子做几何构造函数的过程中构思出来的, 构题者之一是莫斯科大学数学力学系的一位教授.

173. 方法 1 方程左端的函数 $f(x)$ 是一个 $n-1$ 次多项式, 这是因为 x^{n-1} 的系数是 $a_1 + a_2 + \cdots + a_n \neq 0$. 如果 n 是偶数, 那么 $f(x)$ 是一个奇数次多项式, 它一定有实根, 这是因为 $f(x)$ 连续, 且对足够大的 $x_0 > 0$, 有 $f(x_0) > 0$ 和 $f(-x_0) < 0$.

下设 n 为奇数. 可以认为 $a_1, a_2, \cdots, a_n$ 互不相等且都非零, 因若不然, 如果对 $i \neq j$, 有 $a_i = a_j = a$, 那么 $x = a$ 就是方程的根; 而如果有某个 i, 使得 $a_i = 0$, 则有 $f(a_i) = 0$. 又显然可设 $a_1 < a_2 < \cdots < a_n$. 我们注意到

$$f(a_k) = a_k(a_k - a_1)\cdots(a_k - a_{k-1})(a_k - a_{k+1})\cdots(a_k - a_n),$$

其符号与 $a_k \cdot (-1)^{n-k}$ 相同. 在 $n \geq 3$ 时, 在 $a_1 < a_2 < \cdots < a_n$ 中至少有一对邻数同号. 此时, $f(x)$ 在这对邻数处的值的符号相反, 所以在它们之间存在 $f(x)$ 的零点.

方法 2 令

$$P(x) = (x - a_1)(x - a_2)\cdots(x - a_n)$$

和

$$f(x) = a_1(x - a_2)(x - a_3)\cdots(x - a_n) + a_2(x - a_1)(x - a_3)\cdots(x - a_n) + \cdots \\ + a_n(x - a_1)(x - a_2)\cdots(x - a_{n-1}).$$

只要在 $a_1, a_2, \cdots, a_n$ 中有一个是 0, 就有 $f(0) = 0$, 命题获证. 现设这些数都不为 0. 于是 $f(0) \neq 0$ 且有 $f(x) = xP'(x) - nP(x)$ 和

$$\left(\frac{P(x)}{x^n}\right)' = \frac{xP'(x) - nP(x)}{x^{n+1}} = \frac{f(x)}{x^{n+1}}.$$

这表明, $f(x) = 0$ 当且仅当 $\left(\dfrac{P(x)}{x^n}\right)' = 0$.

我们有

$$\frac{P(x)}{x^n} = \left(1 - \frac{a_1}{x}\right)\left(1 - \frac{a_2}{x}\right)\cdots\left(1 - \frac{a_n}{x}\right) = (-1)^n a_1 a_2 \cdots a_n Q\left(\frac{1}{x}\right),$$

其中 $Q(t) = \left(t - \dfrac{1}{a_1}\right)\left(t - \dfrac{1}{a_2}\right)\cdots\left(t - \dfrac{1}{a_n}\right)$. 因而

$$\left(\frac{P(x)}{x^n}\right)' = \frac{(-1)^{n+1} a_1 a_2 \cdots a_n}{x^2} Q'\left(\frac{1}{x}\right),$$

且有 $f(x) = 0$ 当且仅当 $Q'\left(\dfrac{1}{x}\right) = 0$.

如果 $a_1 = a_2$, 则 $f(a_1) = 0$, 命题获证. 否则, $Q\left(\dfrac{1}{a_1}\right) = Q\left(\dfrac{1}{a_2}\right) = 0$, 因而在 $\dfrac{1}{a_1}$ 与 $\dfrac{1}{a_2}$ 之间有着 $Q(t)$ 的导函数的根, 此因在 $\dfrac{1}{a_1}$ 与 $\dfrac{1}{a_2}$ 之间的区间上既有 $Q(t)$ 的最大值又有它的最小值. 这就表明, $Q'(t) = 0$ 具有实根 t_0. 因为

$$Q'(0) = (-1)^{n+1} \frac{a_1 + a_2 + \cdots + a_n}{a_1 a_2 \cdots a_n} \neq 0,$$

所以 $t_0 \neq 0$. 因而 $f(x) = 0$ 有实根 $\dfrac{1}{t_0}$, 此即为所证.

174. 答案 $\dfrac{1053}{2^{21}}$.

方法 1 以 m_n 表示对 n 个 1 进行 $n-1$ 次操作所能得到的最小的数. 显然对 $n \geqslant 2$, 有

$$m_n = \min_{p+q=n,\ p,q\in \mathbf{N}_+} \frac{m_p + m_q}{4}.$$

事实上, 无论我们怎样得到最小的数 m_n, 它都等于 $\dfrac{x+y}{4}$, 其中 x 与 y 得自上一步. 设 x 是从 p 个 1 的最初的数组得到的, 而 y 是从剩下的 $n-p=q$ 个 1 得到的. 如果 $x > m_p$ 或 $y > m_q$ (为确定起见, 设 $x > m_p$), 则从最初的 p 个 1 的数组可以得到更小的数, 而无须取用第二组中的数. 这就意味着最终能够得到比 m_n 更小的数, 此与 m_n 的定义相矛盾.

我们来通过对 n 归纳, 证明 $m_n = f(n)$, 其中

$$f(n) = \frac{3 \times 2^k - n}{2^{2k+1}},$$

而 $k = k(n)$ 由条件 $2^k \leqslant n < 2^{k+1}$ 确定, 亦即 $k = [\log_2 n]$.

对 $n = 1, 2, 3$, 可以直接验证结论:

$$m_1 = 1 = \frac{3 \times 1 - 1}{2^1}; \quad m_2 = \frac{1}{2} = \frac{3 \times 2 - 2}{2^3}; \quad m_3 = \frac{3}{8} = \frac{3 \times 2 - 3}{2^3}.$$

假设对 $n_0 \geqslant 3$, 结论已对所有 $n \leqslant n_0$ 成立, 我们来证明它对 $n = n_0 + 1$ 也成立. 为此先证明一个引理.

引理: 表达式 $f(p) + f(q)$ 在条件 $p + q = n$ 下的最小值在 $p = \left\lfloor \dfrac{n}{2} \right\rfloor$, $q = \left\lceil \dfrac{n}{2} \right\rceil$ 时达到, 其中 $\lfloor x \rfloor = [x]$ 表示不超过 x 的最大整数, 而 $\lceil x \rceil$ 表示不小于 x 的最小整数.

引理之证: 记 $d(n) = f(n) - f(n+1)$. 由 $f(n)$ 的表达式可知, 当 $2^k \leqslant n < 2^{k+1}$ 时, $d(n) = 2^{-2k-1}$ (可以分别对 $n < 2^{k+1} - 1$ 和 $n = 2^{k+1} - 1$ 验证此式). 由此可知 $d(n) \geqslant d(n+1)$, 故在 $p \leqslant q$ 时, 有 $d(p) \geqslant d(q)$.

设 $1 \leqslant p \leqslant q < n$ 且 $p + q = n$. 我们来比较 $f(p) + f(q)$ 与 $f(p+1) + f(q-1)$ 的大小. 它们的差

$$f(p) + f(q) - f(p+1) - f(q-1) = d(p) - d(q-1).$$

如果 $p < q$, 则 $d(p) \geqslant d(q-1)$, 表明 $f(p) + f(q) \geqslant f(p+1) + f(q-1)$. 因而, 当 p 由 1 变化到 $\left\lfloor \dfrac{n}{2} \right\rfloor$ (亦即不超过 q) 时, $f(p) + f(q)$ 的值非升, 故知其最小值在 $p = \left\lfloor \dfrac{n}{2} \right\rfloor$ 时达到. 引理证毕.

由所证之引理和归纳假设可知

$$m_n = \frac{m_{\lfloor \frac{n}{2} \rfloor} + m_{\lceil \frac{n}{2} \rceil}}{4} = \frac{f(\lfloor \frac{n}{2} \rfloor) + f(\lceil \frac{n}{2} \rceil)}{4}.$$

故只需再证

$$\frac{f(\lfloor \frac{n}{2} \rfloor) + f(\lceil \frac{n}{2} \rceil)}{4} = f(n).$$

设 k 满足 $2^k \leqslant n < 2^{k+1}$, 则有 $2^{k-1} \leqslant \lfloor \frac{n}{2} \rfloor < 2^k$. 如果 $n < 2^{k+1} - 1$, 则 $2^{k-1} \leqslant \lceil \frac{n}{2} \rceil < 2^k$, 且 $f\left(\lceil \frac{n}{2} \rceil\right) = \frac{3 \times 2^{k-1} - \lceil \frac{n}{2} \rceil}{2^{2k-1}}$. 如果 $n = 2^{k+1} - 1$, 则 $\lceil \frac{n}{2} \rceil = 2^k$, 且

$$f\left(\lceil \frac{n}{2} \rceil\right) = \frac{3 \times 2^k - 2^k}{2^{2k+1}} = 2^{-k} = \frac{3 \times 2^{k-1} - 2^k}{2^{2k-1}} = \frac{3 \times 2^{k-1} - \lceil \frac{n}{2} \rceil}{2^{2k-1}}.$$

故在两种场合下, 都有

$$f\left(\lceil \frac{n}{2} \rceil\right) = \frac{3 \times 2^{k-1} - \lceil \frac{n}{2} \rceil}{2^{2k-1}}.$$

所以

$$m_n = \frac{f(\lfloor \frac{n}{2} \rfloor) + f(\lceil \frac{n}{2} \rceil)}{4} = \frac{3 \times 2^k - n}{2^{2k+1}} = f(n).$$

当 $n = 2019$ 时, 有 $k = 10$, 则

$$m_{2019} = \frac{3072 - 2019}{2^{21}} = \frac{1053}{2^{21}}.$$

方法 2 设 x 是经过 2018 次操作所得到的数. 我们来追踪得出该数的过程. 为此, 我们按倒过来的顺序回忆. 在正向操作时是用两个数换取一个数, 所以在反向操作中将一个数变为两个数, 为此我们有 (保留分母 4)

$$\frac{a+b}{4} \to \frac{a}{4} + \frac{b}{4}.$$

在此过程中, 有一个数 1 是没有前面的历程的. 对于每个 1, 我们都人为地将其表示为两个数的和的形式:

$$\frac{a+1}{4} \to \frac{1}{4} + \frac{a}{4} = \frac{2}{4^2} + \frac{2}{4^2} + \frac{a}{4}$$

(如果 $a = 1$, 那么我们也这样去做). 对于出现在分子上的 2 的方幂数, 它们是某个时刻由 1 得来的, 我们也人为地将其表示为两个数的和:

$$\frac{2^\ell}{4^m} = \frac{4 \times 2^\ell}{4^{m+1}} = \frac{2^{\ell+1} + 2^{\ell+1}}{4^{m+1}} = \frac{2^{\ell+1}}{4^{m+1}} + \frac{2^{\ell+1}}{4^{m+1}}.$$

这样一来, 在每一步这样的反向 "展开" 运作之后, 数的个数都加倍了. 所以最终我们将 x 写成了一个分数, 它的分子是 2048 个数的和 ($2^{10} < 2019 < 2^{11} = 2048$), 其中每个数都是 2 的某个方幂数, 而它的分母是 4^{11}.

以 $a_k(k = 0, 1, 2, \cdots)$ 表示在 x 的分数表达式中分子中的形如 2^k 的加项的个数. 根据我们的展开规律可知, 最初时 1 的个数是

$$a_0 + \frac{a_1}{2} + \frac{a_2}{4} + \cdots.$$

我们得到如下的与原问题等价的方程组:

$$\begin{cases} x = \dfrac{a_0 + 2a_1 + 4a_2 + \cdots}{4^{11}} \to \min, \\ a_0 + \dfrac{a_1}{2} + \dfrac{a_2}{4} + \cdots = 2019, \\ a_0 + a_1 + a_2 + \cdots = 2048. \end{cases}$$

为了使得 x 达到最小, 应当使得 k 最大, 相应的 a_k 最小. 对于 2019 个 1 的情形, 只需令 $a_2 = a_3 = \cdots = 0$. 我们来解方程组

$$\begin{cases} a_0 + \dfrac{a_1}{2} = 2019, \\ a_0 + a_1 = 2048, \end{cases}$$

得到 $a_0 = 1990, a_1 = 58$. 此时

$$x = \frac{1990 + 58 \times 2}{4^{11}} = \frac{2106}{2^{22}} = \frac{1053}{2^{21}}.$$

我们指出, 如果开始时黑板上的 1 的个数是 2 的方幂数, 那么可以令 $a_1 = a_2 = \cdots = 0$, 亦即此时只需 a_0 非零.

第 83 届（2020 年）

八 年 级

175. 答案 可以.

假定字母之间的距离为 6 cm. 汤姆可以用 3 个板块来写一个字母：字母两侧距离板块边缘各 3 cm. 如此一来，汤姆所写的 3 个字母的墨迹一共沾在 9 个板块上. 而盖克的每个数字都用两个板块来写，数字两侧距离板块边缘各 0.5 cm，在拼接时每两个相邻数字间用一块空白的板块隔开，这样一来，他就只让墨迹沾在 8 个板块上了.

176. 答案 1.

假设米沙暂时只标注到横坐标是 n 的点. 观察此时由所有仅被涂黑一次的点构成的图形（参阅图 112）. 在横坐标为 $[i-1, i]$ $(i = 1, 2, \cdots, n-1)$ 的区间上，这是一个宽度为 1、高度为 $h_i = \dfrac{1}{i-1} - \dfrac{1}{i}$ 的矩形，而在横坐标为 $[n-1, n]$ 的区间上，这是一个宽度为 1、高度为 $h_n = \dfrac{1}{n}$ 的矩形. 所以，此时图形的面积是

$$S = 1 \times h_1 + 1 \times h_2 + \cdots + 1 \times h_n$$
$$= \left(1 - \dfrac{1}{2}\right) + \left(\dfrac{1}{2} - \dfrac{1}{3}\right) + \cdots + \left(\dfrac{1}{n-1} - \dfrac{1}{n}\right) + \dfrac{1}{n} = 1.$$

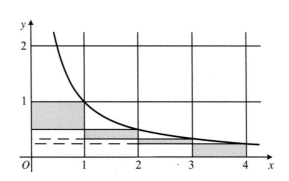

图 112

♦ 可以通过归纳法讨论. 假定米沙每标注一个点, 玛莎就立即涂黑相应的矩形. 当米沙标注点 $(1,1)$ 时, 玛莎涂黑了一个面积为 1 的矩形. 进而, 当米沙标注那个横坐标是 n 的点时, 玛莎首次涂黑一个面积为 $\frac{1}{n}$ 的矩形和再次涂黑一个面积为 $\frac{1}{n}$ 的矩形 (这些点已经被涂黑过一次以上了). 如此一来, 由仅被涂黑一次的点构成的图形的面积不发生改变.

♦ 如果把这些矩形都平移到紧靠纵轴, 则结论可以直观地看出.

177. 答案 $n = 3k, k \in \mathbf{N}$.

事实上, 由 3 的倍数出发, 是不可能得到 1 的. 因为如果 n 是 3 的倍数, 那么 $n+3$ 也是 3 的倍数, 而如果 $n = 5k$ 是 3 的倍数, 则 k 必为 3 的倍数, 这是因为 3 与 5 互质. 这就表明, 在这个操作过程中所得到的数都是 3 的倍数, 但是 1 并不是 3 的倍数.

假设 n 不可被 3 整除. 那么 $n, n+3, n+6, n+9, n+12$ 都不是 3 的倍数, 而且它们被 5 除的余数各不相同. 这就意味着, 它们中必有一者是 5 的倍数. 因此, 薇拉在进行第一轮除以 5 的操作之后, 所得的商数不仅不是 3 的倍数, 而且不超过 $\frac{n+12}{5} = 0.2n + 2.4$, 在 $n > 3$ 时, 它严格小于 n. 换言之, 在商数变为 1 或 2 之前, 该商数随着操作次数的增加而变小. 而一旦商数变为 2, 只需一步就变为 1 了.

♦ 本题的陈述方式很像一个著名的未决问题——"克罗杰茨猜想", 即从给定的正整数 n 出发, 对它进行如下操作: 如果 n 是偶数, 则将它除以 2; 如果 n 是奇数, 则将它乘 3 后加 1, 变为 $3n+1$. 再对所得的结果进行类似的操作, 并一直进行下去. 该猜想断言, 所得结果迟早会是 1. 在该假设提出时, 曾经对 n 逐个验证到 10^{21}, 在最复杂的情况下, 需要经过 3000 步操作才得到 1.

178. 答案 是的, 一定存在这样的两支球队.

每场比赛都产生 2 分, 而每一轮都进行 $C_{20}^2 = 190$ 场比赛, 所以每一轮比赛各队所得总分都是 380 分. 在两轮比赛结束后, 每队都得到 38 分. 假设找不到所说的两支球队.

把在第一轮比赛中得分最高的队称为领头的队. 易知领头的队在第一轮中得到不少于 29 分. 因若不然, 各队所得总分不超过 $28 + 27 + 26 + \cdots + 9 = 370$, 这是不可能的, 因为这少于一轮比赛所产生出的分数.

这样一来, 第一轮比赛中的领头的队至少战胜了 10 支队. 那么在第二轮比赛中它应当继续战胜这些球队, 至少也应当与它们战平, 从而它在第二轮比赛中应当至少得到 10 分. 这就表明, 它在两轮比赛中一共得到不少于 39 分. 此为矛盾.

♦ 在上述证明的最后, 事实上证得了第一轮比赛中的领头的队在第一轮中至多得了 28 分. 通过类似讨论, 可以证明, 第一轮比赛中得分最少的队至少得了 10 分. 于是根据抽屉原理, 有两支队在第一轮比赛中得分相同, 此为矛盾.

♦ 在球队数目为奇数的情况下, 题中的结论不一定成立. 设共有 $2n+1$ 支球队. 将它们编号为 1 至 $2n+1$. 假设在第一轮比赛中, 号码差大于 n 的两支球队比赛时以号码较小的球队取胜, 其余情况则都战成平局; 在第二轮比赛中, 号码差大于 n 的两支球队战成平局, 其余场合则号码大的队取胜. 于是号码为 i 的队在第一轮比赛中得到 $3n+1-i$ 分, 在第二轮中得到 $n-1+i$ 分.

179. 方法 1 根据梯形的一个良好性质: 两腰延长线的交点 P、两条对角线的交点 O 和下底边 AD 的中点 M 位于同一条直线上 (参阅图 113). 分别以 K 与 L 记对角线 AC 与 BD 的中点, 则有 $KL // AD$, 亦即 $AKLD$ 为梯形. 根据该梯形的良好性质, 它的两条对角线的交点 H 和点 O, M 在同一条直线上. 因此, P, H, M 三点共线.

为完成证明, 我们来看 $\triangle APD$. 点 H 是它的边 AP 和边 PD 上的高的交点, 所以它的中线 PM 经过它的垂心, 因而也是高. 这样一来, $\triangle APD$ 就是等腰三角形, 由此立即可知 $ABCD$ 是等腰梯形.

◆ 本解答来自一位考生的证明.

方法 2 设向边 AB 和边 CD 所作的垂线的交点是 H. 把这两条垂线分别延长到与直线 BC 相交, 设交点分别是 P 与 Q(参阅图 114). 由于 AQ 与 BD 相交于中点, 且 $BQ // AD$, 故 $ABQD$ 是平行四边形. 因而 $AB = DQ, \angle AQD = \angle BAQ$. 同理, $APCD$ 是平行四边形, 且 $CD = AP, \angle APD = \angle PDC$. 我们指出, 作为 H 处的两个对顶角的余角, $\angle BAQ = \angle PDC$, 于是 $\angle AQD = \angle APD$. 这表明 $APQD$ 内接于圆, 因而它是等腰梯形. 于是有 $AB = DQ = AP = CD$, 这就是所要证明的.

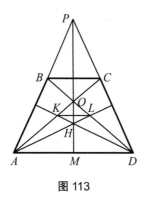

图 113

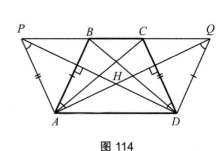

图 114

180. 答案 15.

如果珀丽娜把所有的红桃、所有的 A、所有的 K 和所有的 Q 都留给自己, 那么瓦西里就不可能在珀丽娜出红桃 A、红桃 K 和红桃 Q 时得分, 所以他不能保证自己得到多于 15 分.

下面我们证明: 珀丽娜无论怎样给自己留牌, 瓦西里都能保证自己得到不少于 15 分. 设想把所有的牌都放到一个 4×9 方格表中 (同一列中的牌点数相同, 同一行中的牌花色相同). 我们来证明: 如果珀丽娜染黑了 18 张牌 (其余 18 张为白色), 则瓦西里都可以分离出至少 15 个 "好的对子"(每一对中两张牌一白一黑, 或者位于同一列, 或者位于同一行). 于是当珀丽娜出的牌是对子中的黑牌时, 瓦西里就可以以对子中的白牌回应, 因而得分.

以列中的黑牌数目将列分型: 例如, 如果一列中有 3 张黑牌, 就称该列是 3 型的. 瓦西里首先观察 2 型的列. 只要有这样的列, 就可以把每个这样的列分成两个好的对子.

再观察 0 型和 4 型的 "列对". 显然, 每一个这样的 "列对" 都可以分成 4 个好的对子.

他再观察 1 型和 3 型的 "列对". 每一个这样的 "列对" 都同样可以分成 4 个好的对子 (参阅图 115, 数字相同的方格配为一对).

如果上述各种 "列对" 都没有了, 那么根据对称性, 可以认为只剩下 1 型和 4 型的 "落单" 的列了. 如果有 a 个 4 型的列和 b 个 1 型的列, 则 $4a+b = 3b$, 亦即 $b = 2a$. 在每个由一个 4 型的列和两个 1 型的列构成的 "列组" 中, 瓦西里有办法至少分出 5 个好的对子 (参阅图 116).

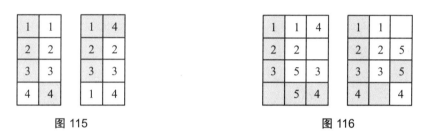

图 115　　　　　　　　　　　图 116

因为 $3a = a+b \leqslant 9$, 所以在方格表中至多剩下 3 个 "不好的对子", 亦即瓦西里至多丢掉 3 分.

♦ 可以用图论方法解答本题. 观察这样的图: 以牌作为顶点, 在花色或点数相同的牌之间用边相连. 题目中的问题就变为: 珀丽娜把图分为两个相等的子图 (去掉所有连接同一子图中顶点的边). 而瓦西里在其中寻找最多的相邻点对. 如下的定理可以帮助解答这个问题.

霍尔定理　如果在二部图 G 中, 对任何正整数 k, 其中一部中的任何 k 个顶点都与另一部中的至少 k 个顶点相邻, 则该图可以分为一系列相邻点对.

瓦西里的任务就是寻找能够满足霍尔定理条件的最大子图. 可以这样来做: 在其中一部中寻找含有 k 个顶点的不满足霍尔定理条件的最大子集, 亦即该子集与另一部中的少于 k 个顶点相连. 为此, 必须在另一部中落有不多于 $k-1$ 张牌, 它们的花色或点数与本部中的某些牌相同. 在 $k \leqslant 9$ 的条件下, 那些花色或点数相同的牌一共有不少于 $9+3k$ 张. 由此可知, 在第一部中应当有不少于 $9+3k-(k-1) = 10+2k$ 张牌. 由不等式 $10+2k \leqslant 18$ 得到 $k \leqslant 4$. 如果 $k \leqslant 3$, 则从图中删去该子集. 剩下的图满足霍尔定理的条件. 如果 $k = 4$, 则 (根据前面的不等式) 该子集中至少有一个顶点与另一部中的顶点有边相连. 留下该顶点, 删去其余 3 个顶点, 那么剩下的图依然满足霍尔定理的条件. 而如果 $k > 9$, 则只需对另一部如此操作. 可以证明, 那里的相应的子集中至多含有 9 个顶点.

九 年 级

181. 答案 存在.

例如,如下的数就满足要求:

$$12123434565679798080.$$

因为 $2020 = 101 \times 20$,而 101 与 20 互质,所以只需分别验证所举出的数对 101 和 20 的整除性即可. 显然该数可被 20 整除. 而为了验证对 101 的整除性,只需指出,任何形如 $\overline{a0a00\cdots 0}$ 的正整数都可被 101 整除. 而我们的数可以表示为若干个这种类型的数的和.

♦ 解答本题还可从下列各种思路入手:

注意到 $101 \mid 1111$,便知正整数 $111122223333\cdots 99990000$ 可满足题中要求.

注意到 $101 \mid (10^{10} + 1)$,可知正整数 12345678901234567890 满足题中要求.

甚至还可举出每个数字各出现一次的正整数的例子,例如 1237548960. 为验证该数满足题中要求,需要用到对 101 整除的规则,该规则与对 11 整除的规则类似: 从数的末尾开始,把数字两位一组,那么所得到的这些二位数的代数和应当是 101 的倍数. 例如,对于我们所举出的数有 $12 - 37 + 54 - 89 + 60 = 0$ 是 101 的倍数.

182. 答案 一定可以.

观察由 6 根短棍拼成的两个三角形. 假设三角形 $\triangle_1$ 的三条边长度是 α, β, γ 且 $\alpha > \beta > \gamma$;三角形 $\triangle_2$ 的三条边长度是 a, b, c 且 $a > b > c$. 不失一般性,可以认为三角形 $\triangle_1$ 的最长边最长:$\alpha > a$. 由三角形不等式知 $\alpha < \beta + \gamma$ 和 $a < b + c$.

容易证明,可以用 $\alpha, \beta + a, \gamma + b + c$ 作为一个三角形的三边之长,这是因为

$$\alpha < \beta + \gamma < (\beta + a) + (\gamma + b + c),$$
$$\beta + a < \alpha + (b + c) < \alpha + (\gamma + b + c),$$
$$\gamma + b + c < \beta + a + a < \beta + a + \alpha = \alpha + (\beta + a).$$

♦ 解答本题可以有别的思路. 例如,将 6 根短棍的长度依次记为 $a_1 > a_2 > a_3 > a_4 > a_5 > a_6$,则可拼成三边长度为 $a_1, a_2 + a_4, a_3 + a_5 + a_6$ 的三角形.

183. 答案 可以.

我们来证明:勇士们可以对付任何头数可以被 2 或 3 整除的蛇妖. 为此只需证明:一次进攻之后,蛇妖所剩下的头的数目依然可被 2 或 3 整除.

如果头数是 4 的倍数,则记作 $4x$. 在勇士丙的一次进攻之后变为 $3x - 3$,可被 3 整除.

如果头数是 3 的倍数,则记作 $3x$. 在勇士乙的一次进攻之后变为 $2x - 2$,可被 2 整除.

如果头数可被 2 整除,但不可被 4 整除,则可记作 $4x - 2$. 在勇士甲的一次进攻之后变为 $2x - 2$,依然可被 2 整除.

只要按照这样的模式进攻, 每次即可砍下蛇妖的整数个头, 并且可以一直砍下去, 直到砍光它的所有的头. 因为 20^{20} 是 4 的倍数, 所以勇士们可以对付这样的蛇妖.

184. **方法 1** 将线段 BC 与 AC 的中点分别记作 M 和 N(参阅图 117). 在 Rt$\triangle BHC$ 中, 点 M 是斜边的中点, 所以 $MB = MC = MH$. 因为点 P 与点 H 关于直线 MN 对称, 所以 $MP = MH$. 因此, 点 B, H, P, C 都在同一个以 M 为圆心的圆周上. 故知 $\angle PBC = \angle PHC$, 因为它们同为 $\overset{\frown}{PC}$ 所对的圆周角.

以 X 记直线 PH 与直线 AB 的交点. 因为 P 与 H 关于直线 MN 对称, 所以 $PH \perp MN$. 又因 MN 是 $\triangle ABC$ 中的中位线, 所以 $MN // AB$. 由此可知 $\angle PBC = \angle PHC = \angle AHX = 90° - \angle BAC$.

另一方面, 如果点 O 是 $\triangle ABC$ 的外心, 则应有 $\angle BOC = 2\angle BAC$. 由于 $\triangle BOC$ 是等腰三角形, 故知 $\angle OBC = 90° - \angle BAC$. 这样一来, 就有 $\angle OBC = \angle PBC$. 这就表明, 点 B, O, P 在同一条直线上.

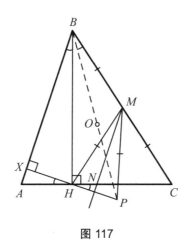

图 117

方法 2 利用关于施泰纳 (Steiner) 直线的定理.

施泰纳直线 $\triangle MNK$ 外接圆上任意一点 L 关于它的各条边的对称点位于同一条经过它的垂心的直线上, 这条直线就称为 $\triangle MNK$ 的施泰纳直线.

不难证明, 点 H 位于经过 $\triangle ABC$ 三边中点的圆 (该圆就是 $\triangle ABC$ 的九点圆) 上. 根据题意, 点 P 是点 H 关于与 AB 平行的中位线的对称点. 又易看出, 点 B 是点 H 关于与 AC 平行的中位线的对称点. 于是得知, 直线 BP 是点 H 关于中位线三角形 (由 $\triangle ABC$ 的三条中位线围成的三角形) 的施泰纳直线, 故在该直线上有着中位线三角形的垂心, 而它就是 $\triangle ABC$ 的外心.

185. **方法 1** 把所有的客人分成有序三人组; 每一组中的第一个人分给写着字母 A 的圆柱体, 第二个人分给写着字母 B 的圆柱体, 第三个人分给写着字母 C 的圆柱体. 为此只需将所有客人排名 (有 $(3n)!$ 种排名方式), 前三名构成第一个三人组, 接下来的三名构成第二组, 如此等等. 因为各个三人组之间可以交换顺序而不改变三人组的划分, 所以每种划分都被计算了 $n!$ 次. 故将客人划分为有序三人组的方式有 $\dfrac{(3n)!}{n!}$ 种.

为了将客人分到各个圈上, 只需对 n 个三人组中的第一人进行分配 (这时有的圈上甚至可以只有一个人), 然后再让各个有序三人组中的其他成员紧随第一人之后即可, 这只有唯一的方式进行. 下面通过对 n 归纳, 证明恰有 $n!$ 种方法完成这种分配, 由此完成对题中结论的证明.

$n=1$ 的情形显然. 下设结论已经对 n 成立, 我们来证明它对 $n+1$ 也成立. 先把 n 个人分到各个圈上, 根据归纳假设, 这有 $n!$ 种方法. 而将第 $n+1$ 个人插到圈上有 $n+1$ 种方法. 事实上, 在由 k 个人形成的圈上有 k 个不同的位置可以插入新人, 所以一共有 n 种不同的方法把新人插到原有的圈上, 此外还可以将新人放到一个新的圈上.

方法 2 将这些客人编号为 1 至 $3n$. 显然刚好有 $(3n)!$ 种方式将他们列队. 所以只需证明列队方式与分圈方式相互唯一确定.

任取一种使得圆柱体自左至右排成 $ABCABC\cdots ABC$ 的列队方式. 设想已经把客人依次分成了 n 个三人组. 把从开头一直到那个包含 1 号客人在内的三人组为止的所有客人分到第一个圈上. 再把接下来的客人直到包含剩下的最小号码的客人在内的三人组为止的所有客人分到第二个圈上, 如此等等.

反过来, 亦容易由各个圈恢复列队方式: 先找到 1 号客人所在的圈, 找到他所在的 ABC 三人组, 从该组末尾撕开圆圈, 把它展开成直线, 置于队列之首; 再找出剩下的最小号码的客人, 找出他所在的圈, 照样操作, 如此等等.

186. 答案　能.

我们来观察 N 以及格列勃可以在黑板上写出的序列. 将一开始的数 a 记作 a_1, 并将后续的数依次记作 $a_2, a_3, \cdots, a_n$. 由题意知, $N = a_k q_k + a_{k+1}$ $(1 \leqslant k \leqslant n-1)$ 并且 $N = a_n q_n$, 其中 q_k 是不完全商.

我们希望能有

$$\frac{a_1}{N} + \frac{a_2}{N} + \cdots + \frac{a_n}{N} > 100.$$

不难看出, $N < a_k(q_k+1)$, 故 $\dfrac{a_k}{N} > \dfrac{1}{q_k+1}$; 此外, $\dfrac{a_n}{N} = \dfrac{1}{q_n}$. 因此, 只需有

$$\frac{1}{q_1+1} + \frac{1}{q_2+1} + \cdots + \frac{1}{q_{n-1}+1} + \frac{1}{q_n} > 100.$$

我们来证明, 存在这样的 N 与 a, 使得对一切 $k < n$, 都有 $q_k = k$, 并且有 $q_n = n+1$. 那么只要这一点能够实现, 我们的题目也就获得了解答. 这是因为, 对充分大的 n, 如下的不等式都能成立:

$$\frac{1}{2} + \frac{1}{3} + \cdots + \frac{1}{n} + \frac{1}{n+1} > 100.$$

为此，我们来选择不完全商，接下来确定 N 与 a_k. 不难看出，等式

$$a_k = \frac{N - a_{k+1}}{k} \qquad ①$$

连同不等式 $a_k > a_{k+1}$ 等价于 "a_{k+1} 是 N 对 a_k 做带余除法且不完全商是 k 时的余数".

一开始我们选择 $a_n = 1$ 和 $N = n+1$. 接着再根据 ① 式从尾开始依次确定 a_k. 如此得到的部分 a_k 可能是有理数；然而，正如我们所看到的，如果把 N 和所有的 a_k 都任意乘同一个数，等式 ① 仍然保持且有关系式 $N = (n+1)a_n$. 只需把 N 和所有的 a_k 都乘以它们的公分母，使它们都成为整数. 最后只需确认，所有的 a_k 都是正数且有 $a_k > a_{k+1}$.

为此，先来对 k 归纳，以证明 $0 < a_k < \frac{N}{k}$. 起点 $k = n$ 是显然的，因为 $a_n = \frac{N}{n+1}$. 假设已经对 $k+1$ 证得结论，我们来看 k. 因为 $0 < a_{k+1} < \frac{N}{k}$，所以 $0 < N - a_{k+1} < N$，根据 ① 式，此即 $0 < ka_k < N$，亦即 $0 < a_k < \frac{N}{k}$.

剩下只需指出，当 $k < n$ 时，有

$$a_k = \frac{N - a_{k+1}}{k} > \frac{N - \frac{N}{k+1}}{k} = \frac{N}{k+1} > a_{k+1}.$$

这就证明了我们所得的序列恰如所求.

◆ 我们来证明：对任何 d，都可以取出级数 $\frac{1}{2} + \frac{1}{3} + \cdots$ 中的前若干项，使得它们的和大于 d. 例如取前 $2^{2d} - 1$ 项即可. 事实上，可以把这 $2^{2d} - 1$ 项的和分为 $2d$ 个部分：第 1 部分仅包含 $\frac{1}{2}$，第 2 部分为 $\frac{1}{3} + \frac{1}{4}$，第 3 部分由 $\frac{1}{5}$ 一直加到 $\frac{1}{8}$，如此等等. 于是由第 1 部分到第 $2d$ 部分中的每个部分的和都不小于 $\frac{1}{2}$. 事实上，在第 m 部分中一共有 2^{m-1} 项，每一项都不小于 2^{-m}，所以它们的和不小于 $2^{m-1} \times 2^{-m} = \frac{1}{2}$. 因此，所有这些项的和不小于 d.

◆ 不难看出，不完全商 q_k 随着 k 的增大而增大，这是因为关系式 $q_k a_k + a_{k+1} = q_{k+1} a_{k+1} + a_{k+2}$ 不可能在 $a_k > a_{k+1} > a_{k+2}$ 和 $q_k \geqslant q_{k+1}$ 的条件下成立. 同理，可以证明，最后的商数至少比倒数第二个不完全商大 2. 由此可知，我们上面所运用的序列 q_k 具有某种意义下的 "最小性".

◆ 可以证明，为了解答中的诸 a_k 都成为整数，它们所乘的公分母可以取为 $n!$. 此时不难算出 $N = (n+1)!$，而

$$a_k = (n+1)!(k-1)! \left[\frac{1}{k!} - \frac{1}{(k+1)!} + \frac{1}{(k+2)!} - \cdots + \frac{(-1)^{n-k+1}}{(n+1)!} \right].$$

十 年 级

187. 答案 $\dfrac{x^2 - 10x + 15}{11}$.

将所求的二次三项式记为 $P(x) = ax^2 + bx + c$, 则有

$$P(x) + P(x+1) + \cdots + P(x+10)$$
$$= a\left[x^2 + (x+1)^2 + \cdots + (x+10)^2\right] + b\left[x + (x+1) + \cdots + (x+10)\right] + 11c$$
$$= a\left[11x^2 + (2+4+\cdots+20)x + (1^2 + 2^2 + \cdots + 10^2)\right]$$
$$\quad + b\left(11x + 1 + 2 + \cdots + 10\right) + 11c$$
$$= 11ax^2 + (110a + 11b)x + (385a + 55b + 11c).$$

根据题意,该式应当等于 x^2. 比较相应项的系数, 得到方程组

$$\begin{cases} 11a = 1, \\ 110a + 11b = 0, \\ 385a + 55b + 11c = 0. \end{cases}$$

该方程组有唯一解: $a = \dfrac{1}{11}, b = -\dfrac{10}{11}, c = \dfrac{15}{11}$.

188. 设共有 n 部影片. 假设人们购买了自己所喜欢的影片的票. 由题意知, 一共卖出 $8n$ 张电影票, 并且男观众与女观众购买了同样多张电影票, 亦即男观众一共买了 $4n$ 张票, 女观众也一共买了 $4n$ 张票. 从而, 8 张票中至少有 7 张票是女观众所买的影片不多于 $\dfrac{4n}{7}$ 部, 这也就意味着, 其余的不少于 $n - \dfrac{4n}{7} = \dfrac{3n}{7}$ 部影片中的每一部都至少有两位男观众喜欢.

189. 答案 不存在.

假设存在这样的 19 边形.

我们来观察由各条边张成的圆心角 $\alpha_1, \alpha_2, \cdots, \alpha_{19}$ 的度数. 第 $i+1$ 条边与第 i 条边之间的夹角的度数等于

$$\dfrac{360° - \alpha_i - \alpha_{i+1}}{2},$$

根据题中条件, 对 $1 \leqslant i \leqslant 19$, 它们都是整数 (为方便计, 假定 $\alpha_{20} = \alpha_1$). 这意味着, $\alpha_i + \alpha_{i+1}$ 是偶数. 如此一来, $\alpha_1 = (\alpha_1 + \alpha_2 + \cdots + \alpha_{19}) - (\alpha_2 + \alpha_3) - (\alpha_4 + \alpha_5) - \cdots - (\alpha_{18} + \alpha_{19}) = 360° - (\alpha_2 + \alpha_3) - (\alpha_4 + \alpha_5) - \cdots - (\alpha_{18} + \alpha_{19})$ 也是偶数. 同理可证, 任何 α_i 都是偶数.

因为 19 边形的各条边互不相等, 所以它们所张的圆心角也互不相等, 亦即 $\alpha_i \neq \alpha_j$. 这样一来, 就有 $360° = \alpha_1 + \alpha_2 + \cdots + \alpha_{19} \geqslant 2° + 4° + 6° + \cdots + 38° = 380°$, 此为矛盾.

190. 易见 OA 与 $\triangle AXY$ 的外接圆相切, 这是因为

$$\angle BAO = 90° - \angle C = \angle MYC = \angle XYA.$$

设 F 是 $\triangle ABC$ 的外接圆上一点, 使得 $AF \perp BC$. 于是有

$$\angle AEF = \angle AEB + \angle BEF = \angle ACB + \angle BAF$$
$$= \angle ACD + \angle DAC = \angle ADM = \angle AEM.$$

由此得知 E, M, F 三点共线. 此外, 还有 $\angle MEC = \angle FEC = \angle FAC = \angle MYC$, 这表明 E, Y, M, C 四点共圆. 进而

$$\angle AEY = \angle AEC - \angle YEC = 180° - \angle ABC - \angle YMC$$
$$= 90° - \angle ABC = \angle AXY,$$

即点 E 位于 $\triangle AXY$ 的外接圆上. 于是 OE 是切线, 因为 $OE = OA$, 而 OA 是圆 AXY 的切线.

191. 因为 $(x+y)^2 + (x-y)^2 = 2(x^2+y^2)$, 所以在每一步操作之后, 黑板上的所有数的平方和都变为原来的两倍. 由等式

$$(n-3)^2 + (n-2)^2 + (n-1)^2 + n^2 + (n+1)^2 + (n+2)^2$$
$$+ (n+3)^2 + (n+4)^2 = 8n^2 + 8n + 4$$

知 8 个相连整数的平方和被 8 除的余数是 4. 这也就表明, 1000 个相连整数的平方和被 8 除的余数是 4.

这样一来, 在第一步操作之后, 黑板上的所有数的平方和就是 8 的倍数, 因此它们不可能再是 1000 个相连的整数了.

♦ 题目条件中的 1000 个相连的整数可以换成任意偶数个相连的整数. 证明基于这样的事实: 2^k 个相连整数的平方和被 2^k 除的余数是 2^{k-1}.

192. 答案 任何正整数 k.

我们来看方格集合 A_1, 它是一条长度为 k 的竖直线段. 易知方格平面上的每一列与 A_1 交得 0 个或 k 个方格, 而每一行或每一条对角线都与之交得 0 个或 1 个方格.

再看集合 A_2, 它由集合 A_1 的 k 个复制构成, 其中每一个都由前一个平移向量 $(k, 0)$ 得到. 于是 A_2 由 k 条长度为 k 的线段构成, 它们之间相隔 $k-1$ 个空的列. 易知每一行与 A_2 交得 0 个或 k 个方格, 而每条对角线则与之交得 0 个或 1 个方格 (因为没有哪一条对角线可与 A_2 中的两个 A_1 的复制相交).

集合 A_3 由集合 A_2 的 k 个复制构成, 其中每一个都由前一个平移向量 (k^2, k^2) 得到. 每一行、每一列或者每一条平行于向量 $(1, -1)$ 的对角线都至多与 A_3 中的一个 A_2 的复制相交, 而每一条平行于向量 $(1, 1)$ 的对角线则或者不与 A_3 中的任何 A_2 的复制相交, 或者与 A_3 中的所有 A_2 的复制都相交. 因此, 每一行、每一列或者每一条平行于向量 $(1, 1)$ 的对角线都与 A_3 交得 0 个或 k 个方格, 每一条平行于向量 $(1, -1)$ 的对角线都与 A_3 交得 0 个或 1 个方格.

再类似地构造集合 A_4: 它由 A_3 的 k 个复制构成, 其中每一个都由前一个平移向量 $(k^3, -k^3)$ 得到. 每一行、每一列或者每一条平行于向量 $(1,1)$ 的对角线都至多与 A_4 中的一个 A_3 的复制相交, 每一条平行于向量 $(1,-1)$ 的对角线则或者不相交, 或者与所有复制都相交. 因此, 每一行、每一列或每一条对角线都与 A_4 交得 0 个或 k 个方格.

◆ 上面的例子可以视为 4 维正方体 $k \times k \times k \times k$ 中的节点在平面上的投影.

十 一 年 级

193. 如下的正整数就是一个恰当的例子:

$$98\ 987\ 676\ 545\ 431\ 312\ 020.$$

当然还有其他的例子. 由于 $2020 = 4 \times 5 \times 101$, 如果一个正整数可被 $4, 5, 101$ 整除, 那么它可被 2020 整除. 我们所举出的正整数以 20 结尾, 所以它可被 4 和 5 整除. 形如 $\overline{abab}$ 的整数等于 $101 \times \overline{ab}$. 而我们所举出的正整数等于形如 $\overline{abab} \times 10^k$ 的整数的和, 所以可被 101 整除.

194. 答案 不存在.

我们来证明: 任何满足题中条件的函数必以 3 为周期. 事实上, 由该条件推知 f 不会取值 1. 因为, 如果 $f(x) = 1$, 那么 $f(x+1) = f(x+1) + 1$, 这是不可能的. 因而 $f(x+1) = \dfrac{1}{1-f(x)}$. 运用这一等式, 可得

$$f(x+3) = \frac{1}{1-f(x+2)} = \frac{f(x+1)-1}{f(x+1)} = 1 - \frac{1}{f(x+1)} = f(x).$$

195. 同第 184 题.

196. 答案 23.

每一个多米诺包含一个白格和一个黑格. 所以, 如果剪掉了 9 个白格, 那么不可能剪出多于 $32 - 9 = 23$ 个多米诺.

我们按照图 118 所示的方式剪开棋盘. 在缺失 10 个方格之后, 至多损坏了 10 个多米诺, 所以我们至少还有 22 个完整的多米诺. 下面说明 如何可以增加一个多米诺. 观察图 118 中的方格链 (从最左一列下端第 2 个方格 $a2$ 开始沿着方格链往上走). 因为剪掉的方格中既有白格又有黑格, 所以在这个链上, 在某个被剪掉的白格后面跟着的是某个被剪掉的黑格. 如果这两个被剪掉的方格相邻, 则表明它们只损坏了一个多米诺, 因此剩下的完整的多米诺不少于 23 个. 在相反的情形下, 它们之间隔有未剪掉的方格. 那么我们在它们之间改变剪法: 在被剪掉的白格后面紧接着剪出下一个多米诺 (参阅图 119). 于是多米诺的数目可以增加一个, 因而得到 23 个完整的多米诺.

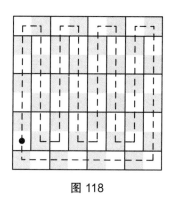

图 118

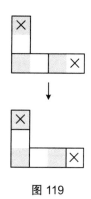

图 119

197. 答案 存在.

方法 1 我们来证明: 如果四面体有两条相对棱相互垂直且长度分别是 a 与 b, 则在该四面体上存在边长为 $\dfrac{ab}{a+b}$ 的正方形截面.

把其余四条棱都分成长度比为 $k:(1-k)$ (从与长度为 b 的棱的公共端点算起) 的两段 (参阅图 120), 连接分点, 得到边长为 ka 与 $(1-k)b$ 的平行四边形的截面 (利用三角形相似可得). 然而这个截面是矩形, 因为根据泰勒斯定理, 平行四边形的边分别平行于四面体的两条相互垂直的棱. 下面这样来计算 k 的值: 为了使得矩形的邻边相等, 令 $ka = (1-k)b$, 得 $k = \dfrac{b}{a+b}$. 于是所得的正方形的边长是 $\dfrac{ab}{a+b}$.

现在观察相交于一点 O 的两两垂直的三条直线. 在这三条直线上分别截取线段 $OA = 1$, $OB = 1$, $OC = x$, 其中 x 是某个参数 (参阅图 121). 在四面体 $OABC$ 中有三对相互垂直的相对棱: 棱 OC 垂直于面 OAB, 因而它垂直于位于该平面中的棱 AB; 同理, 棱 OA 与 OB 分别垂直于棱 BC 和 AC. 我们来证明: 可以恰当选取参数 $x>0$, 使得所构造出来的一个正方形的边长是另一个的 100 倍. 观察相互垂直的相对棱 OC 与 AB, 它们的长度分别是 x 与 $\sqrt{2}$. 根据前面所证, 所得的正方形的边长是 $c_1(x) = \dfrac{\sqrt{2}x}{\sqrt{2}+x}$. 对于长度分别为 1 和 $\sqrt{x^2+1}$ 的相互垂直的相对棱, 所得的正方形的边长是 $c_2(x) = \dfrac{\sqrt{x^2+1}}{\sqrt{x^2+1}+1}$.

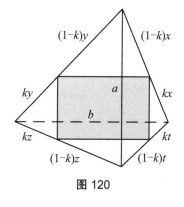

图 120

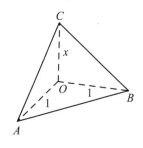

图 121

我们来考察函数 $f(x) = \dfrac{c_2(x)}{c_1(x)}$. 它在 $x>0$ 时连续, 且 $f(1) = 1$. 因为 $c_2(x) > \dfrac{1}{2}$, 所

以 $f(x) > \dfrac{x+\sqrt{2}}{2\sqrt{2}x} > \dfrac{1}{2x}$, 亦即 $f\left(\dfrac{1}{200}\right) > 100$. 根据连续函数的介值定理, 在区间 $\left[\dfrac{1}{200}, 1\right]$ 上存在 x^*, 使得 $f(x^*) = 100$. 对于所找到的 x^*, 我们取四面体 $OABC$. 于是, 所求的四面体与四面体 $OABC$ 相似, 相似系数为 $\dfrac{1}{c_1(x^*)}$.

方法 2 我们来看平行六面体 $ABCD\text{-}A_1B_1C_1D_1$, 它的侧面是对角线长度为 200 的正方形, 而它的上下底面是菱形. 观察四面体 A_1BDC_1(参阅图 122). 因为平行六面体 $ABCD\text{-}A_1B_1C_1D_1$ 的各个面上的对角线都相互垂直, 而它的相对面上的对角线相互平行, 所以该四面体的相对棱都相互垂直. 根据方法 1, 在这样的四面体中有平行于它的相对棱对的正方形截面. 并且平行于相对棱对 A_1B 与 C_1D 的正方形截面的边长是 100. 我们来证明: 可以选择该平行六面体的上下底面中的菱形, 使得与相对棱对 A_1C_1 和 BD 平行的正方形截面的边长为 1. 把平行六面体投影到它的上底面中, 此时四面体 A_1BDC_1 的棱都投影到了菱形 $A_1B_1C_1D_1$ 的各条边上, 而平行于相对棱对 BD 和 A_1C_1 的正方形截面的投影是与它全等的正方形, 它的顶点都在菱形 $A_1B_1C_1D_1$ 的边上. 内接于菱形的正方形的边长不超过菱形的较短对角线. 所以, 若令菱形的较短对角线的长度趋于 0, 可使正方形的边长任意接近于 0. 同时, 如果取正方形作为菱形, 则它的内接正方形的边长可达 100. 根据内接正方形边长变化的连续性, 可以找到这样的菱形, 使得它的内接正方形的边长等于 1, 此即为所求.

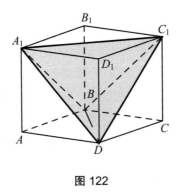

图 122

198. 2^k 个相连整数的平方和被 2^k 除的余数与 $1^2, 2^2, \cdots, (2^k)^2$ 的和被 2^k 除的余数相同. 而

$$1^2 + 2^2 + \cdots + (2^k)^2 = \dfrac{2^k(2^k+1)(2 \times 2^k + 1)}{6} = 2^{k-1} \times \dfrac{(2^k+1) \times (2 \times 2^k + 1)}{3},$$

故 2^k 个相连整数的平方和可被 2^{k-1} 整除, 但不可被 2^k 整除.

写 $2n = 2^k \cdot \ell$, 其中 ℓ 是奇数. 于是 $2n$ 个相连平方数的和可以写成 ℓ 个形如 $2^{k-1} \cdot t_i$ 的和, 其中所有的 t_i 都是奇数①, 故该和可被 2^{k-1} 整除, 但不可被 2^k 整除. 因此, 能够整除 $2n$ 个相连整数的平方和的 2 的最高方幂仅仅与 n 有关, 而与该和本身无关.

---

① 译者注: 可用归纳法证明这一结论.

同时, 在做了数的取代以后, 数的平方和加倍了. 事实上, 如果用 $a-b$ 和 $a+b$ 取代 a 与 b, 则有
$$(a-b)^2 + (a+b)^2 = 2a^2 + 2b^2 = 2(a^2+b^2).$$
这就说明, 不可能重新得到 $2n$ 个相连的整数.

199. 答案 $1.5\,\text{km}$.

方法 1 如果男孩离开公交站不多于 $500\,\text{m}$, 则他可以顺利地回头乘上正在驶来的公交车, 公交车在这段时间内行驶了不多于 $1500\,\text{m}$. 如果男孩离开公交站多于 $500\,\text{m}$, 那么他就不能在公交车到站前赶回公交站, 这就意味着如果他回头就会错过公交车, 从而他需要继续前进到达下一个公交站. 如果男孩已经发现了公交车, 而他距离第二个公交站不足 $1\,\text{km}$, 那么他可以继续前进, 并且不迟于公交车到站, 而公交车在这段时间内行驶了不多于 $3\,\text{km}$. 这样一来, 可以保证男孩不会错过公交车的公交站之间的最大距离就是 $1.5\,\text{km}$.

方法 2 设男孩从他发现公交车那一时刻起走过了 $x\,\text{km}$ 距离, 则公交车在这段时间内驶过了 $3x\,\text{km}$ 距离. 如果男孩迎着公交车走去, 并且与公交车同时抵达公交站, 则有 $3x+x=2$, 所以男孩到车站经过了距离 $0.5\,\text{km}$. 因此, 如果男孩到该车站的距离大于 $0.5\,\text{km}$, 那么他就不能顺利上车. 如果他继续沿着原来的方向前进, 并且与公交车同时到达下一个公交站, 那么有 $3x-x=2$, 所以男孩经过了 $1\,\text{km}$ 的距离, 而如果他与该公交站的距离超过 $1\,\text{km}$, 那么他就不能顺利上车. 因此, 公交站之间的距离不应超过 $1.5\,\text{km}$.

200. 答案 x 可为任何非负整数.

方程的右端在 $\pi^x \geqslant 1$ 时有意义. 设 $10^n \leqslant \pi^x < 10^{n+1}$, 其中 n 是非负整数, 则有 $[\lg \pi^x] = n$, 因为我们亦有 $10^n \leqslant [\pi^x] < 10^{n+1}$, 所以又有 $[\lg[\pi^x]] = n$. 因此, 在 $\pi^x \geqslant 1$ 时, 方程的右端恒为 0. 这就表明, 方程的解是所有非负整数.

201. 答案 7.

我们来观察茶杯的任意一种排列方式, 并把它们的颜色写成一行. 在该行颜色下面再写出它的所有不同的循环移位, 一共有 14 种. 我们来数一数在同一个位置上在一开始的排列和移位过程中一共产生多少次颜色对号. 对于每个黑色的茶杯, 有 6 次移位产生颜色对号, 而对于白色茶杯则有 7 次. 所以对于 14 种移位共产生 $7 \times 6 + 8 \times 7 = 98$ 个颜色对号. 这就表明, 存在这样的移位, 其中的颜色对号不多于 $\frac{98}{14} = 7$ 个.

我们来观察这样的颜色分布: 白白白白黑白黑白白黑黑白黑黑黑. 可以直接验证, 在对它所作的 14 种循环移位中, 都恰好有 7 个颜色对号.

202. 答案 $\frac{1}{2}$.

方法 1 设 O_1 与 O_2 分别是 $\triangle ABC$ 与 $\triangle ABD$ 的外心, M 是边 BC 的中点. 易知 $\triangle ABC \backsim \triangle BDC$, 此因 $\angle C$ 是公共的, 而由题意知 $\angle BDC = \angle ABC$. 所以 $\triangle BAC$ 与 $\triangle DBC$ 中的其余角亦相等 (参阅图 123). 这意味着 $\triangle ABD$ 的外接圆与直线 BC 相

切, 而半径 O_2B 垂直于切线 BC. 此外, 点 O_1 位于边 BC 的垂直平分线上. 所以长为 $\frac{1}{2}$ 的线段 MB 是连心线 O_1O_2 在直线 BC 上的垂直投影. 投影不会长于原来的线段, 故 $|O_1O_2| \geqslant \frac{1}{2}$, 并且等号在 $\angle ABC = 90°$ 时成立, 因为此时 O_1 是边 AC 的中点, O_2 是边 AB 的中点, O_1O_2 是 $\triangle ABC$ 中的中位线.

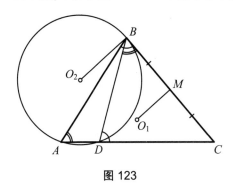

图 123

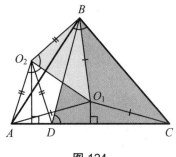

图 124

方法 2 仅看 $\triangle ABC$ 是锐角三角形 (参阅图 124) 的情形, 其他情形可类似讨论.

根据切割线定理, 有 $AC \cdot DC = 1$. 进而, $\angle BO_1C = 2\angle BAC = \angle BO_2D$, 因而 $\triangle DBO_2 \backsim \triangle CBO_1$, 所以它们的底角相等. 由于 O_1O_2 是线段 AB 的垂直平分线, 故知

$$\angle O_1O_2B = \frac{1}{2}\angle AO_2B = \frac{1}{2}(360° - 2\angle ADB)$$
$$= 180° - \angle ADB = \angle BDC.$$

此外, 还有

$$\angle O_2BO_1 = \angle O_2BD + \angle DBO_1 = \angle O_1BC + \angle DBO_1 = \angle DBC,$$

因此, $\triangle O_2BO_1 \backsim \triangle DBC$. 由相似性得

$$O_2O_1 = \frac{DC \cdot BO_1}{BC} = DC \cdot BO_1 = \frac{DC}{2} \cdot 2BO_1$$
$$= \frac{DC}{2}(AO_1 + O_1C) \geqslant \frac{DC \cdot AC}{2} = \frac{1}{2},$$

并且当 O_1 位于线段 AC 上, 即 $\triangle ABC$ 是直角三角形时, 等号成立.

203. 方法 1 首先证明: 形如 $c - mq$ 的数 (其中 $m \in \mathbf{N}^+$, q 为无理数, c 为任一固定实数) 可以通过选择 m, 使之与最近整数的距离足够小. 我们来观察 $n+1$ 个数 $q, 2q, 3q, \cdots, (n+1)q$, 它们的小数部分都落在如下 n 个区间之一内:

$$\left(0, \frac{1}{n}\right), \quad \left(\frac{1}{n}, \frac{2}{n}\right), \quad \cdots, \quad \left(\frac{n-1}{n}, 1\right).$$

根据抽屉原理, 存在两个数 m_1q 和 m_2q ($m_2 > m_1$) 的小数部分落在同一个区间内. 它们的差 $(m_2 - m_1)q$ 仍然是形如 mq 的数. 并且, 因为它们的小数部分的绝对值小于 $\frac{1}{n}$, 所以对某个整数 N, 有如下的不等式成立:

$$N - \frac{1}{n} < (m_2 - m_1)q < N + \frac{1}{n}.$$

因此, 存在这样的实数 $\psi \in \left(-\dfrac{1}{n}, \dfrac{1}{n}\right)$, 使得 $(m_2 - m_1)q = N + \psi$. 选择正整数 ℓ, 使得如下二不等式之一成立: $\ell\psi \leqslant \{c\} < (\ell+1)\psi$ 或 $-(\ell+1)\psi < \{c\} \leqslant -\ell\psi$. 于是可以找到这样的正整数 K, 使得 $|(N+\psi)\ell - (K+c)| < \dfrac{1}{n}$, 即

$$|\ell(m_2 - m_1)q - (K + c)| < \frac{1}{n},$$

因而

$$-K - \frac{1}{n} < c - mq < -K + \frac{1}{n},$$

其中, $m = \ell(m_2 - m_1) \in \mathbf{N}_+$. 这表明, 整数 $-K$ 到数 $c - mq$ 的距离小于 $\dfrac{1}{n}$. 增大 n 的值, 可使该距离变得任意小.

不失一般性, 可设 $b > a$. 在实轴的系数为 $\dfrac{1}{a}$ 的相似变换下, 点 $-a$ 变为点 -1, 而点 b 变为点 $\dfrac{b}{a} > 1$. 于是蚂蚱现在往右跳动距离 1, 往左跳动距离 $q = \dfrac{b}{a}$. 在某一时刻, 蚂蚱会往右跳跃距离 1 越过区间 $[-1, q]$ 的中点落在某个点 c 上. 此后蚂蚱不会再连续做两次距离为 q 的跳动. 在跳动距离 1 时, 蚂蚱在跳动前和跳动后所在的点的小数部分是相同的.

设现在蚂蚱在点 c 处. 选择正整数 m, 使得由 $c - mq$ 到最近的整数的距离小于 $\dfrac{10^{-6}}{a}$. 如果蚂蚱往左做 m 次跳动, 那么它与某个整数的距离就小于 $\dfrac{10^{-6}}{a}$, 而不依赖于它在此期间做了多少次距离为 1 的往右跳动. 因为点 0 位于我们的区间中点以左, 所以往右跳动距离 1 以后, 蚂蚱与点 0 的距离就必然小于 $\dfrac{10^{-6}}{a}$. 而在原来的数轴上, 蚂蚱与点 0 的距离小于 10^{-6}.

方法 2 不论开始时的位置 x_0 如何, 蚂蚱迟早会落在区间 $\Delta = \left[-\dfrac{a+b}{2}, \dfrac{a+b}{2}\right)$ 内. 事实上, 如果 $x_0 < \dfrac{a-b}{2}$, 那么只要它的位置还未越过点 $\dfrac{a-b}{2}$ 或者还未到达区间 $\Delta_r = \left[\dfrac{b-a}{2}, \dfrac{a+b}{2}\right) \subset \Delta$, 它就往右跳动距离 a; 而如果 $x_0 \geqslant \dfrac{b-a}{2}$, 那么只要还未越过点 $\dfrac{b-a}{2}$ 或者还未处于区间 $\Delta_l = \left[-\dfrac{a+b}{2}, \dfrac{b-a}{2}\right) \subset \Delta$ 内, 它就往左跳动距离 b.

在后续的跳动中, 蚂蚱就不会再离开区间 Δ 了: 如果它在 Δ_r 中, 它就往左跳动距离 b 进入区间 Δ_l; 如果它在区间 Δ_l 中, 它就往右跳动距离 a 进入区间 Δ_r.

如果把区间 Δ 弯成一个周长为 $a + b$ 的圆周, 那么如上所描述的蚂蚱的跳动在圆周上就变成朝一个方向的距离为 a 的跳动 (或者朝另一个方向的距离为 b 的跳动, 其实这在所给的圆周上是一回事).

由于跳动距离 a 与圆周长度 $a + b$ 的比值是无理数, 蚂蚱在圆周上的落点位置将会处处稠密, 亦即蚂蚱迟早会到遍圆周上的每一段弧. 因此, 在原来的区间 Δ 中, 蚂蚱的落点亦将会处处稠密, 于是它必将落在 0 点的任何预先指定的邻域中.

第 84 届（2021 年）

八 年 级

204. 答案 男爵的看法不正确.

方法 1 我们发现 $99^2 = (100-1)^2 = 100^2 - 2 \times 100 + 1 = 9801 < 9900$, 而 $100^2 = 10\,000 > 9999$. 所以任何以 99 开头的四位数都不是完全平方数, 亦即不可能在 99 后面添加两个数字, 得到完全平方数.

方法 2 由于一共有 90 个二位数, 如果对每个二位数都可以通过添加数字得到完全平方数, 那么四位数中就会至少有 90 个不同的完全平方数. 但事实上, 一共只有 68 个四位数是完全平方数, 因为 $31^2 = 961 < 1000$, 而 $100^2 = 10\,000 > 9999$. 此为矛盾.

205. 答案 可以如他所愿, 放下所有蜡烛.

蜡烛的一种放法如图 125 所示. 我们来证明: OA 小于蛋糕的半径, 亦即离开中心最远的点仍在蛋糕上面. $\triangle ABC$ 是边长为 20 cm 的等边三角形, 从而它的高 $AO = 10\sqrt{3}$ cm $<$ 18 cm, 事实上, $(10\sqrt{3})^2 = 300 < 324 = 18^2$.

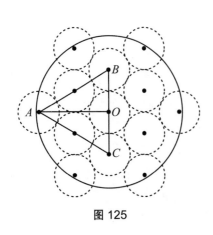

图 125

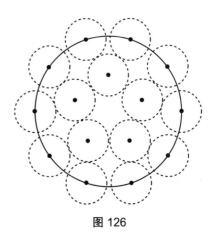

图 126

♦ 事实上, $2AO = 20\sqrt{3}$ cm, 仍小于 35 cm, 所以这种放法甚至可适用于直径为 35 cm 的圆形蛋糕.

♦ 我们不加证明地给出一种较为复杂的放法 (见图 126), 利用这种放法可以在直径为 36 cm 的圆形蛋糕上放下 15 根蜡烛 (而对于 13 根蜡烛, 若在圆周上放 10 根, 在圆内部放 3 根, 则蛋糕的直径甚至只需 33 cm).

206. 方法 1 我们来证明: 如果交换任意两个相邻小孩的先后顺序, 男孩所取走的糖果总数和女孩所取走的糖果总数都不会发生改变. 此因通过一系列这种交换可以得到孩子们取糖果的任何一种顺序, 这意味着男孩所取走的糖果总数与孩子们取糖果的先后顺序无关.

显然, 如果交换顺序的是两个男孩或两个女孩, 那么交换前后, 男孩所取走的糖果总数和女孩所取走的糖果总数都不发生改变.

现在假设还剩下 k 个孩子和 n 块糖果, 而站在糖果堆面前的是一个男孩和一个女孩. 如果 n 可被 k 整除, 那么不论他们谁先拿, 每个人都取走 $\frac{n}{k}$ 块糖果. 下设 n 被 k 除的余数是 $r > 0$, 则有 $n = kq + r$. 如果男孩先拿, 那么他拿走 $q+1$ 块糖果, 剩下 $(k-1)q + r - 1$ 块, 于是女孩拿走 q 块糖果. 而如果是女孩先拿, 那么她拿走 q 块糖果, 剩下 $(k-1)q + r$ 块, 男孩随后依然拿走 $q+1$ 块. 这就表明, 无论他们谁先谁后, 每个人所拿走的糖果数目都不变. 这也就表明, 无论是对他们, 还是对站在他们后面的孩子, 这种交换不会带来任何变化, 这正是所需要证明的.

方法 2 假设房间里一共有 n 个孩子, 并且 $2021 = an + r$, $0 \leqslant r < n$. 第一个孩子走到糖果堆旁, 把糖果分成小堆, 每堆 a 块或 $a+1$ 块 (一共分成 n 小堆, 其中有 r 小堆是 $a+1$ 块的), 并把所有较大的小堆放在较小的小堆右边.

假如第一个孩子是男孩, 那么他取走最右边的一小堆糖果并离开房间. 假如是女孩, 那么她取走最左边的一小堆糖果并离开房间. 当下一个孩子走过来时, 他面前的是 $n-1$ 小堆 a 块或 $a+1$ 块糖果.

如果两类小堆都有, 那就意味着现在的糖果总数除以孩子数目的不完全商依然是 a. 所以接下来的取糖过程不变, 男孩取过剩近似数, 从右端取走小堆, 女孩取不足近似值, 从左端取走小堆.

而如果只剩下一种类型的小堆, 则表明糖果数目可被孩子数目整除, 从而任何孩子都可取走任意一小堆糖果. 于是仍可让男孩从右端取, 女孩从左端去.

总而言之, 男孩取走右边的所有小堆的糖果 (有多少男孩就取走多少小堆), 所取糖果的总数目与他们的顺序无关.

207. 方法 1 如图 127 所示, 正五边形的内角是 $108°$, 所以 $\angle ECD = \angle CED = \frac{180° - 108°}{2} = 36°$, 而 $\angle ACD = 108° - 36° = 72°$. 这样一来, CE 包含着 $\triangle ACF$ 的角平分线, 从而与 AF 的中垂线相交于该三角形的外接圆上的某个点. 但是, $\angle F$ 是直角, 所以作为同弧所对的圆周角, $\angle AHC$ 亦为直角.

方法 2 与方法 1 类似, $\angle ECD = \angle CED = 36°$. 由于 $HP // CD$, 根据泰勒斯定理, $AP = PC$, 其中点 P 是线段 AF 的中垂线与对角线 AC 的交点. 因为 $\angle PHC$ 与 $\angle ECD$

是内错角, 所以 $\angle PHC = \angle ECD = 36°$. 故知 $\triangle PHC$ 是等腰三角形, 有 $PH = PC$. 最终我们得到 $HP = PA = PC$, 且 $\triangle AHC$ 是直角三角形, 因为它的一条边上的中线等于该边长度的一半.

方法 3 重新改述题目: 设点 H 是由顶点 A 向直线 CE 所作垂线的垂足 (参阅图 128). 于是我们只需证明: 点 H 与点 A 和点 F 的距离相等.

设对角线 AD 与 CE 相交于点 I. 记 G 为线段 DI 的中点. 注意到 $\triangle AEI$ 是等腰三角形 ($\angle AEI = \angle AIE = 72°$), 知 H 是 EI 的中点. 四边形 $HGFC$ 是等腰梯形, 此因 $GF // IC$ ($\triangle IDC$ 的中位线与底边平行), 而 $HG = \frac{1}{2}DE = \frac{1}{2}DC = FC$. 四边形 $AHGC$ 亦为等腰梯形. 这就是所要证明的.

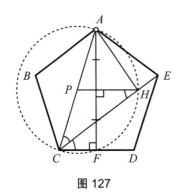

图 127

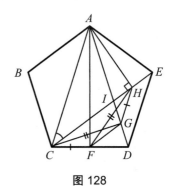

图 128

208. 答案 只需称量 3 次.

我们指出, 每一次称量, 无论所称的是哪一组金币, 都只可能得知该组金币中究竟有 0, 1 还是 2 枚轻币这三个答案. 事实上, 无论所称的是哪 k 枚金币, 称量的结果都只能是 $10k, 10k-1$ 或 $10k-2$, 而不可能是其他结果.

首先说明两次称量不足以保证找出两枚轻币. 事实上, 一共有 24 个相邻的金币对: 每一行 3 对, 每一列 3 对. 而每一次称量只能显示 3 种不同的结果, 那么两次称量只能有 $3^2 = 9$ 种不同的结果.

再来说明可以通过 3 次称量找到两枚轻币.

第一次称量: 将金币按照图 129 分为两组, 并称量其中一组. 由于分法对称, 只会有两种不同的结果: 两枚轻币在同一组或不在同一组.

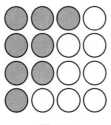

图 129

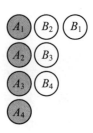

图 130

下面进行第二次称量.

① 第一种情形: 两枚轻币在同一组. 留下轻币所在的一组金币. 再把它们分组并编号, 如图 130 所示. 称量其中的一组, 可能出现 3 种不同的情况: 两枚轻币都在 A 组; 两枚轻币都在 B 组; 两枚轻币一组一枚.

尽管此时组的分法不对称, 但对两枚轻币同在一组的情形可同样处理: 此时的轻币对只可能是 $(X_1, X_2), (X_2, X_3), (X_3, X_4)$, 其中 X 为轻币所在的组, 即 A 或 B. 于是我们只需称量对子 (X_1, X_2). 如果它们都是轻币, 那么就找到了; 如果它们中只有一枚轻币, 那就表明 (X_2, X_3) 是那对轻币; 如果它们中没有轻币, 那么轻币对就是 (X_3, X_4).

如果两枚轻币一组一枚, 那么轻币对都是横向的, 即 $(A_1, B_2), (A_2, B_3), (A_3, B_4)$. 那么第三次称量时只需称 A_1, B_2, A_2 这 3 枚金币. 如果它们中有两枚轻币, 那就表明 A_1 和 B_2 是轻币; 如果它们中有一枚轻币, 那就表明 A_2 和 B_3 是轻币; 如果它们中没有轻币, 那么两枚轻币就是 A_3 和 B_4.

② 第二种情形: 两枚轻币不在同一组. 为进行第二次称量, 我们在图上只留下那些有可能是轻币的金币 (见图 131), 把它们分为两组并编号. 称量其中的一个组. 由于分组方式是对称的, 只会有两种不同的结果: 两枚轻币在同一组或不在同一组.

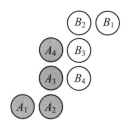

图 131

如果两枚轻币在同一组, 那么按照第一种情形中第三次称量的方式考虑 3 个对子, 注意此时轻币对不可能是 (X_3, X_4).

如果两枚轻币不在同一组, 那么轻币对就只可能是 (A_3, B_4) 或 (A_4, B_3). 于是通过第三次称量, 即可找到其中的轻币对.

♦ 我们来作一些讨论, 以有助于构造称法. 一次称量, 由于有 3 种可能的结果, 可以让我们从 3 个可疑的对子里确定出那对轻币, 但我们感兴趣的不是金币的数目, 而是可能是轻币的对子 (可疑对) 的数目. 类似地, 两次称量可以从不多于 9 个可疑对中确定出轻币对. 这就意味着, 第一次称量无论如何只能留下不多于 9 个可疑对. 而在我们给出的称法中, 如果两枚轻币在同一组, 则刚好留下 9 个可疑对; 而如果不在同一组, 则留下 6 个可疑对.

209. 我们来证明一个普遍的结论: 如果国内有 2^n 个城市, 则该部长可以在 $2^{n-2}(2^n - n - 1)$ 天内达到自己的目的.

引理: 某国有 $2k$ 个城市, 每两个城市之间都有一条单向行车的道路连接. 如果从中选出那些出城道路最多的一半城市,那么这些城市一共有不少于 k^2 条出城道路.

引理之证: 假设这些所选出的城市的出城道路总数少于 k^2 条,那么根据抽屉原理,其中会有一个城市的出城道路不多于 $k-1$ 条. 于是根据我们的选择原则,没有被选中的那一半城市中的每一座的出城道路都不多于 $k-1$ 条. 从而所有城市的出城道路条数之和小于 $k^2 + k(k-1) = 2k^2 - k$. 另外, 出城道路的条数确切地等于 $C_{2k}^2 = 2k^2 - k$, 因为每两个城市之间都有一条单向行车的道路, 该道路是其中一个城市的出城道路. 由此得出矛盾, 引理证毕.

下面用归纳法来证明普遍结论.

当 $n=1$ 时, 在两个城市之间只有一条单向道路连接, 不用作任何改变, 一个城市根本出不去, 另一个城市出去了就回不来.

假设结论已经对 2^n 个城市成立, 我们来证明它对 2^{n+1} 个城市也成立. 将这些城市分为两组, 其中第一组是 2^n 个出城道路最多的城市. 于是根据引理, 它们一共至少有 2^{2n} 条出城道路.

每组内部都有 $C_{2^n}^2$ 条道路, 所以由第一组城市去往第二组城市的道路条数不少于 $2^{2n} - C_{2^n}^2 = 2^{n-1}(2^n+1)$. 于是由第二组城市去往第一组城市的道路条数不多于 $2^{2n} - 2^{n-1}(2^n+1) = 2^{n-1}(2^n-1)$. 从而部长可在不多于 $2^{n-1}(2^n-1)$ 天中把它们全都改变行车方向, 都变为由第一组城市去往第二组城市的道路. 再利用 $2 \times 2^{n-2}(2^n-n-1)$ 天, 把每一组内部都变为可出不可回. 于是一共需要不多于 $2^{n-1}(2^{n+1}-n-2)$ 天.

因为 $32 = 2^5$, 所以部长为达到其邪恶目的, 至多需要 $2^3(2^5-5-1) = 208$ 天, 比起 2022 年之前剩下的 214 天还少.

♦ 如果该国有 n 个城市, 则对于所需天数 $f(n)$ 可利用如下关系式来估计:
$$f(2n) \leqslant C_n^2 + 2f(n)$$
(该式事实上已经在上述解答中给出了证明) 和
$$f(2n+1) \leqslant n + f(2n)$$
(该式是显然的). 但不知道这个估计是否确切.

九 年 级

210. 答案 $ab > a+b$.

因为 $a > 0, b > 0$, 所以 $a > a-b = \dfrac{a}{b} > 0$, 由此可知 $a > b > 1$. 另外, 由 $a-b = \dfrac{a}{b}$ 知 $ab = a + b^2$, 因为 $b > 1$, 所以 $b^2 > b$, 故 $ab = a + b^2 > a + b$.

211. 方法 1 假设找不到两个没有公共方格的染色情况完全相同的 2×2 的正方形, 那么任何两个具有相同染色情况的 2×2 的正方形就至少有一个公共方格.

如图 132 所示,将整个方格表分成 16 个 2×2 的正方形. 在我们的假设下,它们中任何两个的染色情况都不相同. 因为用两种颜色为 2×2 的正方形染色一共只有 $2^4=16$ 种不同的方法,所以这 16 个正方形刚好是每种染法各有一个. 把这 16 个正方形称为第一代.

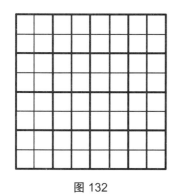
图 132

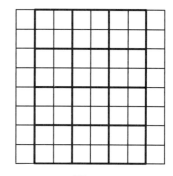
图 133

再按图 133 所示,框出 12 个第二代的 2×2 的正方形,其中每一个第二代正方形都与两个第一代正方形相交 (称之为其父母). 因为第一代正方形已经穷尽了所有 16 种不同的染色情况,所以每一个第二代正方形都必然与某一个第一代正方形具有相同的染色情况,而且该正方形必然是其父母之一 (因为在我们的假设下,任何两个不相交的正方形的染色情况都不相同).

然而,如果两个具有一个公共列的 2×2 的正方形的染色情况相同,那就意味着它们第一行的两个方格同色,第二行的两个方格同色. 这就表明,12 个第二代的 2×2 的正方形一共只有 4 种不同的染色情况,从而它们中必然会有两个的染色情况相同. 但是它们都是不具有公共方格的. 由此导出矛盾.

方法 2 假设找不到两个没有公共方格的染色情况完全相同的 2×2 的正方形.

我们来考察表中的一共 49 个 2×2 的正方形. 因为一共只有 16 种不同的染色方式,所以它们中必然有某 4 个的染色情况相同. 在我们的假设下,它们中任何两者都有公共方格.

我们指出,具有相同染色情况的正方形不可能多于 4 个. 事实上,如果 5 个 2×2 的正方形的中心的横坐标只有两种不同数值的话,那么它们的纵坐标就至少有 3 种不同的数值,从而其中有二者的差不小于 2,故这两个正方形不可能有公共方格.

采用类似的讨论方式,可以知道,如果某 3 个或某 4 个 2×2 的正方形的染色情况相同,那么这些正方形必然至少有一个公共方格.

我们来观察某 3 个具有相同染色情况的正方形,不失一般性,可假设它们的排列情况如图 134 所示. 因为染色情况相同,所以 1,2,4 号方格的颜色相同. 同理,$\{2,3,5\}$,$\{4,5,7\}$,$\{5,6,8\}$ 的颜色分别相同. 故所有方格都染了同一种颜色.

易知,对于 4 个染色情况相同的正方形的结论亦如此. 这就表明,如果有 3 个或 4 个染色情况相同的正方形,那么这些正方形的 4 个方格要么都染了 1 号色,要么都染了 2 号色. 从而对于其余 14 种染色方式,每种方式至多染了两个正方形.

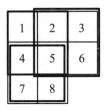

图 134

这样一来，我们一共只能将 $2 \times 4 + 14 \times 2 = 36$ 个正方形染色. 但事实上, 它们一共有 49 个.

212. 答案 可以.

先来给出一个刚好四步就点亮所有灯泡的做法. 作一条通过左下角和右上角这两个灯泡的辅助直线 (见图 135 中的虚线), 该直线上只有这两个灯泡, 再无其他灯泡.

先把辅助直线略略往下平移 (参阅图 135), 使得两个灯泡位于其上方, 并点亮直线下方的所有灯泡 (被点亮的灯泡用黑点表示). 然后再把辅助直线略略往上平移, 使得两个灯泡位于其下方, 并点亮直线上方的所有灯泡 (参阅图 136). 这时仅剩下左下角和右上角这两个灯泡未被点亮. 于是只要分别再用两条直线把这两个灯泡与其他灯泡隔开就行 (参阅图 137 和图 138).

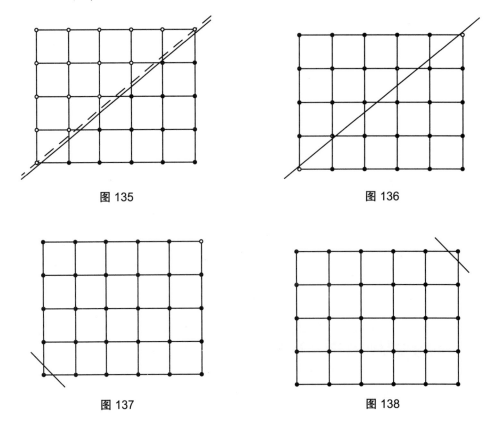

图 135　　　　　　　　图 136

图 137　　　　　　　　图 138

213. 注意到 MX 与 MY 分别是 $\triangle BCE$ 与 $\triangle BCD$ 的中位线 (参阅图 139), 可得 $\angle XMB = \angle C$ 和 $\angle CMY = \angle B$. 因此
$$\angle YMX = 180° - \angle XMB - \angle CMY = \angle A.$$
由切割线定理知 $BM^2 = BD \cdot BA$, 则
$$MY = \frac{BD}{2} = \frac{BM^2}{2AB}.$$
同理, 知
$$MX = \frac{CM^2}{2AC}.$$
将上述二式相除并利用 $BM = CM$, 得到
$$\frac{MY}{MX} = \frac{BM^2}{CM^2} \cdot \frac{2AC}{2AB} = \frac{AC}{AB}.$$
由此可知 $\triangle BAC \backsim \triangle XMY$(两条对应边成比例, 夹角相等).

下面证明一个引理.

引理 (弦切角定理的逆定理): 如果 $\triangle PQR$ 中的内角 $\angle Q$ 与线段 PR 和经过点 R 的直线 ℓ 的夹角相等 (见图140), 则直线 ℓ 与 $\triangle PQR$ 的外接圆相切.

引理之证: 经过点 R 作直线 ℓ' 与 $\triangle PQR$ 的外接圆相切, 则 ℓ' 与线段 PR 之间的夹角也等于 $\angle Q$, 由此可知直线 ℓ' 与 ℓ 重合. 引理证毕.

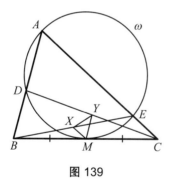

图 139

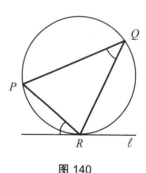

图 140

于是我们有 $\angle XYM = \angle ACB = \angle XMB$. 从而得知在 $\triangle XMY$ 的外接圆中, 弦 XM 所张成的角等于弦 XM 与直线 BC 之间的夹角. 运用引理, 知直线 BC 与 $\triangle XMY$ 的外接圆相切, 这也就意味着, 所考察的两个圆相切.

214. 答案 不是.

我们来证明, 当 $n = 3^{100}$ 时, 小猫取胜. 为此, 必须证明: 在费多尔的最后一次行动时, 他面对的所有三明治是不夹香肠的 (因若不然, 他可以安排行动的顺序使得最后吃的三明治是带香肠的).

将所有三明治依次编号. 我们首先说明, 小猫可以在三明治还剩下原来的三分之一时, 使得所有编号模 3 余 1 的三明治都是不夹香肠的.

标出每一百个三明治中那些编号模 100 余 1 的. 将所有三明治等分为三段 (各占三分之一). 在开头的 3^{99} 步中, 小猫取走中间一段中每一个被标出的三明治中的香肠. 因为在这一段时间中, 费多尔叔叔吃掉 $3^{99} \times 100$ 个三明治, 所以中间一段中的任何一个三明治都没有被吃掉. 在接下来的 3^{99} 步中, 小猫取走任意一个被标出的三明治中的香肠, 如果被标出的三明治中的香肠都被取走了, 那么它就什么都不做了. 因为大肚汉费多尔叔叔每一步中都至多吃掉一个带有标记的三明治 (参阅注解), 所以再经过 3^{99} 步, 所有剩下的带有标记的三明治中都没有香肠.

在接下来的步骤里, 小猫以类似的办法使得所有编号模 100 余 2 的三明治都不带香肠. 至此, 三明治的数量再次减少三分之一. 在以后的阶段里, 小猫按照三明治编号模 100 余数递增的顺序, 逐步使得它们不带香肠. 经过 100 个阶段, 最终剩下的 100 个三明治全都不带香肠.

◆ 事实上, 大肚汉费多尔每次吃掉的 100 个三明治的编号都是模 100 不同余的, 哪怕他是从两端取食的. 因为三明治的总数是 100 的倍数, 而每次他取食 100 个, 每次剩下的还是 100 的倍数个.

◆ 如果稍将小猫的策略精确化, 就可以证明, 即使在 $n = 2^{100}$ 时小猫仍可取胜, 不过现在每一步中三明治的数量减少一半. 为此, 小猫只应取走此前费多尔叔叔肯定不会吃到的这些号码 (模 100 的余数) 的三明治中的香肠. 不难明白, 这样的三明治总是存在的.

而在 $n = 2^{100} - 1$ 时费多尔叔叔已经赢了. 事实上, 在前 $2^{99} - 1$ 步中, 他任意吃掉 $(2^{99}-1) \times 100$ 个三明治. 在这段时间内, 不论小猫如何努力, 也至多出现 $2^{99}-1$ 个不带香肠的三明治. 进而, 如果在费多尔叔叔面前有 $2^k \times 100$ 个三明治, 其中至多有 $2^k \times (100-k) - 1$ 个三明治不带香肠, 那么在 $k > 0$ 时, 他可以视左右两头哪头不带香肠的三明治更多, 而吃之, 于是这些不带香肠的三明治中剩下不多于 $2^{k-1} \times (100-k) - 1$ 个, 而得益于小猫的劳作所新增的不带香肠的三明治不超过 2^{k-1} 个. 因此, 共有不带香肠的三明治一共不超过 $2^{k-1} \times (100-k+1) - 1$ 个. 继续这一过程, 在 $k = 0$ 时, 费多尔叔叔所面对的 100 个三明治中, 至多有 99 个不带香肠.

215. 方法 1 以 a_k 表示青蛙在时刻 k 所在的点, 则对某个时刻 n, 有 $a_n = a_0 = 0$. 设周期数列 $\{a_i\}$ 满足 $a_{n+i} = a_i$. 记 $A = p + q$. 注意到 $-q \equiv p \pmod{A}$, 则对任何 k, 都有 $a_k \equiv kp \pmod{A}$.

因为 p 与 q 互质, 所以 p 与 A 互质. 我们来证明: 对任何正整数 $d < p+q$, 存在整数 s, 使得 $sp \equiv d \pmod{A}$.

事实上, $0, p, 2p, \cdots, (A-1)p$ 被 A 除的余数各不相同 (因若不然, 对 $1 \leqslant i < j < A$ 有 $(j-i)p \equiv 0 \pmod{A}$, 然而这是不可能的, 因为 $0 < j-i < A$, 不可能被 A 整除, 而 p 与 A 互质), 这就意味着在这些余数中有一个是 d.

$r_k = a_{s+k} - a_k$. 不难看出, 所有的 r_k 被 A 除的余数都是 d.

如果 a_k 是青蛙所到达的最左边的点, 则 $r_k > 0$; 如果 a_k 是青蛙所到达的最右边的点, 则 $r_k < 0$. 这就表明, 在序列 $\{r_i\}$ 中存在某个角标 i, 使得 $r_i < 0$, $r_{i+1} > 0$, 然而却有 $r_{i+1} < A$, 这是因为

$$r_{i+1} - r_i = (a_{i+s+1} - a_{i+s}) - (a_{i+1} - a_i) \leqslant p - (-q) = A.$$

而由于 $r_{i+1} \equiv d \,(\mathrm{mod}\, A)$, 故 $r_{i+1} = d$, 这就是所要证明的.

方法 2 假设对某正整数 $d < p + q$, 找不到青蛙到过的两个点满足要求. 先证一个引理.

引理: 可以找到整数 a 与 b, 使得 $d = ap - bq$.

引理之证: 对 $a = 2, 3, \cdots, q+1$, 我们来观察数 $ap - d$. 只要其中有一个数可被 q 整除, 它就具有形式 bq, 于是有 $ap - d = bq$, 这就是所要证明的. 否则, 这 q 个数中会有两个被 q 除的余数相同 (因为一共有 q 个余数, 其中却没有 0), 从而有 $(a_1 p - d) - (a_2 p - d) = qk$, 即 $p(a_1 - a_2) = qk$. 因为 p 与 q 互质, 所以 $a_1 - a_2$ 是 q 的倍数. 但是在集合 $\{2, 3, \cdots, q+1\}$ 中, 任何二数的差都小于 q, 所以这种情况不可能发生. 引理证毕.

我们可以把 a 加 q, 把 b 加 p, 因为在这种变换下, 等式 $d = ap - bq$ 不变. 于是我们可以多次进行这种变换, 直到 $a, b > 1$. 假设青蛙在向右作了 n 次跳动, 向左作了 m 次跳动后回到了 0, 则有 $np = mq$, 即 $\dfrac{n}{m} = \dfrac{q}{p}$. 以下假设青蛙无限多次重复这一序列的前 $m + n$ 步, 显然它不断地重复到达各个点.

取 $k > \dfrac{a+b}{n+m}$. 我们通过在圆周上按顺时针方向依次放置字母来描述青蛙在 $(m+n)k$ 步中的跳动方向: 如果某一步向右跳, 就放置字母 R; 如果向左跳, 就放置字母 L. 于是圆周上一共放有 nk 个字母 R 和 mk 个字母 L.

假如我们从中观察长度为 $a + b$ 的一段, 其中刚好有 a 个字母 R(从而刚好有 b 个字母 L), 则这些字母刚好对应了青蛙的 $a + b$ 步相继跳动, 并且刚好有 $ap - bq = d$, 导致矛盾. 这就表明, 在任何长度为 $a + b$ 的段中, 字母 R 都不会刚好有 a 个.

我们来观察长度为 $a + b$ 的一段, 其中字母 R 的个数不多于 $a - 1$. 再观察这一段按顺时针方向移动 1 的一段, 亦即去掉头上的一个字母, 在尾上添上一个字母所得的一段. 注意, 此段中字母 R 的个数不多于 $a - 1 + 1 = a$, 但由于不可能刚好是 a, 故依然不多于 $a - 1$. 再重复这一过程, 便知每个长度为 $a + b$ 的段中都有不多于 $a - 1$ 个字母 R. 于是得出结论: 整个圆周上字母 R 所占比例不超过 $\dfrac{a-1}{a+b}$. 这也就意味着, 字母 R 与字母 L 的数目之比不超过 $\dfrac{a-1}{b+1}$.

类似地, 如果在某个长度为 $a + b$ 的段中字母 R 的个数不少于 $a + 1$, 则整个圆周上字母 R 与字母 L 的数目之比不低于 $\dfrac{a+1}{b-1}$. 因而有

$$\frac{nk}{mk} \leqslant \frac{a-1}{b+1} \quad \text{或} \quad \frac{nk}{mk} \geqslant \frac{a+1}{b-1}.$$

然而, 我们知道 $\frac{nk}{mk} = \frac{n}{m} = \frac{q}{p}$, 于是为找出矛盾, 只需证明

$$\frac{a-1}{b+1} < \frac{q}{p} < \frac{a+1}{b-1}.$$

上式左端等价于 $(a-1)p < (b+1)q$, 而这由 $ap - bq = d < p+q$ 立即推出; 右端则等价于 $(a+1)p > (b-1)q$, 它可由 $ap - bq = d > -p-q$ 推出.

于是我们得出矛盾. 这就表明可以找到距离为 d 的两个点.

方法 3 如同上述解答, 假设青蛙的跳动是一个无限循环的过程. 依然采用记号 $d = ap - bq$, 其中 a 与 b 是两个正整数, 它们的和记作 r.

以 δ_i 表示青蛙在时刻 $i+r$ (亦即自起点跳动 $i+r$ 步) 的位置与它在时刻 i 时的位置的差. 因为它们间隔 r 步, 所以

$$\delta_i = xp - (r-x)q = ap + (x-a)p - bq - (r-x-b)q$$
$$= d + (x-a)p + \big[x - (r-b)\big]q = d + (x-a)(p+q).$$

如果 $\delta_i = d$, 那么我们就找到了所需的两个点. 假设不然, 即对一切 i, 都有 $\delta_i \neq d$. 那么所有的 δ_i 都具有 $d + k(p+q)$ 的形式, 其中 $k \neq 0$ 为整数.

注意到 δ_i 与 δ_{i+1} 的差由第 $i+1$ 步与第 $i+r+1$ 步的状况决定, 根据不同的情况, 不难知道, 该差等于 $-(p+q)$, 0 或 $p+q$. 这就是说, 所有的 δ_i 或者全都小于 0 (对正整数 k, 具有形式 $d - k(p+q)$), 或者全都大于 0 (对正整数 k, 具有形式 $d + k(p+q)$).

现在我们来看青蛙跳动 rT 步时的情况, 其中 T 是一个周期中的步数. 一方面, 它等于 $\delta_0 + \delta_r + \delta_{2r} + \cdots + \delta_{r(T-1)}$, 根据前面所证, 它或者为正, 或者为负. 另一方面, 经过 rT 步跳动, 青蛙位于 0 处. 此为矛盾.

十 年 级

216. 答案 这个数最小可能是 1609.

该数的次末位数是 0, 因为去掉最后一位数字所得的数是 20 的倍数. 这也就意味着该数至少是四位数 (否则去掉第一位数字所得的数就是个位数, 不可能是 21 的倍数, 与题意相矛盾). 同时, 根据题意, 去掉最后一位数字所得的数也不可能是 100. 并且该数也不可能是 120 和 140, 这是因为 $\overline{20a}$ 和 $\overline{40a}$ 都不是 21 的倍数. 对于 160, 存在唯一的例子: 1609.

217. 方法 1 设在等腰梯形 $ABCD$ 中, BC 与 AD 是底, 其中 $AD = AB + CD = 2AB$ 是大底. 在 $\triangle ABD$ 中, 有

$$\sin \angle ADB = \frac{BH}{AD} \leqslant \frac{AB}{AD} = \frac{1}{2},$$

其中 BH 是由顶点 B 引出的高. 由此可知 $\angle ADB \leqslant 30°$, 同理知 $\angle CAD \leqslant 30°$. 以 O 记两条对角线的交点, 则在 $\triangle AOD$ 中, 有 $\angle AOD \geqslant 120°$, 因此作为其补角, 亦即两条对角线所夹成的锐角不大于 $60°$.

方法 2 等腰梯形 $ABCD$ 内接于圆. 它的腰长是大底长度之半, 这意味着短于外接圆的半径. 所以它的两腰所截出的劣弧均不大于 $60°$, 而两条对角线所夹成的锐角等于这两段弧的和的一半, 故亦不大于 $60°$.

218. 答案 可以.

每一动作都有逆动作. 因此, 如果我们可以由场景 A 按照规则操作得到场景 B, 那么也就可以由场景 B 按照规则操作得到场景 A.

下面用归纳法证明: 如果口袋里面装有 n 粒石子, 那么就可以通过按照规则的操作把石子放到 $1 \sim 2^n - 1$ 号的任何一个方格中.

$n = 1$ 的情形是显然的. 假设已经证明, 当口袋里面装有 n 粒石子时, 可以通过按照规则的操作把石子放到 $1 \sim 2^n - 1$ 号的任何一个方格中. 现在设口袋里有 n 粒黑色石子和 1 粒红色石子. 我们来按如下方法操作:

① 不动用红色石子, 而使得有黑色石子出现在 $2^n - 1$ 号方格里, 根据归纳假设这是可以实现的.

② 把红色石子放在 2^n 号方格里.

③ 按相反的顺序执行 ① 中各相应操作的逆操作. 显然, 红色石子不会干扰这些操作. 其结果是所有黑色石子全都回到口袋中, 单单留下一粒红色石子在 2^n 号方格里. 后面我们将不会再去掉红色石子.

④ 从 $2^n + 1$ 号方格到 $2^{n+1} - 1$ 号方格刚好形成长度为 $2^n - 1$ 的一段方格. 因为红色石子已经处于这段方格的左边, 所以可以对 n 粒黑色石子运用归纳假设, 则它们可以被放入这一段方格中的任何一个方格.

特别地, 当 $n = 10$ 时, 可以把石子放到 $1 \sim 2^{10} - 1 = 1023$ 号方格中的任何一个里面, 包括放进 1000 号方格.

219. 方法 1 观察 $\triangle PBC$ 和 $\angle BPC$ 的外角平分线 XP; 观察 $\triangle APB$ 和 $\angle APB$ 的角平分线 PY; 观察 $\triangle PCD$ 和 $\angle DPC$ 的角平分线 PZ; 观察 $\triangle APD$ 和 $\angle APD$ 的外角平分线 XP. 由角平分线的性质可知

$$\frac{BX}{CX} = \frac{PB}{PC}, \qquad \frac{AY}{YB} = \frac{PA}{PB},$$

$$\frac{PD}{PC} = \frac{DZ}{ZC}, \qquad \frac{PA}{PD} = \frac{AX}{XD}.$$

设直线 XY 与线段 AC 相交于点 R(见图 141). 对 $\triangle ABC$ 和直线 XYR 运用梅涅劳斯定

理, 得到
$$\frac{BX}{XC} \cdot \frac{CR}{RA} \cdot \frac{AY}{YB} = \frac{PB}{PC} \cdot \frac{CR}{RA} \cdot \frac{PA}{PB}$$
$$= \frac{PD}{PC} \cdot \frac{CR}{RA} \cdot \frac{PA}{PD} = \frac{DZ}{ZC} \cdot \frac{CR}{RA} \cdot \frac{AX}{XD} = 1.$$

再对 $\triangle ACD$ 运用梅涅劳斯定理, 得知 Z, R, X 三点共线, 最后只需注意 Y 亦在该直线上即得所证.

方法 2 设直线 XP 与 AB 和 CD 分别相交于点 S 和 T(参阅图 142). 根据题意, 有 $\angle DPT = \angle APS$, $\angle TPC = \angle SPB$, $\angle DPZ = \angle ZPC$, $\angle APY = \angle YPB$. 我们来写出二重比例关系式:

$$[XD, XT, XZ, XC] = [D, T, Z, C] = [PD, PT, PZ, PC] = [PA, PS, PY, PB]$$
$$= [A, S, Y, B] = [XA, XS, XY, XB] = [XD, XT, XY, XC].$$

这意味着直线 XZ 与 XY 重合, 这正是所要证明的.

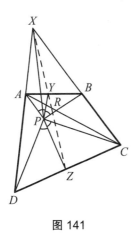

图 141

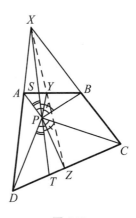

图 142

◆ **二重比例关系等式** 共线四点 A, B, C, D 的二重比例的定义是
$$[A, B, C, D] = \frac{CA}{CB} : \frac{DA}{DB};$$
而四线段 OA, OB, OC, OD 的二重比例的定义是
$$[OA, OB, OC, OD] = \frac{\sin \angle COA}{\sin \angle COB} : \frac{\sin \angle DOA}{\sin \angle DOB}.$$

由此可见, 共端点四线段的二重比例关系式只与夹角有关, 与线段的长度无关.

当 A, B, C, D 是共线四点时, $\triangle COA$, $\triangle COB$, $\triangle DOA$, $\triangle DOB$ 是等高的三角形, 所以

$$[A, B, C, D] = \frac{CA}{CB} : \frac{DA}{DB} = \frac{S_{\triangle COA}}{S_{\triangle COB}} : \frac{S_{\triangle DOA}}{S_{\triangle DOB}}$$
$$= \frac{OA \cdot OC \cdot \sin \angle COA}{OB \cdot OC \cdot \sin \angle COB} : \frac{OA \cdot OD \cdot \sin \angle DOA}{OB \cdot OD \cdot \sin \angle DOB}$$
$$= \frac{\sin \angle COA}{\sin \angle COB} : \frac{\sin \angle DOA}{\sin \angle DOB} = [OA, OB, OC, OD].$$

220. 同第 215 题.

221. 设 t 是多项式方程 $x^2 - 10x + 1 = 0$ 的大根, 则有 $t + \frac{1}{t} = 10$. 我们来用归纳法证明: 对一切非负整数 n, 数 $t^n + \frac{1}{t^n}$ 都是整数. 事实上, 对于 n 为 0 和 1, 结论都已成立, 而

$$t^{n+1} + \frac{1}{t^{n+1}} = \left(t^n + \frac{1}{t^n}\right)\left(t + \frac{1}{t}\right) - \left(t^{n-1} + \frac{1}{t^{n-1}}\right),$$

由此即可完成归纳过渡.

现在设 $a = t^2$, 则 $a^n + \frac{1}{a^n} = \left(t^n + \frac{1}{t^n}\right)^2 - 2$ 是整数, 且 $\frac{1}{a^n} < 1$. 所以 $a^n + \frac{1}{a^n}$ 就是 a^n 的上整部, 而离其最近的完全平方数等于 $\left(t^n + \frac{1}{t^n}\right)^2$.

♦ 不难看出, 对任何不小于 3 的整数 m, 方程 $x^2 - mx + 1 = 0$ 的大根都可以作为上述解答中的 t. 事实上, 如同上述, 可以证明: 对一切非负整数 n, 数 $t^n + \frac{1}{t^n}$ 都是整数. 因此, 对 $a = t^2$, 题中结论成立.

十 一 年 级

222. 同第 216 题.

223. 答案 不存在.

假设存在这样的函数, 则当用 $\pi - x$ 代替等式中的 x 时, 就有

$$2f(-\cos x) = f(\sin x) + \sin x.$$

这表明, 对一切 x, 都有 $f(-\cos x) = f(\cos x)$. 所以, 对一切 $t \in [-1, 1]$, 都有 $f(-t) = f(t)$, 亦即 f 是偶函数.

另外, 如果用 $-x$ 代替等式中的 x, 就又得到

$$2f(\cos x) = f(-\sin x) - \sin x.$$

因为 f 是偶函数, 所以 $f(-\sin x) = f(\sin x)$, 故对一切 x, 都有

$$2f(\cos x) = f(\sin x) - \sin x.$$

用题中所给等式减去这一等式, 得到: 对一切 x, 都有 $\sin x = 0$. 这是不可能的.

♦ 如果将题中所给等式换为

$$2f(\cos x) = f(\sin x) + |\sin x|,$$

则对一切 x, 都存在满足该等式的函数. 下面给出证明.

在等式中用 $\frac{\pi}{2} - x$ 代替 x, 得到

$$2f(\sin x) = f(\cos x) + |\cos x| = \frac{1}{2}[f(\sin x) + |\sin x|] + |\cos x|.$$

由此解得

$$f(\sin x) = \frac{1}{3}|\sin x| + \frac{2}{3}|\cos x| = \frac{1}{3}|\sin x| + \frac{2}{3}\sqrt{1-\sin^2 x}.$$

如此一来, 即知 $f(x) = \frac{1}{3}|x| + \frac{2}{3}\sqrt{1-x^2}$. 不难验证, 对一切 x, 该函数都满足原等式.

224. 同第 213 题.

225. 用一个图来表现题目中的道路网. 其中城市、交叉点和十字路口都是顶点, 而道路是边. 我们来证明该图是树, 即不含圈的连通图. 图的连通性是显然的, 因为由任何城市都可以通达任一别的城市, 而每个交叉点和十字路口则都有道路连着某些城市. 假设我们的图中有圈, 那么该圈上不可能含有两个或更多个城市顶点. 因若不然, 只要沿着圈按不同方向行驶, 我们就会得到由一个城市到另一个城市的不同走法, 此为不可能. 进而, 假设在某两个城市 A 和 B 之间存在着含有圈上某个顶点的道路. 这样的路一定能够找到, 因若不然, 该顶点不可能出现在我们的网上. 而这样一来, 只要往这条路上补入沿着这个圈的 "环", 就会得到 A 和 B 之间的又一条道路. 这就表明, 在我们的图中不可能有圈, 亦即它的确是树.

根据题意, 树上的所有末梢顶点都是城市. 我们把这些城市称为末端城市. 而把由末端城市 A 按如下方式到达的城市 B 也称为末端城市, 如果沿着由 A 到 B 的道路在每一个交叉点都选择最右边的道路. 选择某个末端城市 A_1 并度量它与下一个末端城市 A_2 的距离. 接着, 再度量 A_2 与下一个末端城市 A_3 的距离, 如此等等. 经过不多于 100 次度量, 我们将会回到原先的城市 A_1.

我们来证明: 在此过程中, 网上的每条路都刚好按相反的方向经过两次. 观察任意一条路. 在去掉树上的任意一条边后, 它都分解为两个连通分支 K_1 与 K_2, 每个分支都含有城市. 假设开始时我们处在分支 K_1. 因为需要走遍所有的城市, 所以我们需要经过这条路两次: 第一次在由 K_1 到 K_2 的过程中, 第二次则在返回途中. 我们可以这样来安排环游过程, 即在 K_2 中走遍它的所有城市, 以致离开后不需要再次由 K_1 到 K_2.

最后, 我们把所有测量值相加, 再除以 2, 即得整个道路网的长度.

226. 答案 8.

设截出立八面体的原立方体的棱长是 1. 我们来观察平行于底面且与底面的距离为 $h\left(0 < h < \frac{1}{2}\right)$ 的平面在立八面体上的截口. 截口是一个八边形, 它的各个内角都是 $135°$. 为了证明这一点, 只需观察截面与原立方体的棱的交点 (参阅图 143). 我们来求使得截口处的八边形各边长度相等的 h 值. 八边形的位于原立方体表面上的边的长度 x 满足比例式 $\frac{x}{1} = \frac{h}{\frac{1}{2}} = 2h$, 而八边形的另一边是等腰直角三角形的斜边, 其长度为 $\frac{\sqrt{2}}{2} - \sqrt{2}h$. 因此,

所求 h 只需使得 $2h = \frac{\sqrt{2}}{2} - \sqrt{2}h$，即 $h = \frac{1}{2(1+\sqrt{2})} < \frac{1}{2}$ 即可. 这就表明，可在截口处获得正八边形.

假设有某个平面 α 可在立八面体上截出正 n 边形的截口，且 $n > 8$. 那么该正 n 边形的各个顶点都应在立八面体的各条棱上，并且不可能有它的多于两个顶点位于同一条棱上. 观察原立方体的形如正六边形的截口（图 144 中的阴影图形），并将它绕着原立方体的竖直轴旋转 $90°, 180°, 270°$. 注意到这四个正六边形的边的并集刚好是立八面体的所有棱的并集. 我们来证明：在这四个正六边形中的某一个的周界上有着正 n 边形的至少 3 个顶点. 事实上，如果在每个正六边形的周界上都有它的不多于两个顶点，那么它的总的顶点数就不会超过 8 个. 因此，那个截出正 n 边形的平面重合于该六面体所在平面，从而它在立八面体上的截口只是一个六边形. 由此得到矛盾.

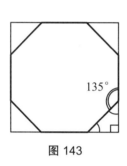

图 143

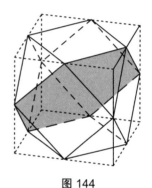

图 144

227. 同第 221 题.

228. 设 $x_1 < x_2 < x_3$ 是多项式 $P(x)$ 的 3 个根. 根据题意，有 $x_3 = x_1 + x_2$. 易见 $x_1 > 0$，因若不然，就有 $x_3 \leqslant x_2$，此与 x_3 的最大性相矛盾. 因此, 3 个根皆为正根. 下面给出结论的两种证法.

方法 1 利用韦达定理，写出根与系数的关系，得

$$\begin{aligned} c - ab &= -x_1x_2x_3 + (x_1 + x_2 + x_3)(x_1x_2 + x_2x_3 + x_1x_3) \\ &= -x_1x_2(x_1 + x_2) + 2(x_1 + x_2)[x_1x_2 + (x_1 + x_2)^2] \\ &= (x_1 + x_2)[x_1x_2 + (x_1 + x_2)^2] > 0. \end{aligned}$$

由此立得所证不等式.

方法 2 注意到 $-a = x_1 + x_2 + x_3 = 2x_3$，而

$$c - ab = P(-a) = P(2x_3) > 0,$$

此因在 $x > x_3$ 后，有 $P(x) > 0$.

229. 以 O 记 $\triangle ABC$ 的外心，则 $\angle AOB = 2\angle C$. 因为 $\triangle AOB$ 是等腰三角形，所以 $\angle BAO = \frac{1}{2}(180° - \angle AOB) = 90° - \angle C$. 点 B 与点 B_1 关于直线 AC 对称，所以

$\angle BB_1C = 90° - \angle C$. 因而四边形 $ABKB_1$ 可内接于圆 (见图 145). $\overparen{BA}$ 与 $\overparen{AB_1}$ 对称, 从而相等, 所以 $\angle BKA = \angle AKB_1$. 这表明 KA 是 $\angle BKB_1$ 的平分线, 此即为所证.

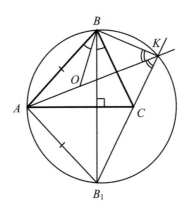

图 145

230. 答案 这样的最小的正整数是 $n = 13\,264\,513$.

假设满足要求的最小正整数形如 $\overline{a_1a_2\cdots a_n}$. 根据题意可知, 在它的各位数字中没有 0 和 7. 而若其中有数字 8 或 9, 则可相应地换为 1 或 2, 从而得到更小的满足要求的正整数. 故所求的正整数仅由数字 1 到 6 组成.

观察相邻的两个数字 a_k 与 a_{k+1}. 根据题意, 把它们分别换成 7, 所得到的数 $\overline{a_1a_2\cdots a_{k-1}7a_{k+1}\cdots a_n}$ 与 $\overline{a_1a_2\cdots a_k7a_{k+2}\cdots a_n}$ 都可被 7 整除. 因此, 它们的差也可被 7 整除. 这表明, 对任何 k, 都有 $10a_k \equiv a_{k+1} \pmod 7$. 这也就意味着, 该数的数字构成只能是 1 的后面是 3, 3 的后面是 2(由于没有数字 9), 如此等等 (参阅图 146).

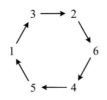

图 146

根据题意, 把最后一位数字 a_n 换成 7, 所得的数可被 7 整除. 因此, 由前 $n-1$ 位数字组成的 $n-1$ 位数 $\overline{a_1a_2\cdots a_{n-1}}$ 也是 7 的倍数. 数次运用关系式 $10a_k \equiv a_{k+1} \pmod 7$, 得到

$$\overline{a_1a_2\cdots a_{n-1}} = a_1 \times 10^{n-2} + a_2 \times 10^{n-3} + a_3 \times 10^{n-4} + \cdots + a_{n-1}$$
$$\equiv 10a_1 \times 10^{n-3} + a_2 \times 10^{n-3} + a_3 \times 10^{n-4} + \cdots + a_{n-1}$$
$$\equiv 2a_2 \times 10^{n-3} + a_3 \times 10^{n-4} + \cdots + a_{n-1}$$
$$\equiv \cdots \equiv (n-1)a_{n-1} \pmod 7.$$

因为各位数字都不是 7, 所以只能有 $n-1$ 是 7 的倍数, 即最小可能的 n 是 8, 亦即满足要求的最小正整数不少于 8 位数. 最后只需指出, 八位数 13 264 513 满足题中要求, 且首位数是 1, 因此它是满足要求的最小的正整数.

231. 答案 存在.

设 a 为某个正数. 以 $1, a, a^2$ 为三边长度的三角形存在, 当且仅当

$$1 < a + a^2, \quad a < 1 + a^2, \quad a^2 < a + 1.$$

如果记 $\varphi = \dfrac{1+\sqrt{5}}{2}$, 那么 φ 称作黄金分割比, 它是二次方程 $x^2 - x - 1 = 0$ 的正根. 上述三个不等式中, 第一个在 $a > \dfrac{1}{\varphi}$ 时成立; 第二个可对任何正数 a 成立; 第三个则在 $a < \varphi$ 时成立. 因此, 当且仅当 $a \in \left(\dfrac{1}{\varphi}, \varphi\right)$ 时, 存在三边长度分别为 $1, a, a^2$ 的三角形. 并且对于这样的 a, 还存在三边长度分别为 $1, \dfrac{1}{a}, \dfrac{1}{a^2}$ 的三角形. 下设 a 的值属于区间 $[1, \sqrt{\varphi}] \subset \left(\dfrac{1}{\varphi}, \varphi\right)$.

如图 147 所示, 在平面直角坐标系中标出点 $O(0,1)$ 和 $B(1,0)$, 并设 A 为半平面 $y > 0$ 中一点, 满足 $OA = a^2$, $AB = a$; 而 C 为半平面 $y < 0$ 中的一点, 满足 $OC = \dfrac{1}{a^2}$, $CB = \dfrac{1}{a}$. 如上所证, 当 $a \in [1, \varphi]$ 时, 这样的点是存在的. 此外, 根据对应边成比例, 知 $\triangle AOB \sim \triangle BOC$, 且 $\angle AOB = \angle BOC$, $\angle OAB = \angle OBC$. 由此可知 $\angle AOC = 2\angle AOB < 180°$ 和 $\angle ABC = \angle ABO + \angle OBC = \angle ABO + \angle OAB < 180°$. 因此, 对于任一所说的 a, $OABC$ 都是凸四边形.

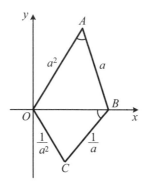

图 147

令 A 的坐标为 (x, y), 则有 $x^2 + y^2 = a^4$, $(x-1)^2 + y^2 = a^2$. 由此解得 $x = \dfrac{a^4 - a^2 + 1}{2} = f(a)$ 和 $y = \sqrt{a^4 - f^2(a)}$. 这两个不等式的值随着 a 在区间 $[1, \sqrt{\varphi}]$ 中的值连续变化. 同理可证点 C 的坐标值随着 a 在该区间中的值连续变化. 因此, 四边形 $OABC$ 的对角线 AC 的长度 $g(a)$ 亦随着 a 在该区间中的值连续变化.

当 $a = 1$ 时, $\triangle OAB$ 与 $\triangle OBC$ 都是边长为 1 的正三角形, 此时 $g(1) = \sqrt{3}$; 而当

$a = \sqrt{\varphi}$ 时, 有
$$g(\sqrt{\varphi}) = AC < AB + BC = \sqrt{\varphi} + \frac{1}{\sqrt{\varphi}} = \frac{1+\varphi}{\sqrt{\varphi}} = (\sqrt{\varphi})^3.$$

这意味着函数 $g(a) - a^3$ 在区间 $[1, \sqrt{\varphi}]$ 上的符号发生变化. 事实上, $g(1) - 1^3 = \sqrt{3} - 1 > 0$, 而 $g(\sqrt{\varphi}) - (\sqrt{\varphi})^3 < 0$. 所以, 存在 $a \in (1, \sqrt{\varphi})$, 使得 $g(a) - a^3 = 0$. 于是
$$OC = \frac{1}{a^2}, \quad CB = \frac{1}{a}, \quad OB = 1, \quad AB = a, \quad OA = a^2, \quad AC = a^3$$
成等比数列. 所以所求的四边形存在.

232. 答案 可以.

可以补入 8 个空的试管, 凑足 $128 = 2^7$ 个试管. 将这些试管编号为 0 至 127, 再将号码用二进制表达, 不够 7 位的前面用 0 补足, 于是每个试管对应一个长度为 7 的 0-1 序列, 亦即试管的编号为 0000000 到 1111111. 第一轮, 先打 7 个包, 把编号第 k 位是 1 的都打入第 k 包 $(k = 1, 2, \cdots, 7)$, 于是每个包都包括了 64 个试管的信息. 因为每两个试管的编号都至少有一位不同, 所以任何两个试管都至少有一次不被打入包内. 所以这 7 个包的检测结果不会都是 0, 换言之, 一定会有某个包显示 +1 或 −1. 不妨设第 i_1 包的检测结果是 +1. 这就表明有毒液体所在试管的编号的第 i_1 位是 1, 从而解毒液体所在试管的编号的第 i_1 位是 0.

再把 128 个试管按照编号的第 i_1 位是 1 还是 0 分为 A, B 两组, 每组刚好有 64 个. 因为有毒液体所在试管的编号的第 i_1 位是 1, 所以该试管分在 A 组, 相应地, 解毒液体所在试管分在 B 组 (它的编号的第 i_1 位是 0).

下面说明, 只需再打 6 个包, 就能从 A 组中找出那个放着有毒液体的试管. 把编号的第 j 位 $(j \neq i_0)$ 是 1 的打成一个包 (记作 No.j). 根据对 No.j 的检测结果, 可知有毒液体所在试管编号的第 j 位究竟是 1(如果该包的检测结果是 +1) 还是 0(如果该包的检测结果是 0)$(j = 1, 2, \cdots, 7, j \neq i_0)$.

如此一来, 有毒液体所在试管的编号的每一位都清楚了, 从而也就把它找出来了. 同理, 只需再打 6 个包, 就能从 B 组中找出那个放着解毒液体的试管. 一共打了 $7 + 6 + 6 = 19$ 个包.

第85届（2022年）

八　年　级

233. 答案　可以.

一种办法是构造表达式 $\dfrac{20}{2-\sqrt{2}}$. 其值等于

$$\dfrac{20}{2-\sqrt{2}} = \dfrac{20(2+\sqrt{2})}{2} = 20 + 10\sqrt{2} > 20 + 10 = 30.$$

♦ 还有其他解法.

234. 答案　$n=10$.

事实上，$10 = 3+7 = 5+5$，具有所要求的性质. 我们来证明：任何大于 10 的正整数都不满足要求. 设 n 是大于 10 的正整数. 注意 $3,5,7$ 这三个质数被 3 除的余数各不相同，所以 $n-3, n-5, n-7$ 被 3 除的余数也各不相同. 这就意味着它们中有一个是 3 的倍数. 因为该数大于 3，所以它不是 3 本身，故为合数，与题中要求相矛盾.

235. 答案　$22.5°$.

正八边形的每个内角等于 $\dfrac{6 \times 180°}{8} = 135°$. 按照图 148 所示的方式标注字母. 注意到 $KLDE$ 是等腰梯形，故知 $\angle BED = 45°$，而 $\angle FEB = 135° - 45° = 90°$. 因为 HD 是正八边形的对称轴，所以 $\angle HDE = \dfrac{135°}{2} = 67.5°$. 由此可知，在 $\triangle BDE$ 中 $\angle B = \angle D$，这意味着 $EB = ED = EF = FC$. 易知 $\text{Rt}\triangle BEF \cong \text{Rt}\triangle FCA$（直角边对应相等），这表明 $BF = FA$. 进而，等腰直角三角形 BEF 的底角 $\angle BFE = 45°$，所以 $\angle GFB$ 是直角. 而 $\angle AFB = \angle AFG + \angle GFB = 135°$. 再注意到 $\angle FBA$ 与 $\angle FAB$ 的和等于 $45°$，即知 $\angle ABC = \dfrac{45°}{2} = 22.5°$.

236. 分别将两位顾客称为甲和乙. 将甲的 3 枚硬币记作 $A1, B1, C1$，将乙的 3 枚硬币记作 $A2, B2, C2$.

第一次称量：比较 $A1$ 与 $A2$.

第二次称量：比较 $B1$ 与 $B2$.

根据前两次的不同结果，安排后续的称量.

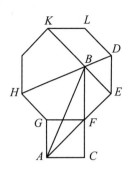

图 148

(1) 若 $A_1 = A_2, B_1 = B_2$,则 $C_1 = C_2$(参阅图 149).

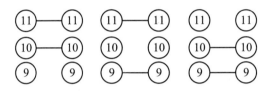

图 149

现在的问题是硬币 A, B, C 如何与重量 $9, 10, 11$ 对应?

所以现在的第三次称量就是比较 $A_1 + B_1$ 与 $C_1 + C_2$.

① 如果 $A_1+B_1>C_1+C_2$,则 $C_1=C_2=9$,而 A 与 B 分别是 10 和 11(有待进一步区分).

② 如果 $A_1+B_1=C_1+C_2$,则 $C_1=C_2=10$,而 A 与 B 分别是 9 和 11(有待进一步区分).

③ 如果 $A_1 + B_1 < C_1 + C_2$,则 $C_1 = C_2 = 11$,而 A 与 B 分别是 9 和 10(有待进一步区分).

故相应的第四次称量就是比较 A_1 与 B_1.

(2) 若 $A_1 = A_2, B_1 < B_2$,则 $C_1 > C_2$,此时可以断言 $B_1 = C_2, B_2 = C_1$. 接下来的两次称量与情况 (1) 类似 (参阅图 150,图中的文字 1^e 表示第一次称量,2^e 表示第二次称量).

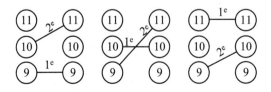

图 150

(3) 若 $A_1 > A_2, B_1 > B_2$,则 $C_1 = 9, C_2 = 11$,此时 A_1 与 B_1 分别是 10 和 11(有待进一步区分,参阅图 151).

图 151

所以现在的第三次称量就是比较 $A1$ 与 $B1$.

① 如果 $A1 > B1$, 则 $A1 = 11, B1 = 10$, 而 $A2 = 10, B2 = 9$.

② 如果 $A1 < B1$, 则 $A1 = 10, B1 = 11$, 而 $A2 = 9, B2 = 10$.

此时已经不需要进行第四次称量.

(4) 若 $A1 > A2, B1 < B2$, 则如图 152 所示.

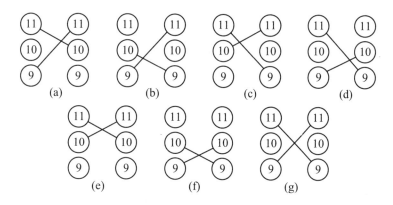

图 152

所以现在的第三次称量就是比较 $A1 + B1$ 与 $C1 + C2$.

① 如果 $A1 + B1 > C1 + C2$ 对应图 152(a)、(c)、(e) 所示的情形.

相应的第四次称量就是比较 $C1$ 与 $C2$.

如果 $C1 > C2$, 则对应图 152(a) 所示的情形: $A1 = 11, B1 = 9, C1 = 10$ 和 $A2 = 10, B2 = 11, C2 = 9$.

如果 $C1 = C2$, 则对应图 152(c) 所示的情形, 类似于如上情况, 所有硬币唯一确定.

如果 $C1 < C2$, 则对应图 152(e) 所示的情形, 类似于如上两种情况, 所有硬币唯一确定.

② 如果 $A1 + B1 = C1 + C2$, 则对应图 152(g) 所示的情形. 此时所有硬币唯一确定.

③ 如果 $A1 + B1 < C1 + C2$, 则对应图 152(b)、(d)、(f) 所示的情形.

相应的第四次称量, 也是比较 $C1$ 与 $C2$.

如果 $C1 > C2$, 则对应图 152(b) 所示的情形.

如果 $C1 = C2$, 则对应图 152(f) 所示的情形.

如果 $C1 < C2$, 则对应图 152(d) 所示的情形.

237. 答案 能够.

我们首先来证明: 在任何凸四边形中, 都可以找到一个内角, 它与它的任一邻角的和都不超过 180°. 事实上, 在任何凸四边形 $ABCD$ 中, 都有一对相邻的内角的和不超过 180°. 不妨设它们就是 $\angle A$ 与 $\angle D$. 那么, 如果 $\angle A + \angle B \leqslant 180°$, 则 $\angle A$ 即为所求. 而若 $\angle A + \angle B > 180°$, 则必有 $\angle C + \angle D < 180°$, 于是 $\angle D$ 即为所求.

为确定起见, 设在凸四边形 $ABCD$ 中有 $\angle A + \angle B \leqslant 180°$ 和 $\angle A + \angle D \leqslant 180°$(参阅图 153). 分别以 K, L, M, N 表示边 AB, BC, CD, DA 的中点, 再分别以 P 和 Q 记两条对角线的中点. 那么四边形 $AKPN, KBLQ$ 和 $NQMD$ 即为所求的三个图形. 事实上, 由三角形中位线的性质, 易知它们都与四边形 $ABCD$ 相似, 且相似比是 $\frac{1}{2}$. 下面要证明它们之间没有重叠. 事实上, $\angle AKP + \angle QKB = \angle A + \angle B \leqslant 180°$, 而 $\angle DNQ + \angle ANP = \angle A + \angle D \leqslant 180°$.

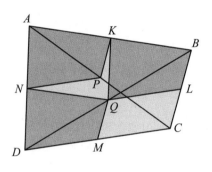

图 153

238. 答案 M 的最小可能值是 $2n - 1$.

首先说明 M 可以等于 $2n - 1$. 事实上, 只要让棋子车在棋盘上 "蛇行" 即可: 沿着最下面一行从左端走到右端, 往上爬一格, 再沿着该行从右端走到左端, 再往上爬一格, 如此等等.

我们来证明:$M \geqslant 2n - 1$. 用反证法, 假设 $M < 2n - 1$. 观察最上面一行中的数. 因为该行中的任何两个相邻数的差都不大于 $2n - 2$, 所以当棋子车由该行中的最小的数走到最大的数的过程中都不能经由最下面一行中的方格, 因为为了走到最下面一行, 至少需要走 $n - 1$ 步, 而要回来, 还要再走 $n - 1$ 步, 而它至少还要花费一步作水平移动. 这就说明, 车在走遍最上面一行的所有数时都不经过最下面一行. 同理, 车在走遍最下面一行的所有数时都不经过最上面一行. 这就表明最上面一行中的数全都大于 (或全都小于) 最下面一行中的所有数. 类似地, 最左边一列中的数全都大于 (或全都小于) 最右边一列中的所有数. 不失一般性, 可假设最左边一列全大于最右边一列, 而最下面一行全大于最上面一行. 现在我们来观察左上角处的数 A 和右下角处的数 B. 一方面, 按列来看, 有 $A > B$; 另一方面, 从行来看, 却有 $A < B$. 此为矛盾.

九 年 级

239. 答案 有这样的正整数 n, 例如 $n = 25$.

对 $n = 25$, 数 $n, 2n, 3n, \cdots, 9n$ 分别是

$$25, 50, 75, 100, 125, 150, 175, 200, 225.$$

它们的首位数只有 $1, 2, 5, 7$ 这 4 个不同的数字.

240. 因为 B, C, E, F 四点在同一个圆周上 (参阅图 154), 所以

$$\angle ACE = \angle BCE - \angle ACB = (180° - \angle BFE) - \angle ACB = 180° - \angle DFE - \angle ACB. \quad \text{①}$$

同理, 有

$$\angle CEG = \angle CEF - \angle FEG = (180° - \angle CBF) - \angle FEG = 180° - \angle CBD - \angle FEG. \quad \text{②}$$

因为四边形 $ABCD$ 和 $DEFG$ 都是矩形, 所以 $\angle ACB = \angle CBD$ 和 $\angle DFE = \angle FEG$. 故 ① 和 ② 两式的右端相等, 从而有 $\angle ACE = \angle CEG$.

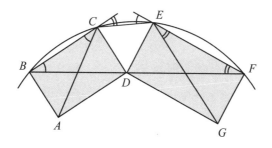

图 154

241. 答案 34 或 66.

将萨沙原来的硬币和贴纸的数目分别记作 m 和 n. 根据题意, 有

$$\begin{cases} mt + n = 100, & \text{①} \\ m + nt = 101. & \text{②} \end{cases}$$

② $-$ ①, 得

$$(n - m)(t - 1) = 1,$$

得 $t = 1 + \dfrac{1}{n - m}$.

①+②, 得
$$(n+m)(t+1) = 201,$$
得 $t = \dfrac{210}{m+n} - 1$.

记 $a = n-m, b = n+m$. 因为 $n > m$, 所以 $a > 0$. 比较关于 t 的两个表达式, 得
$$1 + \frac{1}{n-m} = \frac{210}{m+n} - 1 \Leftrightarrow 1 + \frac{1}{a} = \frac{210}{b} - 1 \Leftrightarrow \frac{2a+1}{a} = \frac{201}{b}.$$

因为 $2a+1$ 与 a 互质, 所以 $\dfrac{2a+1}{a}$ 是既约分数, 这表明 201 可被 $2a+1$ 整除. 而 $201 = 3 \times 67$, 它一共只有 4 个正约数 $1, 3, 67, 201$. 因为 $2a+1 > 1$, 所以可能有如下三种情形:

情形 1: $2a+1 = 3$. 此时 $a = 1$, 而 $\dfrac{201}{b} = 3$, 得 $b = 67$, 由此可知
$$m = \frac{1}{2}(b-a) = 33, \quad n = \frac{1}{2}(a+b) = 34,$$
并且 $t = 2$. 容易验证这种情况满足题意.

情形 2: $2a+1 = 67$. 此时 $a = 33$, 而 $\dfrac{201}{b} = \dfrac{67}{33}$, 得 $b = 99$, 由此可知
$$m = \frac{1}{2}(b-a) = 33, \quad n = \frac{1}{2}(a+b) = 66,$$
并且 $t = \dfrac{34}{33}$. 不难验证这种情况也满足题意.

情形 3: $2a+1 = 201$. 此时 $a = 100$, 而 $\dfrac{201}{b} = \dfrac{201}{100}$, 得 $b = 100$, 由此可知
$$m = \frac{1}{2}(b-a) = 0, \quad n = \frac{1}{2}(a+b) = 100.$$

这种情况不满足题意, 因为硬币数目不能为 0.

242. 从方格纸上去掉那些不含黑格的行与列, 不难看出, 剩下的部分仍然满足题中条件. 此时所有的黑格分布在某个 $n \times m$ 方格矩形中, 并且每一行每一列中都至少含有一个黑格.

由题意知, 每一行中都恰有一枚红色跳棋子, 故一共有 n 枚红色跳棋子. 这些跳棋子分布在不同的列中, 从而说明 $m \geq n$. 类似地考察蓝色跳棋子, 可得 $n \geq m$. 如此一来, 即知 $m = n$. 红色跳棋子的数目与列的数目相同, 红色跳棋子分布在不同的列中, 于是每一列中都刚好有一枚红色跳棋子. 同理可知, 每一行中都刚好有一枚蓝色跳棋子.

我们来观察最上面一行, 其中有一枚蓝色跳棋子. 观察这枚棋子所在的列. 该列中蓝色跳棋子位于顶端的方格里, 而这枚蓝色跳棋子处于该列中所有黑色方格的居中位置, 这就表明该列中只能有这一个黑格.

前面已经证明, 在每一列中也应该有一枚红色跳棋子. 红色跳棋子也都是放在黑格中的. 由于刚才找到的那个列中只有一个黑格, 所以该列中的红色跳棋子也就只能放在这个黑格里. 而此格中已经放有一枚蓝色跳棋子. 所以此格即为所求.

♦ 满足题意的图形是可以实现的 (参阅图 155), 并且各行各列中的黑格未必只有一个. 在图 155(a)、(b) 中, 黑格的分布都是中心对称的.

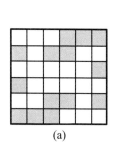
(a)

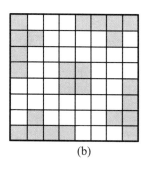
(b)

图 155

243. 将 6 个小三角形的内切圆半径记作 r, 将它们的内心按逆时针方向分别记作 A, B, C, D, E, F. 我们来看 $\triangle ACE$. 我们指出, 如果把包含着 $\triangle ACE$ 的原三角形的内切圆的半径减小 r, 那么就变成了 $\triangle ACE$ 的内切圆 (参阅图 156). 类似地, $\triangle BDF$ 的内切圆半径比包含着它的那个原三角形的内切圆半径小 r. 于是我们的问题就等价于要证明 $\triangle ACE$ 与 $\triangle BDF$ 的内切圆半径相等.

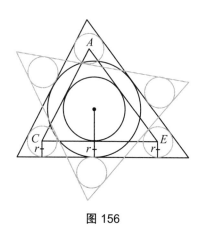

图 156

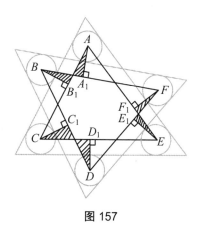

图 157

过点 A 作 BF 的垂线, 过点 B 作 AC 的垂线, 如此等等. 将垂足依次记为 $A_1, B_1, \cdots$. 将线段 AB_1 与线段 A_1B 的交点记作 X. 不难看出, 线段 $AA_1, BB_1, \cdots$ 的长度等于 $2r$. 我们来看四边形 AA_1B_1B. 因为 $\angle AA_1B = \angle AB_1B$, 所以它可内接于圆. 而因 $AA_1 = BB_1$, 故知它是等腰梯形, AB 与 A_1B_1 是它的两底边. 故而 $\triangle AXA_1 \cong \triangle BXB_1$ 和 $AB_1 = A_1B$. 分别观察梯形 $BB_1C_1C, CC_1D_1D, \cdots$ 可类似地得到相应的全等三角形对和线段对 (参阅图 157, 其中用阴影线标注出 6 对全等三角形中的 3 对). 不难看出 $\triangle ACE$ 和 $\triangle BDF$ 的

周长相等, 原因如下:
$$P_{\triangle ACE} = AB_1 + B_1C + CD_1 + D_1E + EF_1 + F_1A$$
$$= A_1B + BC_1 + C_1D + DE_1 + E_1F + FA_1 = P_{\triangle BDF}.$$

也可证明 $\triangle ACE$ 和 $\triangle BDF$ 的面积相等, 事实上, 在去掉它们公共的六边形部分之后, 剩下的其余部分可以分解为 6 对彼此全等的三角形.

因为三角形的面积等于它的半周长与内切圆半径的乘积, 所以根据两个三角形的周长和面积都对应相等, 可知它们的内切圆半径相等.

♦ 有这样的满足题中所有条件的例子 (参阅图 158), 其中两个原来的三角形不仅不全等, 而且它们的内切圆也不重合.

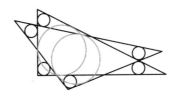

图 158

244. 把自 M 上所分出的那些至少与 M 的边界有一个公共点的单位正三角形和单位正方形所构成的图形称为 "边框"(图 159 中的阴影部分). 把 M 去掉边框所得的多边形称为 M_1. 我们来观察边框.

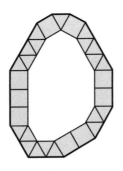

图 159

观察 M 的任意一个内角. 因为它被若干个正三角形或正方形覆盖, 所以它只能为 $60°, 90°, 120°, 150°$, 故知多边形 M 的每个外角都不小于 $30°$. 但是任何多边形的外角之和都是 $360°$, 故知该多边形至多有 12 个内角, 并且只有当所有内角都是 $150°$ 时才有 12 个内角.

观察边框中的这样的正三角形或正方形, 它们紧挨着 M 的一个角, 并且有一条边在 M 的边上.

如果这是一个正方形 (参阅图 160(a)), 则不难看出, 紧贴着这条边的其他图形也都是单位正方形, 这是因为所形成的 90° 角只能由正方形去填充 (参阅图 160(b)).

图 160

如果这是一个正三角形 (参阅图 161(a)), 那么亦不难看出, 紧贴着这条边的其他图形也都是单位正三角形, 这是因为所形成的 120° 角只能由两个单位正三角形去填充 (参阅图 161(b)). 这就表明, 紧贴着 M 的每一条边的图形, 或者全是正方形, 或者全是正三角形.

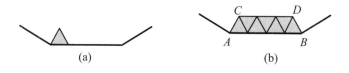

图 161

根据上一条的结论, 多边形 M_1 的各条边分别平行于 M 的相应的边 (图 160(b) 和图 161(b) 中的边 AB 和边 CD). 如果多边形 M 没有 60° 和 90° 的内角, 则 M_1 的边或者与 M 的相应边长度相等 (在正方形场合下), 或者比 M 的相应边长度小 1(在正三角形场合下). 此时 M_1 的有些边长可能为 0. 所以, M_1 是一个边数不超过 M 的凸多边形.

对多边形 M 定义一个特征数组 $(a_1, a_2, \cdots, a_{12})$. 当 M 是一个凸 12 边形时, 该数组就是 M 的各边长度按逆时针顺序的排列. 如果 M 的边数少于 12, 则它的各个内角不都是 150°. 我们便在数组中补入若干个 0, 方法如下: 当遇到一个 120° 的内角时, 便在相应的顶点处补入一个 0; 如果是 90° 的角, 便补入两个 0; 如果是 60° 的角, 就补入三个 0. 不难验证, 我们所得到的都是一个 12 元的有序数组, 其中可能有些是 0. 边 $a_1, a_3, \cdots, a_{11}$ 称为奇边, 边 $a_2, a_4, \cdots, a_{12}$ 称为偶边.

对多边形 M_1 也按照同样的规则定义其特征数组, 并使得 M 与 M_1 的特征数组的角标相互对应. 我们来看两者的特征数组有何联系.

假设 M 的特征数组中没有 0, 那么它的每个内角都是 150°. 对于 150° 的角, 只有两种不同的方式被正方形和正三角形覆盖 (参阅图 162).

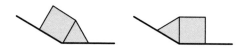

图 162

当选定其中一种覆盖方式后，边框中的其他部分便随之唯一确定. 事实上，首先可以确定紧贴该角两边上的图形，然后确定第二个角的剖分方式，如此等等.

从而一共得到两种不同的边框：一个边框中的正三角形全都沿着奇边分布，正方形则都沿着偶边分布；另一个边框则刚好相反 (参阅图 163). 在第一种情况下，M_1 的特征数组是 $(a_1 - 1, a_2, a_3 - 1, a_4, \cdots, a_{11} - 1, a_{12})$；在第二种情况下，$M_1$ 的特征数组是 $(a_1, a_2 - 1, a_3, a_4 - 1, \cdots, a_{11}, a_{12} - 1)$.

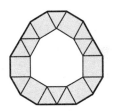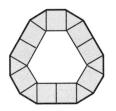

图 163

假设 M 至少有一条奇边是 0，而所有的偶边都非 0. 观察使得 $a_i = 0$ 的角标 i. 此时多边形 M 中所对应的顶点处的角是 $120°$(因为 a_{i-1} 和 a_{i+1} 都不是 0)，它只有唯一的分解方式：两个正三角形. 进一步可以唯一确定整个边框. 事实上，只需沿着所有的非 0 奇边布列正三角形，而沿着所有的非 0 偶边布列正方形即可. 由此得知 M_1 的特征数组是 $(a_1, a_2 - 1, a_3, a_4 - 1, \cdots, a_{11}, a_{12} - 1)$.

假设 M 至少有一条偶边是 0，而所有的奇边都非 0. 与上类似，可知此时 M_1 的特征数组是 $(a_1 - 1, a_2, a_3 - 1, a_4, \cdots, a_{11} - 1, a_{12})$.

假设 M 至少有一条奇边是 0，也至少有一条偶边是 0. 因为 M_1 的非 0 边都平行于 M 的相应的边，长度相等或较短，所以 M_1 也至少有一条奇边是 0，至少有一条偶边是 0.

我们发现，如果 M 至少有一条奇边是 0，也至少有一条偶边是 0，则至多存在一种按照题中所说的方式划分 M 的方法. 事实上，在 M 中存在一个小于 $150°$ 的内角，对它的划分方式是唯一的，接下来的对边框的划分也至多有一种方法. 在去掉边框所得的多边形中，它的边框也至多有一种划分方法，如此等等.

记 $x = \min\{a_1, a_3, \cdots, a_{11}\}, y = \min\{a_2, a_4, \cdots, a_{12}\}$. 在 x 与 y 中至少有一者非 0，否则 M 至多有一种划分方式. 自多边形 M 上分出它的少了 M 的一条偶边或奇边的边框 (如果 x 与 y 之一为 0，则边框只有唯一的选择方式)，去掉该边框，剩下多边形 M_1. 再分出 M_1 的某个边框，再去掉它，把所得的多边形称为 M_2. 继续这一过程，直到有一条偶边或奇边为 0 为止. 此时所得的多边形的特征数组是 $(a_1 - x, a_2 - y, a_3 - x, a_4 - y, \cdots, a_{11} - x, a_{12} - y)$.

最后所剩下来的多边形 M_{x+y} 不依赖于前面各步中所选择的边框，因为特征数组至多有一种方式确定多边形. 所以，如果 M_{x+y} 不能划分为一系列单位正三角形和单位正方形的话，那么原来的多边形 M 也就不能作这样的划分. 因此，如果 M_{x+y} 只有唯一的划分方式的话，那么 M 的不同划分方式的数目就是把 x 和 y 都逐步减小为 0 的不同方式数目，即

C_{x+y}^y.

根据题意, $C_{x+y}^y = p$, 其中 p 是质数. 我们来证明, 这只有在 $x+y = p$ 以及 $x = 1$ 或 $y = 1$ 时才有可能. 首先, 我们指出 $x + y \geq p$, 因若不然, C_{x+y}^y 不可能被 p 整除. 其次, x 与 y 都非 0, 因若不然, $C_{x+y}^y = 1$. 于是

$$C_{x+y}^y \geq C_{x+y}^1 = x + y \geq p.$$

不难看出, 上式中的等号仅当 $x = 1, y = p - 1$ 或 $x = p - 1, y = 1$ 时成立. 在两种场合下, 都有数 $a_1, a_2, \cdots, a_{12}$ 之一等于 $p - 1$. 这就是所要证明的.

十 年 级

245. 同第 234 题.

246. 根据外接圆的切线性质, 知 $\angle BAK = \angle ACK$. 所以 $\triangle BAK \backsim \triangle ACK$(两对对应角相等). 由于 KM 和 KN 是这两个相似的三角形中的对应边上的中线, 我们有 $\angle AKM = \angle CKN$. 最后, 由于 $MN // KC$, 我们有 $\angle CKN = \angle MNK$. 如此一来, 就有 $\angle AKM = \angle MNK$. 再次根据外接圆的切线性质, 知 $\triangle MKN$ 的外接圆与直线 ℓ 相切.

247. 答案 9.

先证明一个引理.

引理: 在由正三角形形成的网格上, 任意 5 个节点中一定会有某两个节点的连线的中点也是节点.

引理之证: 任意取定一个节点 O 作为起点, 把自它指向两个最近的节点的向量分别记作 $\boldsymbol{a}$ 和 $\boldsymbol{b}$(参阅图 164). 于是网络上的任一节点都可以表示为 $m\boldsymbol{a} + n\boldsymbol{b}$ 的形式, 其中 m 与 n 为整数. 根据抽屉原理, 在任意 5 个节点中一定能找到两个节点 $m_1\boldsymbol{a} + n_1\boldsymbol{b}$ 和 $m_2\boldsymbol{a} + n_2\boldsymbol{b}$, 其中 m_1 与 m_2 的奇偶性相同, n_1 与 n_2 的奇偶性也相同, 于是它们连线的中点 $\dfrac{m_1 + m_2}{2}\boldsymbol{a} + \dfrac{n_1 + n_2}{2}\boldsymbol{b}$ 也是节点. 引理证毕.

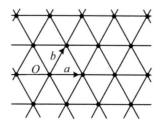

图 164

回到原题. 首先, 易见图 165(a) 中的 8 个节点中的任何两者连线的中点都不是节点. 下面证明: 任何 9 个节点中都一定有某两者的连线中点也是节点. 观察图 165(b), 不难看出, 其中所有的实心节点是一个正三角形网格上的所有节点, 而其余的节点则是另一个正三角形网格上的所有节点. 根据抽屉原理, 正六边形网格上的任意 9 个节点中必有 5 个属于同一个正三角形网格. 根据引理, 它们中必有某两者连线的中点也是节点.

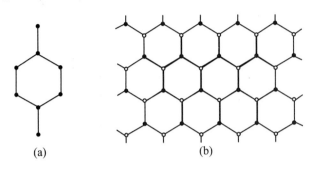

图 165

248. 答案 2021.

首先, 如果该多项式的所有 2022 个根都在区间 $(0,1)$ 内, 那么根据韦达定理, 它的常数项是这 2022 个根的乘积, 因而也在该区间中, 从而不可能是整数, 此为矛盾. 所以该多项式至多可有 2021 个根在区间 $(0,1)$ 内.

下面证明: 存在某个首项系数为 1 的整系数 2022 次多项式, 它在区间 $(0,1)$ 内至少有 2021 个根.

设

$$P(x) = x^{2022} + (1 - 4042x)(3 - 4042x)(5 - 4042x) \cdots (4041 - 4042x).$$

注意到, 对每个 $k = 0, 1, 2, \cdots, 2021$, 有

$$P\left(\frac{2k}{4042}\right) = \left(\frac{2k}{4042}\right)^{2022} + (-1)^k(2k-1)!!(4041-2k)!!.$$

当 k 为偶数时, 其值为正; 当 k 为奇数时, 其值为负. 可见 $P(x)$ 在区间 $(0,1)$ 内至少变号 2021 次, 从而它在该区间内至少有 2021 个根.

249. 同第 243 题.

250. 易知相合序列必然恰有两个 1 的位置重合, 也恰有两个 0 的位置重合. 现在考察序列的前 5 项. 如果其中至少有 3 个 1, 那么其中前 3 个 1 的安置方法就有 $C_5^3 = 10$ 种. 安德烈把前 3 个 1 的安置方法相同的序列归为一组, 于是他得到 10 个不同的组. 同一组中的序列都至少有 3 个 1 的位置重合, 因此它们都不相合. 接下来, 安德烈再类似地把前 5 项中至少有 3 个 0 的序列分成 10 个组, 使得同一组中的序列的前 3 个 0 的位置重合, 因

此同一组内的任何两个序列都不是相合的. 因为任一序列的前 5 项中不是至少有 3 个 1 就是至少有 3 个 0, 所以所有序列都被分配进了这 20 个组.

十 一 年 级

251. 同第 241 题.

252. 在图像上任取一点 A, 过点 A 作 x 轴的垂线 AB. 在射线 BA 上取一点 C, 使得 $AC = 2AB$. 再经过点 C 作平行于 x 轴的直线, 将该直线与图像的交点记作 D(参阅图 166). 易知 $CD = 1$. 事实上, 如果 A 的坐标是 $(x_0, 3^{x_0})$, 则 D 的纵坐标是 $3 \times 3^{x_0} = 3^{x_0+1}$, 从而它的横坐标是 $x_0 + 1$.

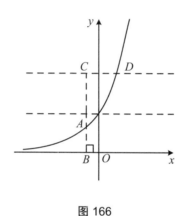

图 166

现在在射线 BA 上取一点使其与点 B 的距离等于 $CD = 1$, 并经过它作平行于 x 轴的直线, 它与图像的交点就是点 $(0,1)$, 亦即这就是它与 y 轴的交点. 剩下的只需再经过该交点作垂直于 x 轴的直线, 该直线就是 y 轴.

253. 方法 1 观察线段 KL, 它是 $\triangle BLK$ 的外接圆和 $\triangle CLK$ 的外接圆的公共弦. 点 A 是线段 KL 的中点, 所以它在这两个圆的连心线 OO_1 上. 延长线段 BA 和 CA, 使它们分别与两个圆相交于点 C_1 和点 B_1(参阅图 167). 根据所作图形关于直线 OO_1 的对称性, 可知 $AB = AB_1$ 和 $AC = AC_1$. 为方便计, 引入下列记号: $BL = m$, $CL = n$, $BA = AB_1 = c$, $CA = AC_1 = b$, $AQ = x$, $AP = y$. 由割线性质知 $m(m+n) = BL \cdot BC = BQ \cdot BC_1 = (BA - QA) \cdot BC_1 = (c-x)(b+c)$. 类似地, 由割线 CB 和 CA_1 可得 $n(m+n) = (b-y)(b+c)$. 两等式相除, 得 $\dfrac{m}{n} = \dfrac{c-x}{b-y}$. 在 $\triangle ABC$ 中利用角平分线 AL 的性质, 得 $\dfrac{m}{n} = \dfrac{BL}{LC} = \dfrac{AB}{AC} = \dfrac{c}{b}$. 比较比值 $\dfrac{m}{n}$ 的两个表达式, 得 $\dfrac{c}{b} = \dfrac{c-x}{b-y}$, 平行线分线段即 $c(b-y) = c(c-x)$. 去括号合并同类项, 得 $cy = bx$, 即 $\dfrac{y}{b} = \dfrac{x}{c}$, 据此并利用平行线分线段成比例定理的逆定理, 可知 $PQ // BC$.

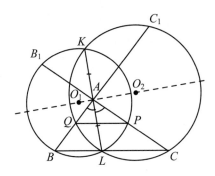

图 167

方法 2 分别以 B_1 和 C_1 记点 B 和点 C 关于 $\angle BAC$ 的外角平分线 ℓ 的对称点. 因为 $\ell \perp KL$, 所以它是 KL 的中垂线. 因为 KL 是圆 (BLK) 与圆 (CLK) 的公共弦, 在关于 ℓ 的对称下它变为自己, 所以点 B_1 和点 C_1 分别在圆 (BLK) 与圆 (CLK) 上. 注意到 $AB_1 \cdot AP = KA \cdot AL = AC_1 \cdot AQ$, 知四边形 B_1QPC_1 可内接于圆, 所以 $\angle AQP = \angle C_1B_1A = \angle ABC$, 由此可得所证.

254. 答案 可以.

假设飞船位于点 O 处. 如图 168 所示, 考察以 O 为中心、a 为半径的球的外切正八面体 $A_1A_2A_3A_4A_5A_6$. 我们来证明: 路径 $O \to A_1 \to A_2 \to A_3 \to A_4 \to A_5 \to A_6$ 可以引导飞船飞抵分界面. 假设不然. 届时, 正八面体的诸顶点和正八面体自身 (顶点集合的凸包) 严格地位于半空间的内部. 于是正八面体的半径为 a 的内切球也严格地位于半空间的内部. 然而这是不可能的, 因为根据题意, 飞船到分界面的距离是 a. 下面证明: 路径 $O \to A_1 \to A_2 \to A_3 \to A_4 \to A_5 \to A_6$ 的长度小于 $14a$. 令 $OA_1 = OA_2 = OA_3 = x$. 我们用两种不同的方法表示四面体 $OA_1A_2A_3$ 的体积: $V = \frac{1}{6}x^3 = \frac{1}{3}OH \cdot S_{\triangle A_1A_2A_3} = \frac{1}{3} \times a \times \sqrt{3} \times \frac{(\sqrt{2}x)^2}{4}$, 由此即知 $x = \sqrt{3}a$, 而正八面体的棱长等于 $\sqrt{6}a$. 所以该路径的长度等于 $(\sqrt{3} + 5\sqrt{6})a < 14a$, 此因 $\sqrt{2} < \frac{43}{30}$.

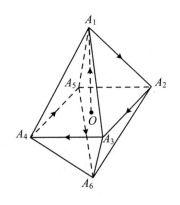

图 168

♦ 本题有许多种不同的解法, 甚至可以考虑有更短的路径. 为此, 我们部分地改变原解答中的路径, 把 $A_2 \to A_3 \to A_4 \to A_5$ 换成图 169 所示的路径: 先走正方形的半条边, 再走半个圆周, 再走正方形的半条边. 在此, 总路程缩短 $(2 - \frac{\pi}{2}) \times \sqrt{6}a$, 将会变得短于 $13a$. 这样的想法是行得通的, 此因路径上的点的凸包整个地包含了内切于八面体的半径为 a 的球, 因为该球与以正方形 $A_2A_3A_4A_5$ 的内切圆 ω 为底、A_1 为顶点的圆锥相切 (参阅图 170).

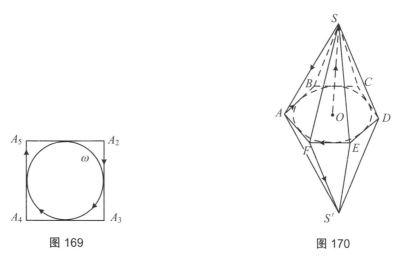

图 169　　　　　　　　　图 170

可以把路径长度缩短为 $12.75a$, 如果在正方形 $A_2A_3A_4A_5$ 所在的平面里考察六边形 $ABCDEF$(参阅图 170), 它也外切于圆 ω. 我们的路径是: 先沿着 OA_1 到达 A_1(图中标为 S), 再到达顶点 A, 然后沿着 ω 的切线走一段, 再沿着 ω 走一段, 再沿着切线走一段, 如此等等, 直到到达点 F, 再沿着 FA_6 到达 A_6(图中标为 S'). 利用计算机模拟, 还可以找到更短的路径. 例如, 改变点 A_1 和 A_6 到圆 ω 所在平面的距离, 而把路径在该平面中的部分换为两个包含着以 O 为中心、a 为半径的球的锥体的并集. 不过这种改进的成效不甚明显. 如果哪位感兴趣者获得了关于路径长度的上界或下界估计的本质性改进, 请与本题供题人联系: mmo2022kosmos@mail.ru.

255. 同第 248 题.

256. 答案　可以做到.

由于 $0 + 1 + 2 + \cdots + 24 = 300$, 故各种颜色帽子的数量值是 0 到 24.

每一位圣人都数出他所看见的各种颜色的帽子的数目, 其中会有某两种颜色的帽子数目相同. 圣人明白, 自己头上的帽子就是这两种颜色之一. 剩下的问题就是如何从中判断出属于自己的那种颜色.

预先谈好, 每个人可以用不同的方法作出这种判断. 例如, 可以构造正则二叉树, 并利用霍尔婚配引理. 我们下面所给出的方法是建立在排列的奇偶形概念基础上的.

假设圣人们已经预先将每种颜色编号为 0 至 24, 那么各种颜色帽子的数目就是 0 至

24 的某种排列.

$$\begin{pmatrix} 颜色编号 & 0 & 1 & 2 & \cdots & i & \cdots & j & \cdots & 24 \\ 帽子数量 & a_0 & a_1 & a_2 & \cdots & a_i & \cdots & a_j & \cdots & a_{24} \end{pmatrix}$$

如果某位圣人看见 i 号色的帽子跟 j 号色的帽子数量一样多 (都是 k 顶),那么他需要判断自己头上帽子的颜色究竟是 i 与 j 中的哪一种,也就是要对如下两种排列作出选择:

$$\begin{pmatrix} 0 & 1 & 2 & \cdots & i & \cdots & j & \cdots & 24 \\ a_0 & a_1 & a_2 & \cdots & k & \cdots & k+1 & \cdots & a_{24} \end{pmatrix}$$

$$\begin{pmatrix} 0 & 1 & 2 & \cdots & i & \cdots & j & \cdots & 24 \\ a_0 & a_1 & a_2 & \cdots & k+1 & \cdots & k & \cdots & a_{24} \end{pmatrix}$$

其中一种排列对应着颜色的真实分布. 而这两种分布的差别仅在于有两个数交换了位置,所以作为排列而言,具有不同的奇偶性.

圣人们可以预先谈妥,其中 150 个人以奇排列作为自己的选择,另 150 个人以偶排列作为自己的选择. 从而恰有一半人说对头上帽子的颜色.

♦ 如果圣人们采用大号和小号的选择办法,即预先商量好,其中有 150 人选择较大号码 (在供选择的两种颜色中选择编号大的),另 150 人则选择较小号码,则并不一定能保证有 150 个人的选择正确.

事实上,如果帽子的真实分布是: 对 $0 \leqslant k \leqslant 17$,有 $a_k = k$; 而对 $18 \leqslant k \leqslant 24$,却是 $a_k = 42 - k$,亦即

$$\begin{pmatrix} 颜色编号 & 0 & 1 & 2 & \cdots & 16 & 17 & 18 & 19 & \cdots & 23 & 24 \\ 帽子数量 & 0 & 1 & 2 & \cdots & 16 & 17 & 24 & 23 & \cdots & 19 & 18 \end{pmatrix}$$

而圣人们商量的对策是可以归入 3～17 号色帽子的人 (他们刚好 150 人) 选择较小号码的颜色,其余 150 人则选择较大号码的颜色. 不难看出,除了头戴 1,2,24 号色帽子的人说对了,其余所有的人都说错了.

257. 方法 1 在题中所给的等式中移项,得

$$0 = a - 2\sqrt{a}\sqrt{bc} + b + c = (\sqrt{a} - \sqrt{bc})^2 + b + c - bc,$$

所以

$$bc = (\sqrt{a} - \sqrt{bc})^2 + b + c \geqslant b + c.$$

方法 2 因为 a, b, c 都是非负数,所以可以把 $\sqrt{a}$ 视为如下二次方程的根:

$$x^2 - 2\sqrt{bc}\, x + b + c = 0.$$

因为该方程有实根,所以其判别式非负,亦即 $\dfrac{\Delta}{4} = bc - (b+c) \geqslant 0.$

方法 3 若 $a=0$, 则 $b+c=0$, 由此可知所证不等式成立. 下设 $a>0$. 根据平均不等式, 知
$$a+b+c \geqslant 2\sqrt{a(b+c)},$$
再由题中条件可得
$$2\sqrt{abc} \geqslant 2\sqrt{a(b+c)},$$
两端同时除以 $2\sqrt{a}$, 即得所证.

方法 4 根据平均不等式和题中所给等式, 知
$$a+bc \geqslant 2\sqrt{abc} = a+b+c,$$
由此即得
$$bc \geqslant b+c.$$

258. 观察这两支所赢场数相同的球队, 由于它们之间也分输赢, 我们将其中赢者称为甲队, 输者称为乙队. 考察比赛中败给乙队的球队名单, 其中必有某支球队丙是赢了甲队的. 因若不然, 所有败给乙队的球队也都败给了甲队, 再加上乙队也败给了甲队, 那么甲队所赢的场数就比乙队多了, 导致矛盾. 于是甲队赢了乙队, 乙队赢了丙队, 而丙队赢了甲队.

259. 答案 $8+4\sqrt{3}$.

观察满足题意的凸 12 边形 $A_1 A_2 \cdots A_{12}$, 它有 10 条边的长度为 1, 有一条边的长度是 2. 将剩下的那条边的长度记作 x. 我们来考察向量 $\overrightarrow{A_1 A_2}, \overrightarrow{A_2 A_3}, \cdots, \overrightarrow{A_{12} A_1}$, 为方便起见, 将相应的单位向量记为 $e_1, e_2, \cdots, e_{12}$. 由多边形的性质和题意知, 对某一角标 i 和 j, 有
$$e_1 + \cdots + 2e_i + \cdots + xe_j + \cdots + e_{12} = \mathbf{0}. \qquad ①$$

根据该 12 边形的所有内角彼此相等, 推知 $e_1+e_7 = e_2+e_8 = \cdots = e_6+e_{12} = \mathbf{0}$, 这表明 $e_1+e_2+\cdots+e_{12} = \mathbf{0}$. 将这一等式代入 ① 式, 得知 $e_i+(1-x)e_j = \mathbf{0}$, 这意味着 $e_i = -e_j$ 以及 $x=2$. 所以该多边形有两条长度为 2 的平行边.

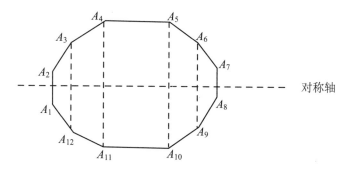

图 171

因为该多边形的所有内角彼此相等且有两条长度为 2 的平行边, 所以它有一条对称轴 (参阅图 171). 为求其面积, 将其划分为四个梯形和一个矩形. 因为它的每个内角都是 $\frac{10 \times 180°}{12} = 150°$, 所以容易算得 $A_3A_{12} = A_6A_9 = 1+\sqrt{3}$, $A_4A_{11} = A_5A_{10} = 2+\sqrt{3}$. 从而, 多边形的面积是

$$S = 2 \times (2+\sqrt{3}) + \frac{\sqrt{3} \times (2+\sqrt{3}+1+\sqrt{3})}{2} + \frac{1+\sqrt{3}+1}{2} = 8+4\sqrt{3}.$$

260. 设在等腰梯形 $ABCD$ 中, AB 和 CD 为两底, 且 $AB > CD$, 在其中引出对角线 AC (见图 172). 假设第一只甲虫的爬行路线是 $A \to C \to D \to A$, 第二只甲虫的爬行路线是 $A \to B \to C \to A$. 考察第一只甲虫经过顶点 A 的诸时间点. 当它由 A 到 A 绕行一周时, 第二只甲虫在自己的绕行路线上还差 $AB - CD$ 才能完成一圈. 因为

$$AB - CD < BC + AC - CD = AD + AC - CD < AC + CD + AC - CD = 2AC,$$

所以在这样的各自爬行中, 会在所考察的时刻之一, 第二只甲虫在自己的绕行路线上位于与顶点 A 的距离小于 $2AC$ 的地方. 这就意味着, 它们将会在对角线 AC 上相遇.

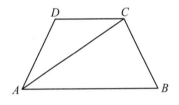

图 172

261. **答案** $n = 79$.

假设正整数 n 使得 $n^7 - 1$ 可被 $2022 = 2 \times 3 \times 337$ 整除. 于是 $n^7 - 1$ 可被 2 和 3 整除, 从而 n 是奇数, 且被 3 除的余数是 1. 此外, $n^7 - 1$ 还可被 337 整除. 我们指出, 如果两个正整数模 337 同余 (亦即它们被 337 除的余数相同), 那么它们的 7 次方亦模 337 同余. 这就告诉我们, 为了找出所需要的数, 只需找出区间 $[0, 336]$ 上满足条件 $n^7 \equiv 1 \pmod{337}$ 的数即可.

设 $P_k(x)$ 是任一整系数 k 次多项式, 我们来证明, 形如 $P_k(n) \equiv 0 \pmod{337}$ 的方程在区间 $[0, 336]$ 上有不多于 k 个解. 对 k 进行归纳. 当 $k = 1$ 时, 方程形如 $an + b \equiv 1 \pmod{337}$, 它至多有一个解, 此因任何整数 $n \in (0, 336]$ 都与 337 互质. 假设结论已对所有次数不超过 $k-1$ 的整系数多项式成立, 我们来看 k 次多项式 $P_k(n)$. 如果它没有解, 则结论已经成立. 而如果它有解, 则可把它表示为 $P_k(n) = (n-a)Q_{k-1}(n)$, 而根据归纳假设, $Q_{k-1}(n)$ 有不多于 $k-1$ 个解. 断言成立.

我们来找出 $n^7 \equiv 1 \pmod{337}$ 在区间 $[0, 336]$ 上的所有解. 我们已知两个解: $n_1 = 1$ 和 $n_2 = 8$. 我们指出, 如果 n 是 $n^7 \equiv 1 \pmod{337}$ 的解, 则对任何正整数 s, 方幂数 n^s 也

是解. 因此, 如下各数也都是解:

$$8^2 = 64 \equiv 64 \pmod{337},$$
$$8^3 = 512 \equiv 175 \pmod{337},$$
$$8^4 = 8 \times 175 \equiv 52 \pmod{337},$$
$$8^5 = 8 \times 52 \equiv 79 \pmod{337},$$
$$8^6 = 8 \times 79 \equiv 295 \pmod{337}.$$

如此一来, 我们一共在区间 $[0, 336]$ 上找到 7 个解: $n_1 = 1, n_2 = 8, n_3 = 52, n_4 = 64, n_5 = 79, n_6 = 175, n_7 = 295$. 根据上面的证明结果, 该区间上再无其他解. 其中被 3 除的余数为 1 的奇数解是: $n_1 = 1, n_5 = 79, n_6 = 175, n_7 = 295$, 其中大于 1 的最小者是 $n_5 = 79$. 所以本题答案是 $n = 79$.

第86届（2023年）

八 年 级

262. 答案 可以确定，最后一颗五角星被别佳得到．

二次方程至少有一个实根，当且仅当其判别式非负．而若交换二次方程的二次项系数和常数，其判别式不变，从而可将 6 个不同方程配为 3 对，每一对方程同为有无实根，亦即有实根的方程个数是偶数．所以最后一颗五角星被别佳得到．

263. 答案 放在中间位置的纸盒上的纸条上写着 "奖品在邻盒里"．

我们注意到，与放有奖品的盒子相邻的盒子上的纸条上写的话肯定是符合实际的．而我们一共只有一张纸条上的话是符合实际的，可见放有奖品的盒子只能有一个邻盒．这就表明，放有奖品的盒子只能是摆在边缘上的两个盒子之一，而那张写着符合实际的话的纸条放在与之相邻的盒子上．这就是说，放在中间位置的纸盒上的纸条上所写的话是不符合实际的，因而只会写着 "奖品在邻盒里"．

264. 方法 1 将所给直角三角形记作 $\triangle ABC$，且设 $\angle A = 30°$，$\angle C = 90°$．我们来证明，角平分线 AK 是角平分线 CL 的两倍．将 $\triangle ABC$ 扩充成一个正三角形 ABB'，其中 AK 与正三角形的边形成 $15°$ 的夹角．

设经过点 B' 的平行于 CL 的直线与 AB 相交于点 N．此时，CL 是 $\triangle B'NB$ 的中位线，故 $BN = 2CL$．同时，跟 AK 一样，BN 与正三角形的边形成的夹角为 $60° - 45° = 15°$，这意味着 $AK = BN = 2CL$．

方法 2 将所给直角三角形记作 $\triangle ABC$，且设 $\angle A = 30°$，$\angle C = 90°$．我们来证明，角平分线 AK 是角平分线 CL 的两倍．在 $\triangle ABC$ 中作出平行于边 BC 的中位线 DF．设其与角平分线 AK 相交于点 G，则 FG 是 $\triangle ACK$ 的中位线（此因 $FG//CK$，而 F 是边 AC 的中点），这意味着 G 是线段 AK 的中点，亦即 CG 是直角三角形 ACK 的中线，$\angle CAG = \angle ACG = 15°$．于是 CD 是直角三角形 ABC 的斜边上的中线，$\angle DAC = \angle DCA = 30°$，由此可知 $\angle GCD = \angle ACD - \angle ACG = 15°$，$\angle DCL = \angle ACL - \angle ACD = 15°$，$\angle ADF = \angle ABC = 60°$（因为 $DF//BC$），$\angle FDC = \angle FDA = 60°$（$DF$ 是中线，因此也是等腰三角形

ACD 的角平分线), $\angle CDL = \angle DAC + \angle DCA = 60°$. 故 $\triangle CGD \cong \triangle CLD$(角边角), 由此可知 $CL = CG = AG = \dfrac{AK}{2}$, 这就是所要证明的.

方法 3 将所给直角三角形记作 $\triangle ABC$, 且设 $\angle A = 30°$, $\angle C = 90°$, AK 和 CL 是角平分线, CD 是中线. 根据直角三角形的性质, 有 $CD = AD = BD$. 因为 $\triangle BCD$ 有两条相等的边和一个 $60°$ 的角, 所以它是等边三角形. 于是 $\angle ABK = \angle CDL = 60°$. 在此, 有 $\angle KAB = \dfrac{1}{2}\angle BAC = 15°$ 和 $\angle LCD = \angle ACL - \angle ACD = \dfrac{1}{2}\angle ACB - \angle BAC = 15°$. 故知 $\triangle ABK \sim \triangle CDL$. 因此, $\dfrac{AK}{CL} = \dfrac{AB}{CD} = \dfrac{AB}{BC} = 2$, 此即为所证.

方法 4 将所给直角三角形记作 $\triangle ABC$, 且设 $\angle A = 30°$, $\angle C = 90°$, AK 和 CL 是角平分线. 取点 M, 使得 $CLAM$ 为平行四边形. 于是, $\angle BCM = 90° + \angle ACM = 90° + \angle CAB = 120°$, 而 $\angle KAM = 15° + \angle CAM = 15° + \angle ACL = 60°$. 这表明 A, K, C, M 四点共圆. 在 $\triangle AKM$ 中, 有 $\angle KAM = 60°$, 而 $\angle AMK = \angle ACK = 90°$, 此因四边形 $AKCM$ 内接于圆. 于是根据有一个锐角为 $60°$ 的直角三角形的性质, 知斜边 AK 是直角边 AM 的两倍. 再根据平行四边形的性质, 知 $AK = 2AM = 2CL$.

265. 答案 不一定.

我们来观察两个好数的乘积:

$$\left(10^2 + 10^4 + 10^8 + \cdots + 10^{1024}\right)\left(10^{N-2} + 10^{N-4} + 10^{N-8} + \cdots + 10^{N-1024}\right),$$

其中 N 是某个很大的偶数 (例如一百万). 如果把两个括号里的数乘开, 那么就得到一列加数的和, 其中每个加项都是 10 的方幂数. 如果这些加项互不相同, 那么我们就得到一个好数, 它的数字和等于两个因数的数字和的乘积. 我们来看其中有相同加项的情形. 如果 $10^a \times 10^{N-b} = 10^x \times 10^{N-y}$, 其中 $x \neq a$. 那么由 $a + N - b = x + N - y$ 得 $a + y = b + x$. 但因为 x, y, a, b 都是 2 的方幂数, 所以等式成立, 当且仅当 $a = b$, $x = y$. 这表明, 我们共有 10 个相同的加项 10^N, 它们的和是 10^{N+1}.

易知再无其他加项等于 10^{N+1}, 因为两个因数的所有加项的指数都是偶数.

所以所有加项的和是一个好数, 但是它的各位数字的和却比两个因数的数字和的乘积小 9.

266. 为了证明三条线段 AB', BC', CA' 能够构成三角形, 只需证明其中最长的线段的长度小于其余两条线段的长度之和. 我们可以假定 AB' 是它们中最长的. 将 $\triangle AB'C$ 绕着顶点 A 按逆时针方向旋转 $60°$. 于是, 点 C 变为点 B, 此因 $\triangle ABC$ 是等边三角形, 而点 B' 则变为一个新点 B''. 在所得到的 $\triangle AC''B''$ 中, $AC'' = AB''$, 而它们的夹角大于 $60°$, 这是因为根据题意, $\angle C'AB' > 120°$. 因此, 在该等腰三角形中, 底角小于 $60°$. 因为在三角形中, 大角对大边, 所以 $C'B' > AB'' = AB'$. 又在 $\triangle B''C'B$ 中, $C'B' < BC' + B''B = BC' + CB' = BC' + CA'$, 所以 $AB' < C'B'' < BC' + CA'$. 这意味着, 可以用线段 AB', BC', CA' 构造三角形.

267. 答案 5 个.

首先证明 $k \leqslant 5$. 用反证法. 假设 $k \geqslant 6$. 我们观察站在各个角上的观察者. 他们每个人都至少被 6 个人观察, 这些观察他们的人都应该站在边缘上的方格里, 并且如果其中某个人观察了某个角上的方格里的人, 那么他就不能观察其他角上的人. 这样一来, 边缘上的方格里至少有 24 个观察者沿着方格表的诸边观察着. 于是, 站在边缘方格里的观察者中至多有 4 个人的观察方向朝着方格表内部.

现在来看站在中间的 6×6 的方格表 L 中的观察者们. 我们来计算他们一共最多可进入多少人的眼帘 (包括重复的次数), 而投向边缘上的人的目光不在计算之列. 易知目光投向他们的不会超过 $184 = 24 + 100 + 48 + 12$ 个, 其中 24 来自站在边缘方格里的观察者 (他们每人把目光投向 6 个站在方格表 L 中的观察者), 100 来自站在方格表 L 周界上的 20 个观察者 (他们每人把目光投向 5 个站在 L 中的观察者), 48 来自站在中间 4×4 的方格表周界上的 12 个观察者 (他们每人把目光投向 4 个观察者), 12 来自站在中间 2×2 的方格表中的 4 位观察者 (他们每人把目光投向 3 个观察者). 于是在 36 位观察者身上一共至多投有 $184 = 36 \times 5 + 4 < 36 \times 6$. 这意味着其中有人被少于 6 个人观察.

可有多种方式构造 $k = 5$ 的例子. 其中一个例子如图 173 所示 (箭线的长度表示朝同一个方向观察的人数, 站在中间 4 个方格里的人可朝任一方向观察).

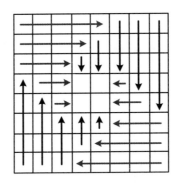

图 173

268. 答案 可以.

例如: $3 \times (2 \times 4 \times 5 + 1) = 123$.

269. 方法 1 首先对仅由两个字母构成的序列解决题中的相应问题, 亦即证明, 至多需要两次操作, 就可由一个这样的序列得到另一个.

如果一个序列是 AA, 另一个是 BB, 那么只需先擦去第一个序列的所有字母, 再添加第二个序列的所有字母即可. 在其他情况下, 两个序列中存在相同的字母 (不一定在相同的位置上). 第一步在第一个序列中擦去另一个字母, 第二步在所需的位置上添加为得到第二个序列所需的那个字母.

回到原题. 把每个序列划分为 50 对相邻的字母. 每两次操作可以把一个相邻的字母对变为所需的样子.

方法 2 把每个序列都分成一个个相同的字母段. 于是每个序列中都有不多于 50 个由 A 构成的字母段, 也有不多于 50 个由 B 构成的字母段. 如果都刚好得到 50 段, 那么两个序列均以字母 A,B 交替排列, 它们或者完全一样, 或者只需擦去第一个序列的第一个字母并把它补写在最后, 即可得到第二个序列.

假设在一个序列中一种字母段有不多于 49 个. 易知, 如果通过所说的操作可以由第二个序列得到第一个序列, 那么只要按照相反的顺序进行这些操作, 就可由第一个序列得到第二个序列. 故不失一般性, 可假设第一个序列中有不多于 49 个由字母 A 构成的段. 对第一个序列进行如此操作:

① 擦去所有的字母 A, 为此至多需要 49 次操作.

② 在需要的情况下, 改变字母 B 的数目, 使之与第二个序列中的数目相等, 为此至多需要一次操作.

③ 在需要的位置上补入字母 A, 数目等于第二个序列中的相应的 A 字母段中的 A 的数目, 为此至多需要 50 次操作.

最终在得到第二个序列时, 至多经过 100 次操作.

270. 答案 $\dfrac{1}{2}$.

方法 1 将圆 ω 与边 BC 的切点记作 R. 我们来观察线段 AP 与 AQ 的长度. 一方面, 它们相等; 另一方面, 由 $BR = BP, CR = CQ$ 可知

$$AP + AQ = AB + BP + CQ + AC = AB + BC + AC.$$

所以, AP 与 AQ 的长度都是 $\triangle ABC$ 的周长之半.

分别将线段 AB 和 AC 的中点记作 M 和 N. 在直线 MN 上取点 X' 和 Y', 使得 $X'M = MA, Y'N = NA$(参阅图 174). 易知线段 $X'Y'$ 的长度也等于 $\triangle ABC$ 的周长之半, 亦即 $AP = X'Y'$. 但 $X'M = MA$, 所以 $MP = MY'$. 故 $\triangle AX'M$ 和 $\triangle PMY'$ 都是等腰三角形. 所以四边形 $AX'PY'$ 是等腰梯形.

众所周知, 等腰梯形是可以内接于圆的, 亦即点 P 在 $\triangle AX'Y'$ 的外接圆 γ 上. 同理, 点 Q 也在圆 γ 上. 如此一来, γ 就是 $\triangle APQ$ 的外接圆. 因而 $X = X', Y = Y'$, 且 $XY = \dfrac{1}{2}$.

方法 2 将圆 ω 的圆心记作 I. 因为 $\angle API = \angle AQI = 90°$, 所以点 A, P, I, Q 都在以线段 AI 作为直径的圆 γ 上. 以 M 和 N 分别记线段 AB 与 AC 的中点, 以 X' 和 Y' 分别记 BI 和 CI 与 MN 的交点 (参阅图 175). 我们来证明: 点 X' 和 Y' 都在圆 γ 上.

易知 $\angle PBI = \angle MBX'$(对顶角), $\angle CBI = \angle MX'B$(同位角, 因为 $BC // MN$). 但 BI 是 $\angle PBC$ 的平分线, 所以 $\angle MBX' = \angle MX'B$, 从而 $\triangle BMX'$ 是等腰三角形,$BM = MX'$. 在 $\triangle ABX'$ 中, 中线 $X'M$ 等于边的一半, 所以该三角形是以 $\angle X'$ 为直角的直角三

角形. 如此一来, $\angle AX'I = 90°$, 亦即点 X' 在圆 γ 上, 所以 $X' = X$. 同理, 可知 $\angle ACY'$ 是直角, 且 $Y' = Y$. 于是 $XY = XM + MN + NY = \dfrac{1}{2}$.

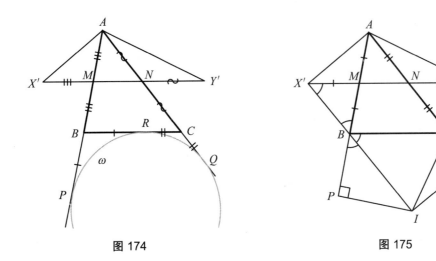

图 174　　　　　　　　图 175

方法 3　在方法 2 的记号基础上, 用 a, b, c 分别记线段 BC, AC, AB 的长度之半, 用 x 和 y 分别记线段 MX 与 NY 的长度. 用两种方式写出点 M 和 N 关于圆 γ 的幂:

$$\begin{cases} MX \cdot MY = MA \cdot MP, \\ NY \cdot NX = NA \cdot NQ \end{cases} \Leftrightarrow \begin{cases} x(a+y) = c(a+b), \\ y(a+x) = b(a+c). \end{cases}$$

在第二种写法中, 用其第一式减去第二式, 得到

$$ax - ay = ac - ab \quad \Leftrightarrow \quad y = x + b - c.$$

将其代入第一式, 得

$$x(a+x+b-c) = c(a+b) \quad \Leftrightarrow \quad x^2 + x(a+b-c) - c(a+b) = 0.$$

根据韦达定理, 所得二次方程有两个根: c 与 $-(a+b)$. 因为 x 是正的, 所以 $x = c$. 同理, 求得 $y = b$. 于是 $XY = a + b + c = \dfrac{1}{2}$.

方法 4　如同方法 2, γ 是以线段 AI 作为直径所作出的圆. 以 ω' 表示圆 ω 在以点 A 为中心、$\dfrac{1}{2}$ 为系数的位似变换下的像 (参阅图 176). 因为 AI 是圆 γ 的直径, 所以 γ 与 ω' 是同心圆.

在该位似变换下, $\triangle ABC$ 变为 $\triangle AMN$, 所以圆 ω' 与直线 AP, AQ, XY 分别相切. 这样一来, XY, AP, AQ 就是 γ 的三条与同心圆 ω' 相切的弦. 这表明它们等长. 正如方法 1 所证, AP 的长度等于 $\triangle ABC$ 的周长之半, 所以 XY 的长度亦为 $\triangle ABC$ 的周长之半, 即 $\dfrac{1}{2}$.

271.　首先证明: 如果 n 是合数, 那么并非所有分母小于 n 的分数都可以表达. 如果在好的分数中有既约分数, 那么 n 就将它们约分. 将所有约分后得到的分数的分母的最小公

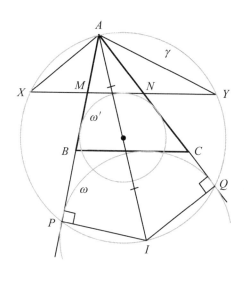

图 176

倍数记作 N. 注意, 所有可以表达的非既约分数的分母都是 N 的约数. 事实上, 对于所有好的分数, 断言成立, 而所有分母可整除 N 的分数的和或差的分母仍保持这一性质.

设 n 可被质数 p 整除, 而正整数 α 使得 $p^\alpha < n \leqslant p^{\alpha+1}$. 我们来考察某个好的分数 $\dfrac{n-a}{a}$, 其中分母可被 p 整除. 因为 $a < n \leqslant p^{\alpha+1}$, 所以 a 不可被 $p^{\alpha+1}$ 整除. 注意到 $n-a$ 可被 p 整除, 所以分数 $\dfrac{n-a}{a}$ 可用 p 约分. 约分后的分母不再可被 p^α 整除. 这样一来, N 就不可被 p^α 整除. 因此, 不可得到 $\dfrac{1}{p^\alpha}$ 的表达.

往证: 如果 n 恰好是质数 p, 那么任何分母小于 n 的分数都可以表达. 观察分数 $\dfrac{b}{a}$, 其中 $a < p$. 因为 p 是质数, 所以 $p-a$ 与 a 互质. 众所周知, 存在正整数 k, 使得 $(p-a)k \equiv 1 \pmod{a}$. 设对某个整数 l, 有 $(p-a)k = la+1$, 则有

$$\frac{1}{a} = \frac{(p-a)k - la}{a} = k \cdot \frac{p-a}{a} - l = k \cdot \frac{p-a}{a} - (n-1)l \cdot \frac{1}{n-1}.$$

这就表明, k 个好分数 $\dfrac{p-a}{a}$ 的和减去 $(n-1)l$ 个好分数 $\dfrac{1}{n-1}$ 的和即得分数 $\dfrac{1}{a}$. 而分数 $\dfrac{b}{a}$ 可以表示为 b 个分数 $\dfrac{1}{a}$ 的和.

272. 对于每个所分出来的图形 (平行四边形和三角形), 都观察它们落在正 100 边形边界上的顶点. 在边界上用向量连接这些点中的相邻点 (参阅图 177), 使得这些向量按逆时针方向环绕周界.

观察任一直线 ℓ 以及所有平行于它的向量. 这些向量的和等于 **0**. 事实上, 每条平行于 ℓ 的分割线, 都对应着方向相反的向量组. 如果 ℓ 平行于正 100 边形的边, 那么对应的向量组中所有向量的和也是 **0**, 因为它们方向相反, 长度相等.

另外, 每个平行四边形中对应于相对边的所有向量的和是 **0**. 因此, 在两个三角形中, 所有平行于直线 ℓ 的向量的和也是 **0**.

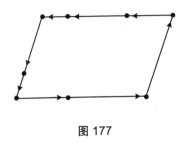

图 177

选择平行于第一个三角形任一边的直线作为 ℓ，可知第二个三角形中平行于直线 ℓ 的向量组是与第一个三角形中的相应的向量组方向相反的. 对于其他两条边, 也有类似的结论. 所以, 对于第一个三角形的任意一条边, 在第二个三角形中都存在与之平行的等长的边. 因此, 这两个三角形全等.

♦ 满足题意的分割是存在的, 并且可以以极不对称的方式构造出来 (例如, 三角形的所有边不一定都平行于正 100 边形的边, 两个三角形也不一定形成平行四边形, 不一定贴着正 100 边形的边, 也不一定关于正 100 边形的中心对称, 等等). 在图 178 中给出了关于正 10 边形的分割的一个例子.

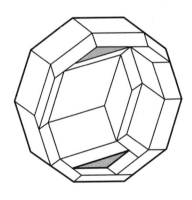

图 178

273. 以 $b(n)$ 表示 n 的 2 进制表达式, 例如 $b(13) = 1101$. 把 2 进制表达式 $b(n)$ 视为 3 进制表达式所得到的数记为 $b(n)_3$. 例如 $b(13)_3 = 1101_3 = 1 + 9 + 27 = 37$. 我们来证明: $a_n = b(n)_3$.

起点 $n \leqslant 1$ 由数列的定义可知. 假设对一切 $i < n$, 项 a_i 的 3 进制表达式都重合于 i 的 2 进制表达式 $b(i)$. 我们要证明: $a_n = b(n)_3$. 为此需要证明两点: 第一, 对任何 $i < j < n$, 数 $b(n)_3$ 都不与 a_i, a_j 形成三联体; 第二, 任何小于 $b(n)_3$ 的数都不具有 $b(n)_3$ 这一性质.

假设存在 $0 \leqslant i < j < n$, 使得 $b(i)_3 + b(n)_3 = 2b(j)_3$. 注意到在 $b(i)_3$ 与 $b(n)_3$ 的 3 进制相加的过程中不会发生进位, 如果其相加的结果是 $2b(j)_3$ 的话, 那么在 $b(j)$ 是 1 的所有位置上, $b(i)$ 与 $b(n)$ 也都是 1. 而在这三个数的其余位置上全都是 0. 这样一来, 就有 $b(i) = b(j) = b(n)$, 从而 $i = j = n$, 矛盾.

再证: 任何小于 $b(n)_3$ 大于 a_{n-1} 的数都与某些 a_i, a_j 形成三联体. 考察任一满足 $b(n-1)_3 < x < b(n)_3$ 的正整数 x. 因为 $b(n-1)_3$ 与 $b(n)_3$ 是两个相邻的 3 进制表达式中仅出现 0 和 1 的数, 所以 x 的 3 进制表达式中会出现 2.

设 x 的 3 进制表达式是串 s_n. 我们按如下规则来构造仅由 0 和 1 列成的与串 s_n 等长的串 s_i 和串 s_j: 串 s_i 中的 1 仅出现在串 s_n 是 1 的位置; 串 s_j 中的 1 仅出现在串 s_n 非 0 数字的位置. 将以串 s_i 作为 2 进制表达式的数作为 i, 以串 s_j 作为 2 进制表达式的数作为 j. 设 d_i, d_j, d_n 是 s_i, s_j, s_n 中相应位置上的数字. 由构造规则可见: 第一, 有 $d_i \leqslant d_j \leqslant d_n$; 第二, 有 $d_i + d_n = 2d_j$. 并且在串 s_n 是 2 的位置上, 严格不等式 $d_i < d_j < d_n$ 成立. 这意味着 $i < j < n$, 且 (a_i, a_j, x) 为三联体.

因为 $2023 < 2048 = 2^{11}$, 所以 a_{2023} 的 3 进制表达式中有不多于 11 位数字, 且每位数字都不超过 1. 因此

$$a_{2023} \leqslant 3^0 + 3^1 + \cdots + 3^{10} = \frac{3^{11}-1}{2} < \frac{243^2 \times 3}{2}$$

$$< \frac{250^2 \times 3}{2} = 62\,500 \times \frac{3}{2} < 100\,000.$$

事实上, $a_{2023} = 88\,465$.

十 年 级

274. 原等式即为

$$a+b+c+d = (a+c)(b+d)+1.$$

记 $x = a+c, y = b+d$, 该式变为

$$x+y = xy+1.$$

移项, 分解因式, 该式变为

$$(x-1)(y-1) = 0.$$

于是知 $a+c = 1$ 或 $b+d = 1$. 不妨设 $a+c = 1$. 两个正整数的和不小于 2, 故此处有 $a \leqslant 0$ 或 $c \leqslant 0$. 不失一般性, 可设 $a \leqslant 0$, 则 $c > 0$, 从而有 $|c|-|a| = c+a = 1$, 这就是所要证明的.

275. 答案 最多可能发生 38 次超越.

首先证明: 超越的次数不可能多于 38. 我们注意到, 在起点与第一次超越之间, 以及每相邻的两次超越之间, 都至少有一个队要换人交棒. 每个队交棒换人 19 次, 所以超越的次数不会多于 38.

下面证明: 可以发生 38 次超越. 用一个图来反映接力赛的进行情况 (参阅图 179): 横轴代表时间, 纵轴代表由莫斯科往佩图什基方向跑动的距离. 于是两个队的移动轨迹都是一条含有 20 节线段的折线, 每一节线段都指向右上方. 每条折线都起始于原点, 亦即它们的左下方端点重合; 而两条折线的右上方端点的纵坐标相同. 在这种情况下, 超越点 (折线的交点) 不是各节线段的端点.

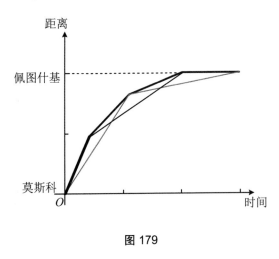

图 179

我们来构造例子. 先在上面的坐标系中画一条辅助折线, 它是一个正 160 边形的 40 条依次相邻的边, 最后一边为水平方向. 换言之, 折线上的第一节以 $(0,0)$ 为端点, 与纵轴夹成 $(\frac{9}{4})°$ 的角 (把纵轴按顺时针方向旋转 $(\frac{9}{4})°$). 以后的每一节都与前一节等长且与前一节夹成 $(\frac{9}{4})°$(按顺时针方向) 的角. 那么第 40 节刚好与竖直方向夹成 $40 \times (\frac{9}{4})° = 90°$, 因而是水平方向. 把辅助折线上的端点依次编号为 1 至 41, 以 $(0,0)$ 为 1 号. 现在把 $1, 2, 4, 6, \cdots, 40$ 号端点依次连接成一条折线, 作为第一队的移动轨迹; 而把 $1, 3, 5, 7, \cdots, 41$ 号端点依次连接成一条折线, 作为第二队的移动轨迹. 这两条折线刚好有 38 个交点, 因为对 $i = 1, 2, 3, 4, \cdots, 38$, 第 i 号端点和第 $i+2$ 号端点的连线都与第 $i+1$ 号端点和第 $i+3$ 号端点的连线相交.

图 179 展示了最初的两个交点.

276. 题目同第 270 题, 此处再给出三种解法.

方法 1 以点 M 记边 AB 的中点, 以点 N 记边 AC 的中点 (参阅图 180). 已知 $\triangle ABC$ 的周长是 1, 记为 $P_{\triangle ABC} = 1$.

因为点 P 与 Q 分别是 $\triangle ABC$ 的旁切圆与 $\angle PAQ$ 的两边的切点, 所以 $AP = AQ$, 且长度为 $\triangle ABC$ 的半周长.

因为 MN 是 $\triangle ABC$ 的中位线, 所以 $MN = \frac{1}{2}BC$.

令 $AB = 2c$, $BC = 2a$, $AC = 2b$, 则有 $AM = \frac{1}{2}AB = c$, $AN = \frac{1}{2}AC = b$, $MN = \frac{1}{2}BC = a$. 并且 $AP = AQ = \frac{1}{2}(AB + BC + CA) = a + b + c$.

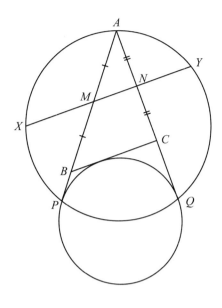

图 180

$\triangle PAQ$ 外接圆中的二弦 XY 与 AP 相交于点 M, 则 $XM \cdot MY = AM \cdot MP$. 利用所引入的字母, 可将该等式改写为

$$XM \cdot (a + NY) = c \cdot (AP - AM),$$
$$XM \cdot (a + NY) = c \cdot (a + b + c - c),$$
$$XM \cdot (a + NY) = c \cdot (a + b). \qquad ①$$

类似地, 由于弦 XY 与 AQ 相交于点 N, 故有

$$NY \cdot XN = AN \cdot NQ,$$
$$NY \cdot (a + XM) = b \cdot (AQ - AN),$$
$$NY \cdot (a + XM) = b \cdot (a + c). \qquad ②$$

用 ① 式减去 ② 式, 得

$$(XM - NY) \cdot a = ac + bc - ab - bc,$$

即

$$(XM - NY) \cdot a = a(c - b).$$

由于 $a \neq 0$, 故 $XM - NY = c - b$, 即 $XM = NY + c - b$. 将该式代入 ② 式, 得

$$NY \cdot (a + NY + c - b) = b \cdot (a + c),$$
$$NY^2 + NY \cdot (a + c - b) - b \cdot (a + c) = 0,$$
$$(NY - b) \cdot (NY + a + c) = 0.$$

因为 $NY + a + c > 0$, 所以 $NY = b$, 这表明 $XM = NY + c - b = c$. 故知

$$XY = XM + MN + NY = c + a + b = \frac{1}{2} P_{\triangle ABC} = \frac{1}{2}.$$

方法 2 以点 M 记边 AB 的中点,以点 N 记边 AC 的中点. 因为 MN 是 $\triangle ABC$ 的中位线,所以 $MN = \dfrac{1}{2}BC$ 且 $MN/\!/BC$.

将题中所给的 $\triangle ABC$ 的旁切圆记作 ω,以 O 记其圆心,则点 O 在 $\angle PAQ$ 的平分线上 (参阅图 181).

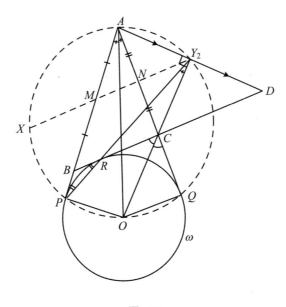

图 181

因为 $OP \perp AP$, $OQ \perp AQ$,所以 A, Q, O, P 四点共圆 (AO 为其直径),即点 O 在 $\triangle APQ$ 的外接圆上. 记 ω 与 BC 的交点为 R. 因为 O 是 $\triangle ABC$ 的旁切圆 ω 的圆心,所以它在 $\angle BCQ$ 的平分线上. 延长线段 OC 使之与直线 PR 相交,将交点记作 Y_2(参阅图 181). 我们来证明 $\angle CY_2A = 90°$.

BP 和 BR 作为 ω 的切线,有 $BP = BR$,故知 $\angle BPR = \angle BRP$. 根据 $\angle ABC$ 是 $\triangle PBR$ 的外角,可知 $\angle BPR = \angle BRP = \dfrac{1}{2} \angle ABC$.

易知 $\angle BRP = \angle Y_2RC$(对顶角) 和 $\angle RY_2C = \angle BCO - \angle Y_2RC$(因为 $\angle BCO$ 是 $\triangle RY_2C$ 的外角). 综合上述事实,并注意 $\angle BCQ$ 是 $\triangle ABC$ 的外角,有

$$\angle RY_2C = \angle BCO - \angle Y_2RC = \dfrac{1}{2}\angle BCQ - \dfrac{1}{2}\angle ABC$$
$$= \dfrac{1}{2}(\angle ABC + \angle BAC) - \dfrac{1}{2}\angle ABC = \dfrac{1}{2}\angle BAC.$$

因为 AO 是 $\angle BAC$ 的平分线,所以又有

$$\angle BAO = \dfrac{1}{2}\angle BAC = \angle RY_2C.$$

上式实际上就是 $\angle PAO = \angle PY_2O$(见图 181). 这就表明,$O, P, A, Y_2$ 四点共圆,而该圆就是 $\triangle APQ$ 的外接圆 (因为 O, P, A 三点都在该圆上),并且 AO 是其直径. 这就证得了 $\angle OY_2A = 90°$,即 $\angle CY_2A = 90°$.

现在证明: Y_2 在直线 MN 上. 事实上, 如果延长线段 AY_2 使之与直线 BC 相交, 记交点为 D, 则在所得到的 $\triangle ACD$ 中, 角平分线 CY_2 也是高, 这就意味着 Y_2 是边 AD 的中点.

因为 $MN//BC$, 点 M 是边 AB 的中点, 点 N 是边 AC 的中点, 所以直线 MN 也经过 AD 的中点, 即 Y_2.

这就表明, Y_2 是 $\triangle APQ$ 的外接圆与直线 MN 的交点, 即重合于点 Y.

在直角三角形 AYC 中, NY 作为斜边 AC 上的中线, 长度等于斜边的一半, 即 $NY = \frac{1}{2}AC$. 同理可知 $XM = \frac{1}{2}AB$. 故有

$$XY = XM + MN + NY = \frac{1}{2}(AB + BC + CA) = \frac{1}{2}.$$

方法 3 引入与上面解答相同的记号, 即 M 和 N 分别是边 AB 和 AC 的中点, 点 P 与 Q 分别是旁切圆 ω 与 AB 的延长线和 AC 的延长线的切点, O 是旁切圆的圆心.

如同上面的解答, 首先指出, O 在 $\triangle APQ$ 的外接圆上. 事实上, $OP \perp AP$, $OQ \perp AQ$, 因为切线垂直于切点处的半径, 所以 P 与 Q 都在以 AO 作为直径的圆上.

将 $\triangle APQ$ 的外接圆的圆心记作 I, 则 I 是线段 AO 的中点, 因而 $AO = 2AI$.

以 A 为中心作系数为 $\frac{1}{2}$ 的位似变换, 则点 B 变为 M, 点 C 变为 N, 点 O 变为 I. 于是 $\triangle ABC$ 变为 $\triangle APQ$, 从而 $\triangle ABC$ 的旁切圆圆心变为 $\triangle APQ$ 的旁切圆圆心. 于是, I 就是 $\triangle APQ$ 的旁切圆圆心.

这意味着 I 在 $\angle BMN$ 的平分线上 (参阅图 182), 特别地, I 到该角两边的距离相等, 这就表明 XY 和 AP 是到圆心距离相等的弦, 因而长度相等. 因为 $AP = \frac{P_{\triangle ABC}}{2} = \frac{1}{2}$, 所以 $XY = \frac{1}{2}$.

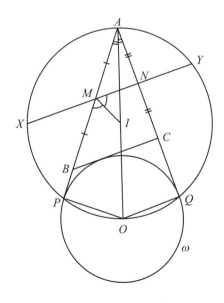

图 182

277. 答案 该过程不会停止.

可将变化规则改述为: 如果屏幕上的数形如 $100A+B$, 其中 $0 \leqslant B < 100$, 就把它变为 $2 \times A + 8 \times B$. 于是操作后屏幕上的数比操作前减少了 $(100A+B) - (2 \times A + 8 \times B) = 98A - 7B = 7(14A - B)$. 该值在 $A > 7$ 时为正的, 所以从 800 开始, 操作的结果就是减小. 一个自然会产生的问题就是: 有什么能遏制这种减小的趋势呢? 或者说, 我们能否弄清楚, 到哪个小于 800 的数之前, 巨型计算机都会计算? 首先, 由上面的表达式看出, 原数与变化后的数的差可被 7 整除. 所以操作不改变数被 7 除的余数. 因为 $1001 = 7 \times 11 \times 13$ 可被 7 整除, 而 $111111 = 111 \times 1001$, $900 = 6 \times 150$, 所以 900 个 1 所列成的数可被 7 整除. 这意味着操作过程中所出现的数都可被 7 整除, 事实上可被 14 整除, 这是因为 $2 \times A + 8 \times B$ 永远是偶数.

屏幕上的数还能保持对其他某个质数 p 的整除性吗?

如果 p 能整除 $100A+B$, 那么就能整除 $8(100A+B) = 800A + 8B$(如果不能整除的话, 则余数刚好乘 8). 该数与 $2 \times A + 8 \times B$ 的差是 $(800-2)A = 798A$, 因而如果 p 是 798 的约数, 则被 p 除的余数乘以 8. 而 $798 = 7 \times 2 \times 3 \times 19$, 这里提供两个新的质数 3 和 19.

我们来看开始的数被 3 和 19 除的余数. 因为 900 是 3 的倍数, 所以该数也是 3 的倍数. 又由费马小定理可知 $10^{18} - 1$ 可被 19 整除, 因此利用除法竖式可知, 由 $900 = 18 \times 50$ 个 1 列成的数可被 19 整除. 这就表明, 从第二个数开始, 依次出现在计算机屏幕上的数都是 798 的倍数. 这些数非 0, 永远不会小于 100.

278. 答案 I 是二圆的切点.

假设选取的两条直径 AB 和 CD 使得四边形 $ABCD$ 是一个圆的外切凸四边形, 于是 $AB + CD = BC + AD$. 设点 M 与 N 分别是圆 ω_1 与圆 ω_2 的圆心, P 是它们的切点, 则有 $\angle APB = \angle CPD = 90°$, 此因半圆上的圆周角是直角. 根据直角三角形的斜边上的中线的性质, 知 $MP = \frac{1}{2}AB$, $PN = \frac{1}{2}CD$. 因此, $MN = MP + PN = \frac{1}{2}(AB + CD) = \frac{1}{2}(BC + AD)$(参阅图 183).

我们来证明一个命题.

命题: 凸四边形的中位线 (其一组对边中点的连线) 不超过另一组对边的长度之和的一半, 其中的等号成立当且仅当这一组对边相互平行.

命题之证: 设四边形 $ABCD$ 为凸四边形, 点 M 与 N 分别是 AB 与 CD 的中点. 再设 K 是 AC 的中点. 于是, MK 与 NK 分别是 $\triangle ABC$ 与 $\triangle ADB$ 的中位线, 从而 $MK = \frac{1}{2}BC$, $KN = \frac{1}{2}AD$. 从而知 $\frac{1}{2}(AB + CD) = MK + KN \geqslant MN$, 等号成立当且仅当 K, M, N 三点共线, 此时 AB 与 CD 都平行于这条直线, 因为它包含着 $\triangle ABC$ 与 $\triangle ADB$ 的中位线. 命题证毕.

根据我们所证明的命题, 现在有 $MN // BC // AD$. 显然有 $\angle MPA = \angle PAD$(内错角) 和 $\angle MAP = \angle MPA$(因为 $MP = PA$). 所以 AP 是 $\angle BAD$ 的平分线. 同理, 可知

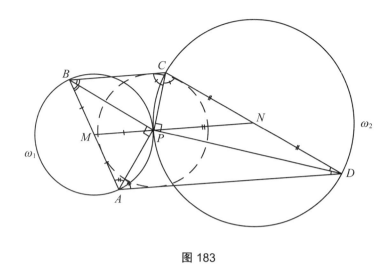

图 183

BP, CP, DP 都是四边形 $ABCD$ 的内角平分线. 于是, 点 P 作为内角平分线的交点, 是内切圆的圆心.

我们再来证明: 几何位置不会是空集, 即至少能够找到直径的一个位置, 使得 $ABCD$ 是圆外切凸四边形. 用 r_i 表示圆 ω_i 的半径. 不失一般性, 可假设 $r_1 \leqslant r_2$. 如果 $r_1 = r_2$, 则只需选取直径使得它们都垂直于连心线 MN 即可, 因为此时四边形 $ABCD$ 是正方形. 如果 $r_1 < r_2$, 则先取 $AB \perp MN$. 在点 A 和点 B 处作 ω_1 的切线. 切线与圆 ω_2 交出形成矩形的四个点, 只要选取该矩形的一条对角线作为 CD(参阅图 184) 即可, 因为此时 $ABCD$ 是梯形. 如同前述情况, 可以证明点 P 在诸内角的平分线上, 因而是它们的交点, 故为内心.

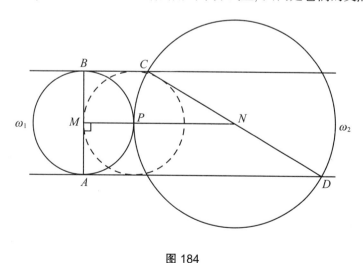

图 184

279. 答案 $k = 5$.

首先举例说明, 为了实现所说的颜色变化, 至少需要 5 只红色变色龙. 将颜色编号, 使得红色是 1 号, 而蓝色是最后一号. 变色规则如下: 任一变色龙咬了 k 号颜色的变色龙, 只

要 $k<5$, 被咬的变色龙的颜色就变为 $k+1$ 号. 而蓝色变色龙依然保持为蓝色. 没有其他情况能改变变色龙的颜色. 不难看出, 如果开始时一共只有 4 只红色变色龙, 那么在这样的规则下, 它们中的任何一只都不可能变为蓝色. 事实上, 没有哪种颜色能早于蓝色消失. 而且没有哪种颜色能够比其之前的所有颜色先出现. 因此, 在第一只蓝色变色龙出现时, 5 种颜色的变色龙应当至少各有一只.

下面说明, 只要有 5 只变色龙就够了. 整个过程由两个阶段构成. 在第一阶段中, 5 只变色龙的变色过程应当 "跑动" 跟上 2023 只变色龙由红色全部变为蓝色的步骤, 注意在每一步 "跑动" 之后都应该反复满足两个条件: ① 每种颜色的变色龙都至多有一只, 其余的变色龙都是红色的; ② 5 只变色龙颜色的集合在扩展着并且时刻包含着 2023 只变色龙颜色的集合.

在 5 只变色龙的 "跑动" 框架中注意等候这样的时刻: 在 2023 只变色龙颜色的集合中出现了 5 只变色龙所没有的颜色. 假设这样的颜色出现在变色龙 X 身上. 那么应当研究 X 是怎样由红色一步步变过来的, 再从 5 只变色龙中任意选取一只遵循同样的变化过程变成 X 现在的颜色. 这是可以做到的, 因为将要咬它的其余 4 只变色龙颜色的集合包含着 2023 只变色龙颜色的集合. 而此后条件 ① 和 ② 又将重现, 并迈向下一次 "跑动". 如果 2023 只变色龙颜色的集合中出现了新的颜色, 那么第一阶段告终.

在第二阶段中, 所有我们遇到过的颜色都变为蓝色. 对于每一种颜色, 都找出它在 2023 只变色龙颜色的集合中消失前的最后一刻. 按这些时刻的相反顺序排列相应的颜色. 于是, 蓝色排第一, 而最后一只变为蓝色的变色龙此前的颜色排第二, 如此等等. 根据所构造的顺序, 身着 $k>1$ 号颜色的变色龙可以直接由 $l<k$ 号颜色的变色龙咬它而减小颜色号码. 换言之, 身着 $1,2,\cdots,k$ 号颜色的变色龙可以变为身着 $1,2,\cdots,k-1$ 号颜色. 运用这一讨论若干次, 即可得知我们的变色龙都可以把自己的颜色变为蓝色.

♦ 不难指出, 对于 n 种颜色的变色龙, 在本题的变色规则下, 应当至少需要 n 只变色龙. 事实上, 本题是围绕 (广义) 培养皿网络的众多问题中的一个. 只要稍稍改变一点点变色规则, 所需要的最少对象的数目就会大大增加.

例如, 在两只变色龙互咬之后, 它们各自变成不同的颜色, 而最终要变成一只绿色变色龙和多只蓝色变色龙的问题中, 所需的最少对象随着颜色数目 n 的增加就不是多项式级别的, 而是任何形如 $n^{n^{n^{\cdots}}}$ 的函数级别的. 这一点是不久前才证得的, 这类函数称为 Accerman 函数.

幸运的是, 如果所有变色龙在开头和末尾都是同一种颜色的, 那么情形就会变得非常简单. 只需有一只变色龙自己咬自己就可以变色了. 这种情形对应于 Petri 网络中的 "瞬时观察" 或 "单方面通信"(immediate observation, one-vay communication).

在这种场合下, 完全可以用中学的组合方法来举例. 如果两组变色龙颜色, 在补入同样数量的蓝色变色龙后, 就能由第一组得到第二组, 那么就只需补入 n^3 只变色龙.

十 一 年 级

280. 所给二函数的图像在每一个交点 x_0 处都满足等式 $\cos x_0 = a\tan x_0$. 而在该点处, 函数 $y = \cos x$ 图像的切线的斜率为 $k_1 = -\sin x_0$; 函数 $y = a\tan x$ 图像的切线的斜率为 $k_2 = \dfrac{a}{\cos^2 x_0}$. 因为 $k_1 k_2 = -\dfrac{a\tan x_0}{\cos x_0} = -1$, 所以对任何 $a \neq 0$, 这两条切线都相互垂直.

281. 方法 1 将 $\triangle PAB$ 与 $\triangle PCD$ 的外接圆的圆心分别记作 O_1 与 O_2(见图 185). 因为相交二圆的连心线垂直于它们的公共弦, 而 AD 亦垂直于公共弦, 所以 $AD // O_1O_2$. 因为四边形 $ABCD$ 是平行四边形, 所以 $BC // O_1O_2$. 设点 M 与 N 分别是边 AB 和 CD 的中点, 则 $O_1M \perp AB$, $O_2N \perp CD$. 因为 $AB // CD$, 所以 $O_1M // O_2N$. 又因为 $AD // O_1O_2$, 而 $AD // MN$, 所以 $O_1O_2 // MN$, 故四边形 O_1MNO_2 是平行四边形, 则 $O_1M = O_2N$. 这样一来, 在 $\text{Rt}\triangle O_1MB$ 与 $\text{Rt}\triangle O_2NC$ 中, 有 $O_1M = O_2N$ 和 $MB = NC$, 所以它们全等. 于是它们的斜边对应相等, 即 $O_1B = O_2C$. 这就是所要证明的.

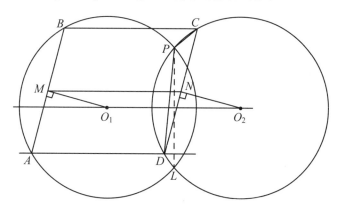

图 185

方法 2 将 $\triangle PAB$ 与 $\triangle PCD$ 的外接圆分别记作 ω_1 和 ω_2, 将它们的圆心分别记作 O_1 与 O_2. 假设它们的半径不相等. 将图形平移向量 $\overrightarrow{CB}$. 此时, 线段 CD 变为 AB, 直线 O_1O_2 变为自己, ω_2 变为 ω_3. 但是 ω_3 不与 ω_1 重合, 因为它们的半径不相等. 这样一来, AB 就是 ω_1 与 ω_3 的公共弦. 记 ω_3 的圆心为 O_3, 于是 $O_1O_3 \perp AB$. 但是直线 O_1O_3 重合于直线 O_1O_2, 所以 $O_1O_2 \perp AB$. 另外, 由题意可知 $O_1O_2 // AD$(参阅方法 1). 综合两方面, 得 $AD \perp AB$, 这意味着四边形 $ABCD$ 是矩形, 与题意不符. 所以 ω_1 和 ω_2 的半径相等.

282. 将 n 个不同的整根依次记为 $a_1 < a_2 < \cdots < a_n$, 于是可将多项式 $P(x)$ 表示为

$$P(x) = a(x-a_1)(x-a_2)\cdots(x-a_n), \quad a \neq 0, \quad a_1, a_2, \cdots, a_n \in \mathbf{Z}.$$

我们来证明: $P(x)$ 在每个局部极值处的绝对值都大于 3(从而在把函数图像往上或往

下平移 3 个单位时,不会改变它与横轴交点的个数). $P(x)$ 的局部极值点位于区间 (a_i, a_{i+1}) 内, $i = 1, 2, \cdots, n-1$.

计算 $P(x)$ 在 $x_i = a_i + \dfrac{1}{2}$ 处的绝对值,因为共有至少 6 个根,所以

$$|P(x_i)| = |a(x_i - a_1)(x_i - a_2) \cdots (x_i - a_n)| \geqslant |a| \times \frac{1}{4} \times \frac{9}{4} \times \frac{25}{4}$$

$$= |a| \times \frac{225}{64} = |a| \times 3\frac{33}{64} > 3.$$

在上式中我们只留下了绝对值最小的 6 个因子, (在 $n > 6$ 时) 其他处的绝对值更大.

283. 答案 是的.

在最后一天, 所有的顽强选手都将胜出, 这表明他们不多于总数的一半. 如果他们少于一半, 那么每天都会有某两个非顽强的选手对阵. 所以我们只需考虑在一共 $2k$ 个选手中刚好有 k 个顽强选手的情形.

这样的训练时长为 $2k - 1$ 天, 我们要证明: 至少在某 k 天中, 每天都会有某两个非顽强的选手对阵. 而这等价于至少在某 k 天中, 每天都会有某两个顽强的选手对阵. 这是因为, 无论是顽强的选手还是非顽强的选手, 都刚好各占一半 (如果所有的顽强选手都与非顽强选手对阵, 那么所有的非顽强选手都出现在这些场训练中, 反之亦然).

假若不然, 有非顽强选手对阵的日子不超过总数的一半. 那么如上所说, 出现顽强选手对阵的日子也不超过一半. 由于一共有 k 个顽强选手, 每个顽强选手都与顽强选手对阵 $k - 1$ 天. 而这只有一种可能的情形, 即有顽强选手间对阵的日子少于训练日数的一半, 在这些日子里, 所有顽强选手全都与顽强选手对阵. 换言之, 在这 $k - 1$ 天中, 训练在顽强选手间进行, 因而顽强选手的人数必须是偶数.

根据题意, $2k > 4$, 即 $k > 2$. 然而 k 是偶数, 所以 $k \geqslant 4$. 这样一来, 在训练的第一天就有两场在顽强选手间进行的训练, 这意味着至少有两个顽强的选手在这一天胜出. 在后续的训练中, 这两个人会相遇, 在相遇的那一天, 他们中会有一人输掉. 此为矛盾. 因此, 有多于一半的训练日都有某场比赛对阵的双方都是非顽强的网球手.

284. 答案 一定是正四面体.

我们来证明: 符合题中条件的四面体一定是正四面体.

设四面体 $ABCD$ 满足题中条件 (见图 186(a)). 记其内切球半径为 r. 根据题意, 它的任一条高都满足不等式 $\dfrac{h_i}{2} \leqslant 2r$, 亦即都有 $h_i \leqslant 4r(i = 1, 2, 3, 4)$.

记与高 h_i 相应的侧面的面积为 S_i. 我们先来证明: $S_1 = S_2 = S_3 = S_4$.

假设不然. 我们考虑其中面积最小的侧面 (如果这种侧面不止一个, 则任择其一). 不失一般性, 设该侧面的面积就是 S_1. 因为并非所有的侧面面积相等, 而 S_1 是它们中最小的, 所以成立着严格的不等式

$$\frac{S_1 + S_2 + S_3 + S_4}{4} > S_1.$$

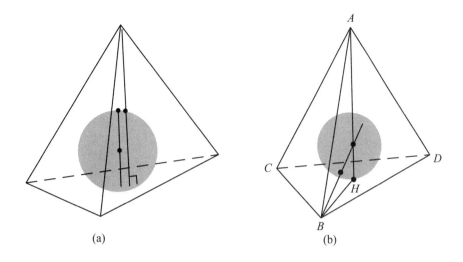

图 186

下面用两种不同的方法计算四面体的体积 V:

$$V = \frac{1}{3}h_1 S_1 = \frac{1}{3}r(S_1 + S_2 + S_3 + S_4) > \frac{4}{3}rS_1,$$

由此得知 $h_1 > 4r$. 此与已证的不等式 $h_1 \leqslant 4r$ 相矛盾.

所以 $S_1 = S_2 = S_3 = S_4$, 从而 $h_1 = h_2 = h_3 = h_4$, 这是因为 $h_i = \dfrac{3V}{S_i}$. 记此公共的高为 h, 公共的侧面面积为 S. 结合体积公式, 可知 $h = 4r$. 而该等式成立仅当每条高都包含着内切球的球心以及它们与各个侧面的切点.

以 H 记自顶点 A 引出的高的垂足, 则 H 重合于内切球与侧面 BCD 的切点 (见图 186(b)). 令 $BH = a$, 由切割线定理知 $a^2 = \dfrac{h}{2} \cdot h$. 在直角三角形 ABH 中, 由勾股定理得到

$$AB^2 = AH^2 + BH^2 = h^2 + a^2 = h^2 + \frac{h^2}{2} = \frac{3h^2}{2}.$$

对于其他棱, 亦可得到类似的结果. 因此, 四面体的各棱相等, 亦即该四面体是一个正四面体.

285. 数列显然是非降的. 事实上, 不等式 $a_n > a_{n+1}$ 与对 a_n 的选取原则相矛盾. 并且任何一个数都至多在数列中出现两次, 因若不然, 就可以在数列中找到三个相同的数, 它们形成三联体. 现在易见, 如果实数 c 第一次作为 a_n 出现在数列中, 那么就有 $a_{n+1} = a_n = c$. 如此一来, 对每个 k, 就都有 $a_{2k-1} = a_{2k}$. 从而我们只需对奇数角标证明不等式

$$a_{2k} = a_{2k-1} \leqslant \frac{(2k-1)^2 + 7}{8} \leqslant \frac{(2k)^2 + 7}{8}.$$

令 $b_k = a_{2k-1}$, 我们只需证明

$$b_k \leqslant \frac{(2k-1)^2 + 7}{8} = \frac{k(k-1)}{2} + 1. \qquad ①$$

易知数列 $\{b_k\}$ 具有下述性质: 对 $k > 1$, 数列中的第 k 项 b_k 是与 $\{b_1, b_2, \cdots, b_{k-1}\}$ 任一数对都不形成三联体的最小正整数, 这里的数对可以具有形式 (b_i, b_i). 在此, 有 $b_k > b_{k-1}$, 即与数列 $\{a_n\}$ 不同, $\{b_k\}$ 是严格上升的.

设 n 是使得待证不等式 ① 不成立的最小角标, 即 $b_n > \dfrac{n(n-1)}{2} + 1$. 这意味着在从 1 到 $\dfrac{n(n-1)}{2} + 1$ 的正整数中, 刚好有 $n-1$ 个数属于数列中的项. 而对于 $m < n$, 都有

$$b_m \leqslant \frac{m(m-1)}{2} + 1 < \frac{n(n-1)}{2} + 1.$$

将从 1 到 $\dfrac{n(n-1)}{2} + 1$ 的正整数中不属于数列中的项的数的个数记作 s, 则

$$s = \frac{n(n-1)}{2} + 1 - (n-1) = \frac{(n-1)(n-2)}{2} + 1 = C_{n-1}^2 + 1.$$

把这些数记作 $d_1, d_2, \cdots, d_s$.

根据 b_m 选取的最小性, 对于任意 $k(1 \leqslant k \leqslant s)$, 都能找到这样的数 b_{i_k}, b_{j_k}, 其中 $i_k \leqslant j_k \leqslant n-1$, 使得 (b_{i_k}, b_{j_k}, d_k) 是三联体. 在此可以认为 d_k 是三联体中的最大数, 因若不然, 就与数列 $\{b_k\}$ 中对大于 d_k 的项的选取的最小性相矛盾. 由此可知 $i_k < j_k$.

如此一来, 对数对 (i_k, j_k) 的选取方式数目不超过 C_{n-1}^2, 亦即不超过从数集 $\{1, 2, \cdots, n-1\}$ 中选取两个不同角标的方式数目. 然而另一方面, 数对 (i_k, j_k) 的数目却要保证数 d_i 的个数 $s > C_{n-1}^2$. 这两件事实相互矛盾.

286. 答案 $f(2023) = 2024$.

若令 $m = n = 0$, 则由关系式 $f(n + f(m)) = f(n) + m + 1$ 得

$$f(f(0)) = f(0) + 1. \tag{①}$$

如果 $f(0) = 0$, 则 $f(0) = f(0) + 1$, 这是不可能的.

令 $f(0) = a$, 则 $a \in \mathbf{N}_+$. 由 ① 式得 $f(a) = a + 1$. 如果令 $m = 0, n = a$, 则可得 $f(2a) = f(a) + 1 = a + 2$. 这表明, 函数在区间 $[a, 2a]$ 的两个端点处的值是两个相连的正整数. 根据题意, 函数 $f: N_0 \to N_0$ 严格上升, 则在区间 $[a, 2a]$ 上除了 a 与 $2a$, 再也没有其他整数. 因若不然, 函数在这些整点上的值应当是 $a+1$ 或 $a+2$, 这与函数的严格上升性相矛盾. 故 $2a - a = 1$, $a = 1$.

在关系式 $f(n + f(m)) = f(n) + m + 1$ 中, 令 $m = 0$, 结合等式 $f(0) = 1$, 得到 $f(n+1) = f(n) + 1$. 亦即对一切 $n \in N_0$, 都有 $f(n) = n + 1$. 特别地, $f(2023) = 2024$.

287. 答案 6 个.

存在满足题中要求的 6 个不同整数的例子, 例如 $-8, -2, 1, 4, 10, 16$. 其中, $-8, -2, 4, 10, 16$ 这 5 个数形成公差为 6 的等差数列; 而 $1, -2, 4, -8, 16$ 这 5 个数形成公比为 -2 的等比数列.

我们来证明: 任何 5 个不同的整数都不满足题中要求. 假设不然, 存在 5 个不同的整数, 形成等比数列, 同时可能按不同的顺序也形成等差数列. 那么这 5 个整数具有形式 b, bq, bq^2, bq^3, bq^4, 其中 $b \in \mathbf{Z}$. 那么根据等比数列的定义, 有 $b \neq 0, q \neq 0$. 数 b, bq^2, bq^4 永远同号, 在等差数列中, 它们或者相连 (若 $q < 0$), 或者彼此间隔一项 (若 $q > 0$). 在任何情况下, 都有 $2bq^2 = b + bq^4$, 即 $b(q^2-1)^2 = 0$. 由此可知 $q = \pm 1$. 这意味着它们中有相等的数. 此为矛盾. 因此, 5 个不同的整数不可能满足题中要求.

288. 方法 1 如图 187 所示, 以 S 和 T 分别记 BE 与 CF 的中点, 以 L 与 N 分别记 BF 与 CE 的中点. 将 $\triangle BMF$ 与 $\triangle CME$ 的内切圆分别记作 ω_1 和 ω_2, 将它们的圆心分别记作 I_b 和 I_c.

因为 $\triangle BFC$ 是直角三角形, M 是边 BC 的中点, 所以 $MB = MC = MF$, 故 $\triangle BMF$ 与 $\triangle CME$ 都是等腰三角形, 圆 ω_1 和 ω_2 的圆心 I_b 和 I_c 分布在高 ML 和 MN 上. BI_b 和 CI_c 分别是 $\triangle MLB$ 和 $\triangle MNC$ 中的角平分线, 由角平分线的性质知 $\frac{MI_c}{NI_c} = \frac{MC}{NC}$ 和 $\frac{MI_b}{LI_b} = \frac{MB}{LB}$. 用前一式除以后一式, 结合 $MB = MC$, 得 $\frac{MI_c}{MI_b} \cdot \frac{LI_b}{NI_c} = \frac{LB}{NC}$. 因为 X 是将 ω_1 变为 ω_2 的位似变换的中心, 所以 X 位于连线 I_bI_c 上, 并成立等式 $\frac{LI_b}{NI_c} = \frac{XI_b}{XI_c}$. 这样一来, 就有

$$\frac{MI_c}{MI_b} \cdot \frac{LI_b}{NI_c} = \frac{MI_c}{MI_b} \cdot \frac{XI_b}{XI_c} = \frac{MI_c}{MI_b} \cdot \frac{S_{\triangle MXI_b}}{S_{\triangle MXI_c}} = \frac{\rho(X, MI_b)}{\rho(X, MI_c)},$$

其中 $\rho(X, AB)$ 表示点 X 到直线 AB 的距离.

另外, 由中位线的性质知 $MS//AC$ 和 $CF//ML$, 故有 $MS \perp BE$, $MT \perp CF$. 这意味着, 四边形 $MLFT$ 与 $MNES$ 都是矩形, 亦即 $MT = LF$, $MS = NE$. 于是就有 $\frac{LB}{NC} = \frac{LF}{NE} = \frac{MT}{MS} = \frac{\rho(H, ML)}{\rho(H, MN)}$. 其中最后一步是因为 MS 与 MT 是平行直线对 $BE//MN$ 与 $CF//ML$ 的公垂线.

综合上述各个所证得的等式, 得到

$$\frac{\rho(H, ML)}{\rho(H, MN)} = \frac{LB}{NC} = \frac{MI_c}{MI_b} \cdot \frac{LI_b}{NI_c} = \frac{\rho(X, MI_b)}{\rho(X, MI_c)}.$$

由此可知 X, M, H 三点共线.

方法 2 如同方法 1, 将 $\triangle BMF$ 与 $\triangle CME$ 的内切圆分别记作 ω_1 和 ω_2, 将它们的圆心分别记作 I_b 和 I_c, 并以 S 和 T 分别记 BE 与 CF 的中点 (参阅图 187). 设 Y 是 ω_1 和 ω_2 的外公切线的交点. 我们指出, (I_b, I_c, X, Y) 是调和四点组, 亦即 (I_b, I_c, X, Y) 的二重比值是 -1. 以 M 为中心将该四点组投影到直线 BE 上. 点 Y 在直线 BC 上, 此因该直线是 ω_1 与 ω_2 的外公切线之一. 所以 Y 变为 B. 点 I_b 变为直线 ML 与 BH 的交点 R, 它是线段 BH 的中点, 此因在 $\triangle BFC$ 中 ML 是中位线. 点 I_c 则变为直线 BH 的无穷远点, 因为 $MI_c//BH$. 中心投影不改变四点组的二重比值, 故 (R, ∞, H, B) 为调和四点组. 这意味着, 在所给的投影下, 点 X 的像就是 H. 这就是所要证明的.

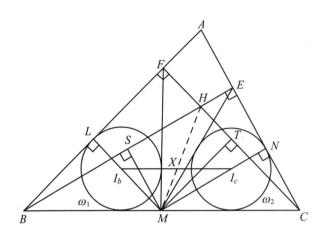

图 187

♦ 称 (A, B, X, Y) 是调和四点组, 如果 $\dfrac{AX}{BX} = \dfrac{AY}{BY}$, 该比值称为该四点组的二重比值.

289. 任何一个砝码的重量都不超过 $\dfrac{\pi}{4}$, 所以等式

$$\tan\left(\arctan\dfrac{1}{n} + \arctan\dfrac{1}{m}\right) = \tan\left(\arctan\dfrac{1}{k}\right) \qquad ①$$

等价于等式

$$\arctan\dfrac{1}{n} + \arctan\dfrac{1}{m} = \arctan\dfrac{1}{k}.$$

利用和角的正切公式 $\tan(x+y) = \dfrac{\tan x + \tan y}{1 - \tan x \cdot \tan y}$, 由 ① 式得到

$$\dfrac{n+m}{1-nm} = \dfrac{1}{k},$$

即 $nm - k(n+m) = 1$. 在该式两端同时加上 k^2, 再分解因式, 得 $(n-k)(m-k) = k^2 + 1$. 对不同的 k, 通过对 $k^2 + 1$ 作因式分解, 求得合适的不超过 50 的 n 和 m. 其中, 当 $k \leqslant 5$ 时, 满足 $n < m$ 的结果如表 2 所示.

表 2

k	1	2	3	4	5
(n,m)	(2,3)	(3,7)	(4,13),(5,8)	(5,21)	(6,31),(7,18)

利用表 2, 可以给出使得天平平衡的若干摆法, 如图 188 所示 (图中字母 n 表示重量为 $\arctan\dfrac{1}{n}$ 的砝码).

图 188 展示了如何选出 10 个砝码分置两端, 每端 5 个, 使得天平平衡的一种摆法.

左端		右端
1	=	2, 3
5, 21	=	4
6, 31	=	7, 18

图 188

290. 在多面体中, 从一个顶点连出的棱的数目称为该顶点的度数. 有棱相连的顶点称为相邻的.

设 A 为任一顶点, k 是其度数, $m_j (j = 1, 2, \cdots, k)$ 是所有与其相邻的顶点的度数 (按某一顺序编号), 则 $m_1 + m_2 + \cdots + m_k$ 是从所有与 A 相邻的顶点连出的棱的数目, 其中有的棱被计算了一遍, 有的棱则被计算了两遍, 被计算了两遍的棱仅仅是那些在某个形如三角形的面中与顶点 A 处于相对位置的边. 这意味着 $m_1 + m_2 + \cdots + m_k \leqslant P + T$. 据此并运用算术平均与二次平均之间的不等式, 得

$$\frac{\sqrt{m_1} + \sqrt{m_2} + \cdots + \sqrt{m_k}}{k} \leqslant \sqrt{\frac{m_1 + m_2 + \cdots + m_k}{k}} \leqslant \frac{\sqrt{P+T}}{\sqrt{k}}.$$

因此

$$\sqrt{\frac{m_1}{k}} + \sqrt{\frac{m_2}{k}} + \cdots + \sqrt{\frac{m_k}{k}} \leqslant \sqrt{P+T}. \qquad ①$$

将该式左端的和记作 $S(A)$.

设 $A_i (i = 1, 2, \cdots, B)$ 是多面体的所有顶点按某一顺序的排列, 而 $n_i (i = 1, 2, \cdots, B)$ 是它们相应的度数. 对于任意一对相邻的顶点, 根据算术与几何平均不等式, 都有

$$\sqrt{\frac{n_j}{n_i}} + \sqrt{\frac{n_i}{n_j}} \geqslant 2.$$

对所有的无序相邻对 $\{A_i, A_j\}$ 将该不等式相加, 得到

$$\sum_{i=1}^{B} S(A_i) \geqslant 2P.$$

结合已证的不等式 ①, 即得

$$2P \leqslant B\sqrt{P+T}.$$

专题分类指南

数学奥林匹克试题的形式往往是不规范的,为了解答它们,通常需要巧妙的构思和超常的思维. 然而, 还是可以把它们按照内容和解法分类,甚至可以简要列出具有典型意义的试题和方法.

一些通用方法

数学归纳法

数学归纳法的基本内容在中学数学课本中有所介绍,但对其重要性的理解却是在解答数学竞赛试题的实践中逐步加深的. 学会归纳法,不仅获得了一种证明数学命题的有效方法,而且有助于养成一种有效的认识问题和分析问题的思维习惯,使学习者获益终生.

本试题集中运用数学归纳法解答的部分试题是: 16, 27, 35, 57, 80, 82, 87, 92, 101, 105, 165, 174, 176, 185, 186, 209, 218, 221, 261.

抽屉原理

抽屉原理又称鸽笼原理,也称迪里希莱原理. 它的最简单的形式可表述为: "9 个抽屉里放着 10 个苹果,则至少有一个抽屉里有不少于两个苹果." 抽屉原理的较为一般的形式是: 如果要将多于 kd 个苹果放入 k 个抽屉,则至少有一个抽屉里有不少于 $d+1$ 个苹果. 在连续值的情况下,迪里希莱原理就是平均值原理,即: 如果 n 个人分食体积为 v 的粥,则其中必有某个人分到的体积不小于 $\frac{v}{n}$,也有某个人分到的体积不大于 $\frac{v}{n}$.

本试题集中运用抽屉原理解答的部分试题有: 58, 81, 100, 127, 128, 178, 188, 203, 209, 211.

特殊对象

特殊对象的含义很广,可以是事物的某个特殊方面,例如 "对于某一组数,仅仅观察其中某些数的和" "对于数列,仅仅观察其符号"; 也可以是具有某种极端性质的对象,例如 "观察那个朋友数最多的人" "观察具有所述性质的最小集合". 总之,以事物的某一种特殊的性质作为突破口,寻得规律,找出解决问题的路子. 特别值得指出的是,在一些关于变化规律的问题中, "临界时刻" 往往是一个值得关注的特殊对象.

关注特殊对象的部分试题是: 3, 58, 76, 80, 120, 121, 161, 181, 214, 244, 250, 258, 275, 283.

不变量与半不变量

经常会遇到如下形式的题目: 给定某种形式的操作, 询问能否通过有限次这种操作, 由某种状态达到另一种状态. 证明不可能性的标准解法是寻找不变量. 在此类操作下不发生改变的量就称为不变量. 如果在前一种状态下该量取一个值, 而在后一种状态下该量取另一个值, 那么就不可能通过所述的操作由前一状态变为后一状态.

在某些情况下, 我们考查的是某种不变的性质, 它们未必可以量化, 例如对称性、不相交性, 称为广义的不变量. 有意识地观察各类不变的性质, 往往能帮助我们寻得解决问题的突破口.

在所述的操作下, 仅朝一个方向变化的量称为半不变量, 例如只增不减的量. 如果存在某种半不变量, 并且在操作过程中它发生了改变, 那么它就不可能回到初始状态.

较好体现不变量的试题有: 44, 58, 82, 92, 127, 206, 214, 215, 277, 287.

较好体现半不变量的试题有: 64, 76, 82, 191, 198.

变通命题

有时为了解答所面临的问题, 可以从更高、更广泛、更一般的角度去讨论. 这种讨论带来的收获更多, 有时反而更容易、更方便. 有时退一步, 先证明一个较弱的命题, 再冲刺原命题. 还有的时候, 先考虑反命题. 更多的时候则是先证明一个辅助命题.

有关的试题有: 82, 135, 167, 207, 209, 237, 243, 264.

分类讨论

这是一种常用的思想方法, 即区分情况, 分开讨论.

有关的试题有: 51, 56, 60, 62, 63, 76, 80, 87, 89, 180, 183, 211, 241, 244, 248, 288.

配对

将所讨论的对象通过两两配对, 有时可以带来意想不到的好处.

有关的试题有: 118, 123, 151, 262, 269.

反证法

反证法在数学论证中大量使用, 这里只是列举本书中的运用反证法解答的部分例题: 33, 43, 52, 56, 58, 60, 62, 65, 78, 87, 89, 90, 93, 95, 100, 101, 105, 110, 113, 116, 127, 137, 138, 161, 174, 178, 189, 209, 211, 215, 223, 225, 248, 258, 283, 285.

各种可能性问题与存在性问题

数学中存在着大量的可能性问题和存在性问题, 它们遍及代数、数论、几何和组合的各个领域, 对于这类问题的解答不存在某种一般性方法, 但是由于其广泛性, 它们成为了竞赛题的一种重要类型.

有关的试题有: 1, 3, 11, 12, 16, 24, 25, 28, 32, 36, 52, 53, 54, 60, 64, 69, 70, 74, 80, 84, 92, 93, 101, 104, 106, 117, 118, 129, 130, 133, 138, 140, 146, 151, 152, 161, 162, 174, 178, 180, 181, 186, 194, 198, 202, 211, 212, 214, 218, 223, 239, 242, 248, 250, 256, 258, 260, 277, 289.

构造法

与可能性和存在性相关的许多数学题的解答中都离不开举例, 例子的构造却有难有易. 如果例子的构造占据了大部分精力甚至成为解答的全部, 那么这一类解答就可称为构造法解题.

相应的部分试题有: 98, 103, 105, 114, 120, 124, 127, 142, 158, 193, 205, 206, 212, 239, 275, 287.

算两次

这是证题时的一种常用方法, 即对同一个量用两种不同的方法计算或者从不同的角度估计, 看看结果是否一致.

有关的试题有: 43, 49, 52, 120, 138, 210, 215, 223, 241, 242, 254, 269, 270, 279.

新鲜概念

竞赛题思路活跃, 眼界开阔, 有时会在题目中引入一些新鲜名词和新鲜概念. 解答它们之前, 应当弄清其含义.

有关的试题有: 1, 11, 33, 58, 80, 171, 221, 244, 250, 265, 271, 273, 290.

按照学科分类

按照学科,通常将数学竞赛试题分为四大块:代数、几何、数论(整数知识)和含义极为丰富的组合. 图论是组合数学的一个分支,有关图论或者可用图论知识来解答的试题近来越来越多地出现在竞赛题中. 由于需对其概念和性质作较多的介绍,故在本书中将其单列一块.

代 数

代数式变形

代数式变形主要是指恒等变形和等价变形,其中包括因式分解. 代数式变形是解答代数问题的必由之路. 熟练的变形能力往往给解题人带来高效率,有助于尽快抓住问题的本质.

需要运用恒等变形或等价变形来解答的部分试题有: 1, 3, 5, 65, 233, 268, 274, 288.

实数,有理数,无理数

有关的试题有: 87.

集合

集合的概念无处不在. 竞赛中有的试题是构造好集合,让解题人讨论其性质;有的则是解题人根据需求,自行引入集合,以集合为工具,解答所给的问题.

关于集合的部分试题有: 70, 86, 105, 145, 163, 192, 278.

数列

竞赛中所涉及的数列各式各样，不仅仅是等差数列和等比数列，还有一些题目是根据法则构造数列，并讨论其性质，或者通过构造数列来解答问题.

与数列有关的部分试题有：20, 42, 48, 56, 57, 74, 112, 170, 273, 285, 287.

函数

根据函数的定义，讨论其性质；或者根据自己的需要，引入函数并加以讨论和运用. 求解函数方程. 也有关于复合函数的性质及其应用的试题. 函数的极值，包括最大值和最小值，是函数性质的重要方面，往往是考查的对象.

有关的部分试题有：13, 108, 167, 173, 176, 209, 223, 280, 286.

三角函数

有关的题目有：20, 26, 55, 78, 112, 143, 154, 156, 223, 288.

二次函数与二次三项式

关于二次函数及其图像的试题有：78, 135.

关于二次三项式的题目有：7, 13, 25, 67, 100, 135, 164, 187, 221, 257, 262.

黄金分割数

二次方程 $x^2 - x - 1 = 0$ 的两个根是 $x_1 = \dfrac{1-\sqrt{5}}{2}$, $x_2 = \dfrac{1+\sqrt{5}}{2}$，它们之间存在关系

$$\frac{1}{x_1} = \frac{2}{\sqrt{5}+1} = \frac{\sqrt{5}-1}{2} = -x_2.$$

其中 $\dfrac{\sqrt{5}-1}{2} \approx 0.618$ 称为黄金分割数.

与黄金分割数有关的试题有：231.

多项式

整系数多项式
有关的题目有: 7, 25, 41, 73, 261.

首项系数为 1 的多项式
有关的题目有: 248.

多项式的存在性和唯一性问题
有关的题目有: 25, 41, 137.

多项式的基本形式
有关的题目有: 282.

多项式的根与韦达定理
n 次多项式有不多于 n 个根, 这称为代数基本定理. 在多项式的各项系数与它的根之间, 存在明确的数量关系, 阐明这种关系的一系列表达式称为韦达定理.

当 $n = 3$ 时的韦达定理是: 如果 3 次多项式 $x^3 + a_2 x^2 + a_1 x + a_0$ 的 3 个根是 x_1, x_2, x_3, 则有

$$a_2 = -(x_1 + x_2 + x_3),$$
$$a_1 = x_1 x_2 + x_1 x_3 + x_2 x_3,$$
$$a_0 = -x_1 x_2 x_3.$$

当 $n = 2$ 时的韦达定理是中学课本中为大家所熟知的通常形式.

有关的试题: 13, 67, 73, 87, 228, 248.

韦达定理的逆定理也经常会用到: 如果多项式的各项系数可由韦达定理中的一系列公式确定, 则该多项式的根就是 $x_1, x_2, \cdots, x_n$.

有关的试题有: 18, 67, 73, 100, 270.

多项式法, 以多项式为解题工具
有关的试题有: 173.

方程

列方程解应用题在数学中经常出现, 也是解答数学竞赛题的一种重要方式. 对于各类方程的根的存在性和根的性质的讨论, 也往往出现在竞赛题中.

有关的试题有: 55, 108, 167, 173, 241.

方程的解的存在性和解的各种属性往往成为某些问题中的讨论对象.

有关的试题有: 125, 141, 200.

不等式

不等式的证明在数学竞赛题中经常出现. 不等式变形比恒等式变形复杂得多, 不仅有着变形的广阔前景, 而且有着对 "度" 的把握, 确切地说, 既不能放缩过度又不能不放缩, 所以这里更需要知识, 也更需要眼光. 下面所列举的一些试题解答中都体现出不等式证明的灵活性和多样性.

有关的试题有: 73, 167, 257.

在不等式的证明中经常会用一些著名的不等式作为工具, 下面列举若干.

平均不等式

平均不等式是最常遇到的不等式: 对 n 个正数 $a_1, a_2, \cdots, a_n$, 有

$$\frac{n}{\frac{1}{a_1} + \frac{1}{a_2} + \cdots + \frac{1}{a_n}} \leqslant \sqrt[n]{a_1 a_2 \cdots a_n} \leqslant \frac{a_1 + a_2 + \cdots + a_n}{n} \leqslant \sqrt{\frac{a_1^2 + a_2^2 + \cdots + a_n^2}{n}}.$$

上述各分式分别称为这 n 个正数的调和平均、几何平均、算术平均和二次平均. 其中的等号成立当且仅当 $a_1 = a_2 = \cdots = a_n$.

最常用的是几何平均 − 算术平均不等式, 尤其是它在 $n = 2$ 时的形式:

$$\frac{a+b}{2} \geqslant \sqrt{ab}.$$

有关的试题有: 168, 257, 290.

柯西不等式

若 $a_1, a_2, \cdots, a_n$ 与 $b_1, b_2, \cdots, b_n$ 都是正数, 则有

$$(\sqrt{a_1 b_1} + \sqrt{a_2 b_2} + \cdots + \sqrt{a_n b_n})^2 \leqslant (a_1 + a_2 + \cdots + a_n)(b_1 + b_2 + \cdots + b_n).$$

伯努利不等式

对实数 $x > -1$, 在 $n \geqslant 1$ 时, 有 $(1+x)^n \geqslant 1 + nx$.

荣格不等式

设 $p, q > 1$ 且 $\frac{1}{p} + \frac{1}{q} = 1$, 则对任何 $a, b > 0$, 都有

$$\frac{a^p}{p} + \frac{b^q}{q} \geqslant ab.$$

切比雪夫不等式

若 $a_1, a_2, \cdots, a_n$ 和 $b_1, b_2, \cdots, b_n$ 是增长顺序相反的两组正数, 亦即对任何 i, j, 当 $a_i \geqslant a_j$ 时, 必有 $b_i \leqslant b_j$, 则有

$$\frac{a_1 b_1 + a_2 b_2 + \cdots + a_n b_n}{n} \leqslant \frac{a_1 + a_2 + \cdots + a_n}{n} \cdot \frac{b_1 + b_2 + \cdots + b_n}{n}.$$

乱序不等式

乱序不等式的一般形式是: 如果 $a_1 \geqslant a_2 \geqslant \cdots \geqslant a_n$ 和 $b_1 \geqslant b_2 \geqslant \cdots \geqslant b_n$, 则对 $1, 2, \cdots, n$ 的任一排列 $i_1, i_2, \cdots, i_n$, 都有

$$a_1 b_1 + a_2 b_2 + \cdots + a_n b_n \geqslant a_{i_1} b_1 + a_{i_2} b_2 + \cdots + a_{i_n} b_n.$$

舒拉不等式

对任何 $x > 0, y > 0, z > 0$ 和任何实数 p, 都有

$$x^p(x-y)(x-z) + y^p(y-x)(y-z) + z^p(z-x)(z-y) \geqslant 0,$$

等号仅在 $x = y = z$ 时成立.

琴生不等式

如果 $f(x)$ 是某个区间上的凸函数, 则对任何正整数 $n \geqslant 2$, 以及该区间中的任意 n 个实数 $x_1, x_2, \cdots, x_n$, 都有

$$\frac{f(x_1) + f(x_2) + \cdots + f(x_n)}{n} \geqslant f(\frac{x_1 + x_2 + \cdots + x_n}{n}).$$

如果 $f(x)$ 是凹函数, 则该不等式反向.

琴生不等式也译作延森不等式.

不等式证明的斯图谟方法

和数固定的若干个正数彼此相差越大, 它们的乘积越小, 当它们彼此相等时, 乘积达到可能的最大值; 乘积固定的若干个正数彼此相差越大, 它们的和数越大, 当它们彼此相等时, 和数达到可能的最小值. 利用这一原理通过调整来证明不等式的方法就称为斯图谟方法.

数 论

方程的整数解

有关的试题有: 200.

质数与合数

整数 $p > 1$ 称为质数, 如果它仅能被 $\pm p$ 和 ± 1 整除. 其余的大于1的整数都称为合数.

关于质数的试题有: 116, 147, 234, 271.

关于合数的试题有: 271.

关于约数分析的试题有: 241.

质因数分解

每一个合数都可以表示为若干个质数的乘积. 通常把相同质数的乘积写为乘方的形式, 因而可把这种乘积表示成如下形式:

$$p_1^{n_1} p_2^{n_2} \cdots p_k^{n_k},$$

其中 $p_1, p_2, \cdots, p_k$ 为互不相同的质数, 而 $n_1, n_2, \cdots, n_k$ 为正整数.

算术基本定理 正整数的质因数分解式唯一 (不计因数的排列顺序).

有关的试题有: 33, 104.

与此相关的一个概念是含于正整数 a 的某个质数 p 的最高幂次, 具体来说, 就是: 如果对于正整数 k, 有 $p^k | a$, 但是 $p^{k+1} \nmid a$, 那么就把 k 称为含于正整数 a 的 p 最高幂次.

有关的试题有: 198.

相连的整数

有关的试题有: 22, 33, 37, 127, 157, 191, 198.

完全平方数, 完全幂次数

有关的试题有: 3, 27, 36, 42, 69, 83, 117, 129, 138, 204, 221.

方幂数

有关的试题有: 11, 54, 69, 82, 88, 92, 101, 116, 134, 170, 174, 261, 265.

整除性

称整数 a 可被整数 b 整除 (或称 a 是 b 的倍数), 如果存在整数 c, 使得 $a = bc$. 此时我们亦说 b 可整除 a (例如: 2 可整除 6, 或 6 可被 2 整除, -1 可整除 -5, 等等), 记为 $b \mid a$.

性质: ① 任何整数都可被 ± 1 和自己整除; 0 可被任何整数整除; 任何非 0 整数都不可被 0 整除.

② 如果 $d|a$ 且 $d|b$, 则 $d|a \pm b$, 此外, 对任何整数 c, 亦有 $d|ac$; 如果 $c|b$ 且 $b|a$, 则 $c|a$.

③ 如果 $b|a$, 则 $|b| \leqslant |a|$ 或 $a = 0$.

④ 如果 $d|a$ 且 $d|b$, 则对任何整数 k 与 l, 都有 $d|ka + lb$. 更一般地, 如果整数 $a_1, a_2, \cdots, a_n$ 中的每一个都可被 d 整除, 则对任何整数 $k_1, k_2, \cdots, k_n$, 都有
$$d \mid k_1 a_1 + k_2 a_2 + \cdots + k_n a_n.$$

与整除性有关的试题有: 32, 49, 62, 83, 97, 104, 106, 116, 138, 143, 147, 158, 165, 181, 183, 193, 216, 230, 261, 277.

我们用 $\dagger(a, b)$ 表示整数 a 与 b 的最大公约数, 在不至于引起混淆时, 也记为 (a, b). 如果 $(a, b) = 1$, 就称 a 与 b 互质. 换言之, 如果由 $d|a$ 且 $d|b$ 推出 $d = \pm 1$, 则称 a 与 b 互质.

关于最小公倍数的试题有: 16.

关于互质的试题有: 11, 41, 97, 127, 215.

整除的特征

① 整数是偶数, 当且仅当它的最后一位数字是偶数. 可被 2 整除, 但不可被 4 整除的整数称为奇偶数.

与奇偶数有关的试题有: 62, 151, 165, 262.

通过奇偶性分析来解答的题目有: 7, 37, 74, 173.

② 整数被 5 除的余数就是其最后一位数字被 5 除的余数. 特别地, 整数可被 5 整除, 当且仅当其最后一位数字可被 5 整除.

③ 整数被 9 除的余数就是其各位数字之和被 9 除的余数. 特别地, 整数可被 9 整除, 当且仅当其各位数字之和可被 9 整除. 对于 3 的整除性亦有类似的断言.

④ 其他情形, 例如 10101 可被 37 整除.

有关的试题有: 11.

带余除法

设 a 和 b 为整数,$b \neq 0$,则存在整数 q 与 r,使得 $a = qb + r$,$0 \leqslant r < |b|$. 其中,q 与 r 分别称为 a 被 b 除的不完全商数和余数.

设 $b > 0$,则被 b 除的余数可能为 $0, 1, \cdots, b-1$. 一个整数被 b 除的余数等于 r,当且仅当该数具有 $qb + r$ 的形式. 循此,所有整数被分成 b 个 (无穷) 等差数列. 例如,对于 $b = 2$,这两个数列就是 $\{2n\}$ 和 $\{2n+1\}$;对于 $b = 3$,这 3 个数列就是 $\{3n\}$,$\{3n+1\}$ 和 $\{3n+2\}$.

一个整数可被 b 整除当且仅当它被 b 除的余数等于 0.

和 (差, 积) 的余数由各个加项 (因数) 的余数唯一确定. 例如,假设整数 a 和 b 被 7 除的余数分别是 3 和 6,则 $a+b$ 被 7 除的余数就是 $2 = 3 + 6 - 7$,$a - b$ 被 7 除的余数就是 $4 = 3 - 6 + 7$,而 ab 被 7 除的余数就是 $4 = 3 \times 6 - 14$.

更确切地说,就是:如果 a_1 被 b 除的余数是 r_1,a_2 被 b 除的余数是 r_2,则 $a_1 + a_2$ 被 b 除的余数就等于 $r_1 + r_2$ 被 b 除的余数,而 $a_1 a_2$ 被 b 除的余数就等于 $r_1 r_2$ 被 b 除的余数.

有关的试题有: 125, 186.

同余, 模算术, 完全剩余类

有关的试题有: 25, 33, 48, 57, 97, 104, 125, 127, 138, 147, 151, 165, 198, 214, 215, 230, 261, 271, 277.

费马小定理, 欧拉定理

费马小定理 设 p 为质数,a 为正整数,若 $p \nmid a$,则有 $a^{p-1} \equiv 1 \pmod{p}$.

有关的试题有: 277.

欧拉定理 设 m 与 a 为正整数,有 $m \geqslant 2$, $(a, m) = 1$,则有 $a^{\varphi(m)} \equiv 1 \pmod{m}$,其中 $\varphi(m)$ 是欧拉函数,表示小于 m 的与 m 互质的正整数的个数.

有关的试题有: 11, 104.

易知费马小定理是欧拉定理的特殊情况.

中国剩余定理

中国剩余定理, 又称孙子定理, 最早可见于中国南北朝时期 (公元 5 世纪) 的《孙子算经》, 它的内容可以叙述为: 对任何两两互质的正整数 $a_1, a_2, \cdots, a_m$, 以及满足条件 $r_1 < a_1, r_2 < a_2, \cdots, r_m < a_m$ 的非负整数 $r_1, r_2, \cdots, r_m$, 都存在一个正整数 n, 它被 a_i 除的余数等于 r_i, $1 \leqslant i \leqslant m$.

数的 10 进制表示

表达式 $\overline{a_n a_{n-1} \cdots a_2 a_1}$ 表示一个 n 位正整数, 它的首位数为 a_n, 第 2 位数为 $a_{n-1}, \cdots$, 末位数为 a_1. 因而

$$\overline{a_n a_{n-1} \cdots a_2 a_1} = 10^{n-1} a_n + 10^{n-2} a_{n-1} + \cdots + 10 a_2 + a_1.$$

$a_n + a_{n-1} + \cdots + a_2 + a_1$ 称为 10 进制正整数 $\overline{a_n a_{n-1} \cdots a_2 a_1}$ 的各位数字和. 各位数字和在 10 进制正整数的性质研究中起着重要作用, 故往往成为考查的对象.

有时我们也采用写法 $\overline{ab}$, 其中 a 与 b 未必是数字, 这种写法表示将正整数 b 接写在正整数 a 的右端所得到的正整数. 如果 b 是 k 位数, 则有

$$\overline{ab} = 10^k a + b.$$

如果 b 是 k 位数, 则 $10^{k-1} \leqslant b < 10^k$.

有关的试题有: 27, 36, 49, 54, 59, 62, 69, 83, 94, 104, 129, 143, 158, 165, 204, 216, 230, 239.

计数系统

除了 10 进制, 还有其他计数系统. 在数的 m 进制系统中, 表达式 $\overline{a_n a_{n-1} \cdots a_2 a_1}$ 表示整数 $m^{n-1} a_n + m^{n-2} a_{n-1} + \cdots + m a_2 + a_1$. m 进制系统中的数字有 $0, 1, 2, \cdots, m-2, m-1$.

库默定理 质数 p 在 C_{k+n}^n 中的出现次数 (在 C_{k+n}^n 的质因数分解式中质数 p 的指数) 等于在 p 进制系统中将 k 与 n 相加时的进位次数.

2 进制系统和 3 进制系统在数学中尤其重要, 而在信息论中, 2 进制、8 进制和 16 进制系统非常重要. 而在有些题目中甚至还出现了用某个无理数的方幂的和表达正整数的问题.

有关的试题有: 41, 114, 140, 232, 273.

10 进制无穷小数

每一个实数都可以表示为一个 10 进制无穷小数:
$$\pm a_n a_{n-1} \cdots a_1 . b_1 b_2 b_3 \cdots,$$

其中 a_i 与 b_j 为数字. 该表达式的含义是:

$$a_n a_{n-1} \cdots a_1 . b_1 b_2 b_3 \cdots$$
$$= 10^{n-1} a_n + 10^{n-2} a_{n-1} + \cdots + 10 a_2 + a_1 + 10^{-1} b_1 + 10^{-2} b_2 + 10^{-3} b_3 + \cdots$$

(等号右端是一个无限的和式, 即级数和).

实数 x 为有理数, 当且仅当相应的 10 进制无穷小数是周期的.

推广: 亦可将实数表示为 m 进制无穷小数.

涉及 10 进制小数表达的试题有: 108.

几 何

直线与线段

线段的中垂线

有关的试题有: 17, 50, 79, 150, 154, 202, 207.

直线的平行与相交

泰勒斯定理就是平行截割定理.

有关的试题有: 46, 207.

三点共线

有关的试题有: 17, 131, 179, 184, 190, 219, 288.

如果 A, B, C, D 四点依次排列在直线上, 则称

$$x = \frac{CA}{CB} : \frac{DA}{DB}$$

为它们的二重比值, 记为 (A, B, C, D). 在这里, XY 为点 X 与 Y 之间的有号距离, 即 $XY = -YX$.

涉及二重比值的试题有: 219, 288.

调和四点组

如果 A, B, X, Y 是分布在同一条直线上的四个不同的点, 若有 $\dfrac{AX}{BX} = \dfrac{AY}{BY}$, 则称 (A, B, X, Y) 为调和四点组. 不难看出, (A, B, X, Y) 中任意一点的位置都能完全确定其

余三点的位置. 在此易知, 点 X 与点 Y 之一位于线段 AB 上, 另一个则位于 AB 的延长线上.

运用这一概念来解答的试题有: 288.

三角形

三角形的边与角, 边长不等式

在三角形中大边对大角, 大角对大边; 三角形中的任何两边的长度之和都大于第三边.

有关的试题有: 182, 266.

三角形的高, 中线, 角平分线, 中位线等

有关的试题有: 4, 15, 34, 46, 61, 66, 91, 99, 107, 131, 150, 154, 184, 202, 207, 213, 219, 246, 253, 264, 276, 278, 288.

三角形的类型

从最大角看, 可将三角形分为锐角三角形、直角三角形和钝角三角形; 从边的相等与否看, 可将三角形分为等腰三角形、等边三角形和一般三角形, 等边三角形又称正三角形.

有关的试题有: 4, 17, 34, 39, 46, 50, 61, 63, 66, 68, 72, 117, 119, 122, 139, 144, 149, 150, 168, 172, 179, 184, 202, 207, 229, 235, 264, 266, 276, 280, 288.

三角形的全等与相似

这方面的试题有: 4, 10, 17, 21, 39, 46, 50, 61, 63, 66, 68, 72, 79, 91, 112, 122, 148, 150, 156, 202, 213, 235, 243, 264, 272.

梅涅劳斯定理 若一条直线与 $\triangle ABC$ 的三条边所在的直线 AB, BC, CA 分别相交于点 D, E, F, 则有

$$\frac{AD}{DB} \cdot \frac{BE}{EC} \cdot \frac{CF}{FA} = 1.$$

这方面的试题有: 219.

塞瓦定理 若点 O 位于 $\triangle ABC$ 内部, 直线 AO, BO, CO 分别与边 BC, CA, AB 相交于点 X, Y, Z, 则有

$$\frac{BX}{XC} \cdot \frac{CY}{YA} \cdot \frac{AZ}{ZB} = 1.$$

塞瓦点和塞瓦线 由塞瓦定理知, 对于一个三角形来说, 塞瓦点 O 可为其内部的任何一点. 相应地, 单独的一条塞瓦线可理解为由某个顶点连向对边的某一条线段.

德扎尔格定理 如果连接两个三角形的三对对应顶点的三条直线相交于同一个点, 则这两个三角形的三组对应边所在直线的交点位于同一条直线上.

三角形的外心，内心，重心，垂心，旁心

有关的试题有：34, 39, 46, 68, 72, 99, 102, 131, 144, 179, 184, 202, 229, 276, 278, 280, 288.

三角形的欧拉直线

任何三角形的外心、重心和垂心都共线，这条直线称为相应三角形的欧拉直线.

多边形

有关的试题有：4, 21, 31, 46, 50, 61, 63, 79, 91, 119, 122, 126, 139, 148, 150, 172, 179, 207, 217, 219, 235, 243, 259, 264, 270, 278, 280.

塞瓦三角定理　对于平面上的任意四点 A, B, C, P（见图 189），都有

$$\sin\angle PAC \cdot \sin\angle PCB \cdot \sin\angle PBA = \sin\angle PAB \cdot \sin\angle PBC \cdot \sin\angle PCA.$$

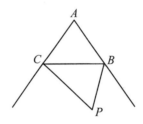

图 189

面积，体积

与面积或体积有关的试题有：102, 133, 243, 259, 284.

对称性

利用对称性（中心对称，轴对称）来解答的试题有：50, 61, 72, 86, 99, 149, 150, 154, 168, 172, 184, 229, 253, 259.

圆

对径点

圆的同一条直径的两个端点互为对径点.

有关的试题有：12.

三角形的外接圆, 内切圆, 旁切圆

有关的试题有: 15, 21, 34, 50, 91, 102, 107, 128, 144, 154, 189, 202, 207, 243, 246, 253, 270, 276, 288.

西姆松定理 由 $\triangle ABC$ 的外接圆上任意一个不同于顶点 A, B, C 的点 D 向三边所在直线分别作垂线, 则所得三个垂足共线.

西姆松逆定理 由一点 D 向 $\triangle ABC$ 三边所在直线分别作垂线, 如果所得三个垂足共线, 则点 D 位于该三角形的外接圆上.

施泰纳直线 $\triangle MNK$ 的外接圆上任意一点 L 关于它的各条边的对称点位于同一条经过它的垂心的直线上, 这条直线就称为 $\triangle MNK$ 的施泰纳直线.

有关的试题有: 184.

三角形的九点圆 在任意三角形中, 三边中点、三条高的垂足、垂心与三个顶点连线的中点这 9 个点在一个圆上, 这个圆就称为该三角形的九点圆.

有关的试题有: 184.

圆心角, 圆周角, 弦切角

有关的试题有: 15, 21, 34, 107, 156, 207.

弦切角定理的逆定理 如果 $\triangle PQR$ 中的内角 $\angle Q$ 与线段 PR 和经过点 R 的直线 ℓ 的夹角相等, 则直线 ℓ 与 $\triangle PQR$ 的外接圆相切.

有关的试题有: 213.

圆的位置关系

圆与圆之间可能形成重合、相交、相切和相离这样四类不同的位置关系.

有关的试题有: 39, 107, 144, 213.

阿基米德引理 如果圆内切于由弦 AC 截出的大圆的弓形, 并与圆弧相切于点 Q, 与弦相切于点 S, 则直线 QS 是 $\angle AQC$ 的平分线.

有关的试题有: 107.

圆外切多边形

这方面的试题有: 91.

圆内接多边形

这方面的试题有: 15, 17, 50, 79, 91, 154.

四点共圆, 多点共圆

有关的试题有: 17, 21, 50, 68, 131, 189, 240, 276.

圆的割线与切线

由同一个点所作的同一个圆的两条切线相等. 由此可以推出: 对 $\triangle ABC$, 内切圆与旁切圆在边 BC 上的切点关于该边的中点对称.

有关的试题有: 107, 202, 246.

切割线定理 由圆外一点 O 向圆作割线, 割线与圆交于 A, B 两点, 再作切线 OC, 则有 $OC^2 = OA \cdot OB$.

与切割线定理有关的试题有: 202, 213, 253, 276, 284.

三叉线引理 设 $\triangle ABC$ 的内心为 I, 与边 BC 相切的旁切圆的圆心是 I_a, 而 $\angle A$ 的平分线与其外接圆的交点是 L(见图 190), 则有

$$LB = LI = LC = LI_a.$$

蝴蝶定理 设 PQ 是圆中一弦, M 为 PQ 的中点. 经过 M 任作二弦 AB 与 CD. 设 AD 和 BC 分别与 PQ 相交于点 X 和 Y, 则 M 也是线段 XY 的中点 (参阅图 191).

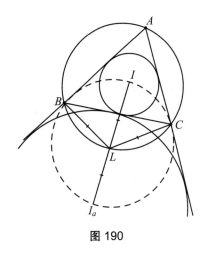

图 190

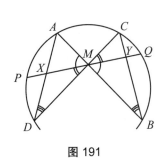

图 191

阿尔赫迈德引理 如果小圆 ω 与大圆内切于点 E(参阅图 192), 且与大圆的弦 AC 相切于点 D, 则直线 ED 是 $\angle AEC$ 的平分线.

极线 在数学中, 极线通常是一个适用于圆锥曲线的概念, 如果圆锥曲线的切于 A, B 两点的切线相交于点 P, 那么点 P 称为直线 AB 关于该曲线的极点 (pole), 直线 AB 称为点 P 的极线 (polar), 如图 193 所示.

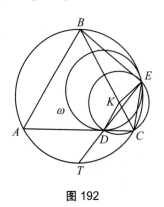

图 192

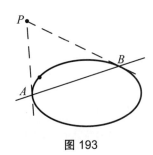

图 193

但是上面的定义仅适用于点 P 在此圆锥曲线外部的情况. 实际上, 点 P 在圆锥曲线内

部时同样可以定义极线,这时我们可以认为极线是过点 P 作此圆锥曲线两条虚切线切点的连线. 特别地, 如果这个圆锥曲线是一个圆, 则我们同样有圆的极线和极点的概念.

对于圆锥曲线, 两个点的切线的交点的极线即这两点的连线. 此外, 过不在圆锥曲线上任意一点作两条和此曲线相交的直线得出四个点, 那么这四个点确定的四边形的对角线交点在该点的极线上. 我们也可以把这个性质作为圆锥曲线的极线的定义.

而当一个动点移动到曲线上时, 它的极线就退化为过这点的切线. 所以, 极点和极线的思想实际上是曲线上点和过该点切线的思想的一般化.

配极 给定圆锥曲线 Γ. 如果对平面上的每个点 P, 令 P 对应于 P 关于 Γ 的极线 ℓ, 同时, 令 ℓ 对应于 ℓ 关于 Γ 的极点, 如此便在平面上建立起了点与直线之间的一一对应关系. 这种对应就称为关于二次曲线 Γ 的配极.

圆的幂与根轴

如果圆 ω 的圆心为 O, 半径为 R, 点 X 使得 $XO = d$, 其中 $d > 0$ 为定值, 经过点 X 任作一条直线与圆 ω 相交于点 A 与 B, 则这样的直线称为圆的割线, 乘积 $XA \cdot XB$ 的值与割线的作法无关, 恒等于 $\pm(d^2 - R^2)$. 其中, 当点 X 位于圆外时, 取正号; 当点 X 位于圆内时, 取负号. 值 $d^2 - R^2$ 称为点 X 关于圆 ω 的幂.

假设圆 ω_1 与 ω_2 的圆心不重合, 则关于它们的幂相等的点的集合称为它们的根轴. 根轴是一条垂直于它们的连心线的直线.

三个圆的根心是其中任何二圆的根轴的交点 (每两个圆都有一条根轴, 这三条根轴相交于一点).

有关的试题有: 270.

几何变换

投影

通过在直线上的投影来解答的试题有: 168, 202, 243, 288.

对称, 旋转, 平移

通过对称、旋转和平移变换来解答的试题有: 2, 12, 50, 115, 122, 134, 139, 226, 266.

反演变换

给定平面中一点 O 和实数 $k \neq 0$, 对于平面上的任意一点 A, 令其与射线 OA 上的点 A' 相对应, 如果 $\overrightarrow{OA} \cdot \overrightarrow{OA'} = k$, 则我们称这种变换是以 O 为反演中心、k 为反演幂的反演变换, 简称反演. 称 A' 为点 A 关于点 O 的反演点.

位似变换

给定平面中一点 O 和实数 $k \neq 0$, 对于平面上的任意一点 A, 令其与点 A' 相对应, 如果 $\overrightarrow{OA'} = k\overrightarrow{OA}$, 我们称这种变换是以 O 为中心、k 为系数的位似变换. 尤其是两个相切的圆可以通过以切点作为位似中心的位似变换实行互变.

通过位似变换来解答的试题有: 107, 270, 288.

轨迹问题

轨迹问题即求满足一定条件的点的集合.

有关的试题有: 278.

向量

有关的试题有: 16, 29, 115, 127, 139, 247, 259, 272, 280.

立体几何

有关的试题有: 29, 53, 103, 136, 168, 284.

组　合

排列的性质和存在性问题

有关的试题有: 32, 49, 69, 151, 163, 201, 256.

组合计数

有关的试题有: 28, 43, 77, 84, 114, 134, 163, 185, 201, 209, 244, 250, 265, 285.

组合中的估值问题

组合中的估值问题, 又称为组合极值问题, 除了需要用各种不同的方法估计出极值的大小, 一般还应构造例子说明极值能否达到.

有关的试题有: 5, 8, 28, 38, 55, 58, 62, 69, 77, 82, 83, 90, 93, 105, 109, 114, 140, 155, 157, 162, 174, 180, 238, 241, 247, 248, 261, 267, 275, 279.

组合几何

组合几何问题与通常的几何问题的最大区别在于需要讲求思维方法, 例如从简单情况做起, 从特殊对象着眼等.

与正多边形有关的问题有: 85, 155, 272.

关于几何形体的存在性与可能性问题: 2, 9, 10, 44, 51, 53, 75, 81, 85, 86, 89, 91, 96, 98, 103, 109, 110, 113, 124, 133, 136, 142, 145, 161, 171, 172, 182, 189, 192, 196, 197, 206, 215, 225, 226, 231, 237, 244, 254, 272, 284.

关于组合几何中的各种估计问题: 9, 58, 247.

多面体的欧拉公式 如果分别以 V, E 和 F 表示多面体的顶点数目, 棱数和面数, 则有

$$V + F = E + 2.$$

与欧拉公式有关的试题有: 290.

网格与节点

毕克定理 如果多边形的顶点都是平面整数网格的节点 (平面上的整点), 在其内部有 n 个节点, 在其边界上有 m 个节点, 则其面积等于

$$n + \frac{m}{2} - 1.$$

与整点有关的试题有: 171.

与网格和节点有关的试题有: 247, 279.

过程与操作

经常会遇到如下形式的题目：给定某种形式的操作，询问能否通过有限次这种操作，由某种状态达到另一种状态.

有关的试题有：12, 16, 54, 56, 64, 74, 80, 82, 84, 92, 130, 149, 157, 162, 174, 177, 196, 218, 269, 279.

规划

有关的试题有：5, 6, 28, 175, 199, 260.

天平称重

这类问题通常讨论如何利用天平找出混在真币中的假币.
有关的试题有：84, 208, 236.

游戏与对策，魔术

与对策有关的试题有：6, 17, 35, 38, 88, 133, 152, 162, 180, 214, 256.
与利益最大化有关的试题有：5.

逻辑与推理

有关的试题有：30, 67, 121, 123, 124, 146, 152, 263.

老实人与骗子

有关的试题有：35, 60.

方格表问题

组合中有许多问题以方格表形式出现，内容多样，形式别致，方格表在这里不过是一种载体.

有关的试题有：44, 52, 74, 93, 96, 98, 116, 121, 130, 134, 142, 151, 163, 180, 196, 208, 211, 238, 242, 267.

写数问题

根据规则在有关的位置上写数，通常是在圆周上，也有在多边形和方格表上的，再讨论有关的问题和性质.

有关的试题有：37, 74, 90, 127, 151.

各类比赛问题

球赛和棋赛是竞赛中的一类有趣的问题，里面往往综合着各种计数和推理问题.

有关的试题有：43, 76, 77, 95, 178, 258, 283.

染色问题

染色问题大致来说有两类. 一类是有某种需求，需对某类对象作某种染色，问是否可行、需要多少种颜色等，可以称之为客观染色题. 相对而言，另一类就是主观染色题，这类问题中为了解题的需要，主动进行染色，以达到揭示矛盾，展示规律，使答案变得一目了然.

有关的试题有：17, 44, 74, 101, 110, 128, 130, 145, 155, 161, 211.

图　论

在许多场合下，可以方便地用点表示所考察的对象，用线段表示它们之间的联系. 这种表示方式就称为图. 例如，航空线路，人与人之间是否认识，等等. 其中的点称为图的顶点，而线段称为图的边.

通常用 G 表示图,用 V 表示图的顶点集合,用 E 表示图的边集. 必要时,用 $G = (V, E)$ 表示以 V 为顶点集合、E 为边集的图 G.

有关的试题有: 70, 76, 82, 105, 128, 180, 225, 290.

有边相连的顶点称为相邻的. 与顶点 A 相邻的顶点的个数称为它的度数.

图称为连通的,如果沿着它的边可以由任何顶点到达其他任何顶点.

由边形成的折线称为路,路的长度是指折线上的边的条数. 路有时也称链. 长度为奇数的链称为奇链,长度为偶数的链称为偶链.

封闭的折线称为圈. 长度为奇数的圈称为奇圈,长度为偶数的圈称为偶圈.

如果图 G 中的边数不少于顶点数,则图 G 中一定有圈.

经过图中每条边刚好一次的圈称为欧拉圈.

有关的试题有: 105.

如果图的每个顶点都是 k 度的,则该图称为 k-正则的.

有关的试题有: 256.

不含圈的连通图称树. 具有 n 个顶点的树中恰有 $n - 1$ 条边. 树上的度数为 1 的顶点称为叶.

由给定的顶点沿着图中的边所能到达的顶点的集合称为图中该顶点的连通分支. 连通图由单一的连通分支构成,而不连通图分解为若干个分支.

分为若干个连通分支的树称为森林.

有时还会遇到带纽结的图 (所谓纽结,就是顶点自己与自己相连的回路,中间不经过其他顶点), 也有带多重边的图 (所谓多重边,就是两个顶点之间连有多条线段,例如北京与上海之间有多个航空公司开设的航线,每个公司的航线都用一条线段连接). 这些图称为复杂图. 竞赛题中很少涉及复杂图. 一般的题目中所涉及的图多是简单图,在这类图中任何两个顶点之间至多连有一条边.

有关的试题有: 76, 82, 225, 256.

子图

设有图 $G = (V, E)$ 和 $G_1 = (V_1, E_1)$, 如果 $V_1 \subseteq V$ 且 $E_1 \subseteq E$, 则称 G_1 是 G 的子图.

有关的试题有: 76.

图的正确染色

图的染色有两类：一类是为顶点染色，如果任何两个有边相连的顶点都不同色，则这类染色就称为顶点的正确染色；还有一类是为边染色，如果任何两条共端点的边都不同色，则这类染色就称为边的正确染色.

有关的试题有：128.

能够实现正确染色所需的最少颜色数目称为该染色对象的"颜色数".

有关的试题有：128.

完全图

如果图中的任何两个顶点之间都有边相连，则这种图称为完全图. 图中的完全子图有时也称为团. 有些问题会涉及最大完全子图的概念.

有关的试题有：128.

有向图

如果图中的边上都带有表示方向的箭头，则这种图称为有向图. 有向图中的顶点所指出去的箭头数目，称为该顶点的出度；指进来的箭头数目，称为该顶点的入度. 所有顶点的出度之和等于所有顶点的入度之和.

在有些场合还特别讨论无圈有向图和有圈有向图. 如果在有向图中由任何顶点都能够到达任何别的顶点，则这种图称为强连通的有向图.

讨论有向完全图的试题有：76.

多部图

如果图中的顶点分为 $n \geqslant 2$ 个集合，同一集合的顶点之间都无边相连，边都是连接着不同集合的顶点，则这种图就称为 n 部图. 如果任何两个不同集合的顶点之间都有边相连，则这种图称为 n 部完全图.

有关的试题有：180.

霍尔定理 如果在二部图 G 中，对任何正整数 k，其中一部中的任何 k 个顶点都与另一部中的至少 k 个顶点相邻，则该图可以分为一系列相邻点对.

该定理是与二部图有关的一个重要定理.

霍尔定理有时称为霍尔引理、霍尔婚配定理或霍尔婚配引理.

解答中可以用到霍尔定理的题目有: 180, 256.

多色图

如果图中的顶点之间用不同颜色的边相连, 例如, 若二人相互认识, 则在相应的顶点之间连一条红边, 否则连一条蓝边, 那么这种图就称为多色图. 当图中共出现 n 种不同颜色的边时, 这种图称为 n 色图.

参 考 文 献

『本书资料来源』

[1] LXXVII Московская математическая олимпиада, Задачи и решение, электронная форма, Издательство МЦНМО, Москва, 2014.

[2] LXXVIII Московская математическая олимпиада, Задачи и решение, электронная форма, Издательство МЦНМО, Москва, 2015.

[3] LXXIX Московская математическая олимпиада, Задачи и решение, электронная форма, Издательство МЦНМО, Москва, 2016.

[4] LXXX Московская математическая олимпиада, Задачи и решение, электронная форма, Издательство МЦНМО, Москва, 2017.

[5] LXXXI Московская математическая олимпиада, Задачи и решение, электронная форма, Издательство МЦНМО, Москва, 2018.

[6] LXXXII Московская математическая олимпиада, Задачи и решение, электронная форма, Издательство МЦНМО, Москва, 2019.

[7] LXXXIII Московская математическая олимпиада, Задачи и решение, электронная форма, Издательство МЦНМО, Москва, 2020.

[8] LXXXIV Московская математическая олимпиада, Задачи и решение, электронная форма, Издательство МЦНМО, Москва, 2021.

[9] LXXXV Московская математическая олимпиада, Задачи и решение, электронная форма, Издательство МЦНМО, Москва, 2022.

[10] LXXXVI Московская математическая олимпиада, Задачи и решение, электронная форма, Издательство МЦНМО, Москва, 2023.

『第 77 届参考文献』

[11] Орлов Д. О.: www. mathnet. ru/php/presentstion. phtm]? present id=2338.

[12] Конрад К.: www. mathnet. ru/php/presentstion. phtm]? present id=7258.

『第 79 届参考文献』

[13] А. М. Райгородский. Гипотеза Кнезера и топологическии методы в комбинаторике. Квант, 2011,1: 7-16.

[14] А. М. Райгородский. Гипотеза Кнезера и топологическии методы в комбинаторике. Москва, МЦНМО, 2011.

[15] А. М. Райгородский. Верятность и алгебра в комбинаторике. Москва, МЦНМО, 2015.

[16] Л. И. Боголюбский, А. С. Гусев, М. М. Пядёркин, А. М. Райгородский. Числа независимости и храмотические числа случайных подграфов некотопых дистанционных графов. Математический сборник, 2015,10(206): 3-36.

[17] B. Bollobas, B. P. Narayanan, A, M. Raigorodskii. On the stability of Erdös-Ko-Rado theorem. J. Comb. Th. *Ser. A,* 2016(137): 64-78.

[18] К. П. Кохась, Разбиения на домино, Математическое просвещение, 3-я серия, вып. 9(2005), 143-163; http://www.mccme.ru/free-books/matpros/ia143163. pdf.zip.

[19] H. S. M. Coxeter & J. F. Rigby, Frieze patterns, triangulated polygons and dichromatic symmetry, The lighter side of mathmatics. 1961:15 -27; http://www. link. cs. cmu. edu/ 15859-s11/notes/frieze-patterns-lighter-side.pdf.

『第 80 届参考文献』

[20] https://en.wikipedia.org/wiki/sperner's thorem.

『第 81 届参考文献』

[21] М. Контзивич, "Равномерные расположения" Квант, 1985, 7.

[22] В. И. Арнольд, Цепные дроби, Москва: МЦНМО, 2015.

[23] А. М. Райгородский, Хроматическии числа, Москва: МЦНМО, 2015.

[24] А. М. Райгородский, Проблема Борсука, Москва: МЦНМО, 2015.

『第 84 届参考文献』

[25] Заславский А А. Геометрические преобразования, M: МЦНМО, 2004.

[26] Заславский А А. Элементы математики в задачах через олимпиады и кружки —к профессии. М:МЦНМО.

[27] Егоров А. Числа Пизо// Квант,2005,5 и 6.

[28] Касселс Дж В С. Введение в теорию диофантовых приближений. М: ИЛ, Глава VIII.

[29] Rauzy G. Nombers algébriques et subsitutions//Bulletin de la S.M.F.,1982(110):147-178.

[30] Клещын В. Слова на ленте //Квант, 2020,6.

[31] Charles Pisot. La répartition modulo un et les nombres algébriques. Thèses de léntre-deux-guerres, 1938,203.

『 中文参考文献 』

[32] 噶尔别林 Г А, 托尔贝戈 А К. 第 1—50 届莫斯科数学奥林匹克 [M]. 苏淳, 葛斌华, 胡大同, 译. 北京: 科学出版社, 1990.

[33] 噶尔别林 Г А, 托尔贝戈 А К. 第 1—54 届莫斯科数学奥林匹克 [M]. 苏淳, 葛斌华, 胡大同, 译, 台北: 九章出版社, 1994.

[34] 苏淳. 第 51—76 届莫斯科数学奥林匹克 [M]. 合肥: 中国科学技术大学出版社, 2015.

[35] 苏淳. 苏联中学生数学奥林匹克试题汇编:1960—1992[M]. 北京: 高等教育出版社, 2012.

[36] 姚博文, 苏淳. 苏联中学生数学奥林匹克集训队试题及其解答:1984—1992[M]. 北京: 高等教育出版社, 2020.

[37] 阿伽汉诺夫 Н Х. 全俄中学生数学奥林匹克:1993—2006[M]. 上海: 华东师范大学出版社, 2010.

[38] 苏淳. 全俄中学生数学奥林匹克:2007—2019[M]. 合肥: 中国科学技术大学出版社, 2020.

[39] 科哈西·康斯坦丁. 圣彼得堡数学奥林匹克试题集:1994—1999[M]. 哈尔滨: 哈尔滨工业大学出版社, 2015.

[40] 苏淳. 圣彼得堡数学奥林匹克:2000—2009[M]. 合肥: 中国科学技术大学出版社, 2022.